普通高等教育新工科电子信息类课改系列教材

电路分析基础

主　编　王艳红

副主编　黄　琳　原　帅　张　静

西安电子科技大学出版社

内 容 简 介

　　本书共分为 10 章，包括电路的元件及电路定律、电路分析的基本方法、电路分析中的常用定理、正弦稳态交流电路相量模型及分析、正弦稳态交流电路的功率、电路的频率特性与谐振、耦合电感和理想变压器、三相电路、双口网络和动态电路的时域分析等内容。

　　书中每章都有内容提要及要求、重点和难点及相对应的视频讲解（扫二维码可观看），还有丰富的例题和习题，便于学生掌握电路分析的知识。

　　本书力求概念准确、层次清晰、重点突出、语言流畅、难易适中，书中所附七十多个二维码资源，包括视频、文本、例题及习题解答、计算机仿真电路分析等，便于教师进行教学改革，便于学生自学和牢固掌握电路分析的方法和知识。此外，本书各章的习题答案已放至出版社网站，读者可登录后获取。

　　本书可作为高等学校电类专业学生的教科书，也可作为相关工程技术人员的自学参考教材。

图书在版编目(CIP)数据

电路分析基础/王艳红主编. —西安：西安电子科技大学出版社，2018.2(2021.10重印)

ISBN 978 - 7 - 5606 - 4812 - 5

Ⅰ. ①电…　Ⅱ. ①王…　Ⅲ. ①电路分析　Ⅳ. ①TM133

中国版本图书馆 CIP 数据核字(2018)第 024415 号

策　　划　　毛红兵
责任编辑　　阎　彬
出版发行　　西安电子科技大学出版社(西安市太白南路 2 号)
电　　话　　(029)88202421　88201467　　邮　编　710071
网　　址　　www.xduph.com　　　　电子邮箱　xdupfxb001@163.com
经　　销　　新华书店
印刷单位　　咸阳华盛印务有限责任公司
版　　次　　2018 年 2 月第 1 版　2021 年 10 月第 4 次印刷
开　　本　　787 毫米×1092 毫米　1/16　印　张　17
字　　数　　399 千字
印　　数　　8001～10 000 册
定　　价　　40.00 元

ISBN 978 - 7 - 5606 - 4812 - 5/TM

XDUP 5114001 - 4

中国电子教育学会高教分会
教材建设指导委员会名单

主　任　李建东　　西安电子科技大学副校长
副主任　裘松良　　浙江理工大学校长
　　　　韩　焱　　中北大学副校长
　　　　颜晓红　　南京邮电大学副校长
　　　　胡　华　　杭州电子科技大学副校长
　　　　欧阳缮　　桂林电子科技大学副校长
　　　　柯亨玉　　武汉大学电子信息学院院长
　　　　胡方明　　西安电子科技大学出版社社长
委　员　（按姓氏笔画排列）
　　　　于凤芹　　江南大学物联网工程学院系主任
　　　　王　泉　　西安电子科技大学计算机学院院长
　　　　朱智林　　山东工商学院信息与电子工程学院院长
　　　　何苏勤　　北京化工大学信息科学与技术学院副院长
　　　　宋　鹏　　北方工业大学信息工程学院电子工程系主任
　　　　陈鹤鸣　　南京邮电大学贝尔英才学院院长
　　　　尚　宇　　西安工业大学电子信息工程学院副院长
　　　　金炜东　　西南交通大学电气工程学院系主任
　　　　罗新民　　西安交通大学电子信息与工程学院副院长
　　　　段哲民　　西北工业大学电子信息学院副院长
　　　　郭　庆　　桂林电子科技大学教务处处长
　　　　郭宝龙　　西安电子科技大学教务处处长
　　　　徐江荣　　杭州电子科技大学教务处处长
　　　　蒋　宁　　电子科技大学教务处处长
　　　　蒋乐天　　上海交通大学电子工程系
　　　　曾孝平　　重庆大学通信工程学院院长
　　　　樊相宇　　西安邮电大学教务处处长
秘书长　吕抗美　　中国电子教育学会高教分会秘书长
　　　　毛红兵　　西安电子科技大学出版社社长助理

前　言

电路分析基础是高等学校工科电子、通信及信息等专业设置的一门重要专业基础课。随着电子信息技术的飞速发展，高校培养学生的目标、任务、方法及模式也发生了变化。为了适应这种变化，进一步提高学生的综合能力，本书在编写时注重突出以下特点：

（1）以学生为中心，注重引导学生。每章都有内容提要及要求、重点和难点及相对应的视频讲解，方便学生掌握重点内容；在保证概念、定理和分析方法正确的前提下，既注重内容全面又注重结构清晰，内容由浅入深，叙述简明扼要，重点定理、知识点和公式均加黑或加框，便于教与学。

（2）为了满足创新人才的培养需求，书中增加了七十多个数字资源。这些资源包括各章知识点、实际应用图文、例题不同解法的视频和 PDF、PPT 文档，难点微课视频及习题解答视频，计算机仿真电路分析视频等。这些资源适应了当前信息技术和学生的特点，扩展了学生的知识面，使其能更好地掌握电路知识，也为"翻转课堂""对分教学"等不同形式的教学改革提供了素材，体现了本书内容的先进性和实用性。

（3）突出应用，注重能力培养。为了提高学生的学习兴趣和综合能力，本书重点章节由应用实例来讲述相关理论在实际上中的应用，突出实用性和工程应用性，使学生能更好地了解和掌握电路分析的应用。

（4）为提高学生科学的思维能力和分析计算能力，本书给出了丰富的例题，有的例题还给出了不同解法。每章章末的习题不仅题型多样，而且包含了工程应用中的实际问题，对于提高学生分析和解决实际问题的能力有所帮助。

本书是按照教育部高等学校电子电气基础课教学指导分委员会的《电子电气基础课程教学基本要求》编写的。全书包括电路的元件及电路定律、电路分析的基本方法、电路分析中的常用定理、正弦稳态交流电路相量模型及分析、正弦稳态交流电路的功率、电路的频率特性与谐振、耦合电感和理想变压器、三相电路、双口网络和动态电路的时域分析等内容。教师可以根据专业情况和课程学时选择不同的章节进行讲授。

本书编写分工为：王艳红编写第 1 章、第 2 章、第 4 章和第 5 章，黄琳编写第 3 章和第 9 章，原帅编写第 6 章和第 10 章，张静编写第 7 章和第 8 章。全书由王艳红负责编写提纲和统稿。书中的数字资源大部分由负责编写各章的老师整理和录制。烟台大学光电信息技术学院的学生张雯涛、戴振蓉及王榆钦在电路仿真及视频编辑中做了许多工作，在此表示感谢。在编写本书、制作数字资源时，编者查阅和参考了众多文献和网上资料，获得了不少教益和启发，也得到许多老师的帮助，在此一并表示感谢。

由于编者的水平有限，书中的疏漏和不妥之处在所难免，恳请使用本书的读者提出宝贵意见，以便修改。

编　者
2017 年 10 月

目　　录

第1章 电路的元件及电路定律

第 1 章的知识点.wmv

【内容提要及要求】 介绍电路模型及电路的基本变量：电流、电压和功率，提出了参考方向及关联参考方向；介绍电路中的理想元件电阻、电感和电容及其伏安关系；讨论电压源、电流源和受控源的特性；重点论述电路的基尔霍夫定律；简单介绍计算机电路分析软件 Multisim。

掌握参考方向及关联参考方向；掌握电阻、电感和电容的伏安关系；掌握电压源、电流源和受控源的特性；熟练运用基尔霍夫电压和电流定律进行电路变量的计算；掌握并利用两类约束列写电路方程并求解电路变量或电路元件参数。

【重点】 电流、电压的参考方向及关联参考方向；元件的伏安特性；确定元件是提供还是吸收功率；受控源的分类及特性；基尔霍夫定律。

【难点】 电流、电压的参考方向与实际方向的差别；独立电源与受控电源的联系与区别；基尔霍夫定律及应用。

1.1 电路与电路模型

电路在日常生活、工农业生产、科研和国防等许多方面都有着十分广泛的应用。功能不同，实际电路千差万别。电路分析，分析的是与实际电路相对应的电路模型。本节主要介绍电路的分类、组成及电路模型。

1.1.1 电路的分类和组成

1. 电路的分类

电路(electric circuit)是电子元器件按一定方式连接构成的电流通路。实际电路按其作用和功能可分为两大类。

(1) 进行能量的产生、传输、转换的电路。

如电力系统的发电机组将其他形式的能量转换成电能，经变压器、输电线传输到各用电部门，在那里又把电能转换成光能、热能、机械能等其他形式的能量而加以利用，完成能量转换的功能。

(2) 实现信号的传递与处理的电路。

如电视机电路将接收到的电信号经过调谐、滤波、放大等环节的处理，使其成为人们所需要的图像和声音，完成电信号的处理、变换等功能。电信号的传递与处理作用在自动控制、通信、计算机技术等方面应用广泛。

2. 电路的组成

有些实际电路十分庞大，如电力系统及通信系统等；有的电路局限在几平方毫米以内，例如集成电路芯片可能比指甲盖还小，但上面却有成千上万个晶体管相互连接的电路系统。超大规模集成电路的集成度越来越高，可容纳的元器件数目越来越多。

有些电路非常简单，手电筒就是很简单的电路，如图 1.1 所示。

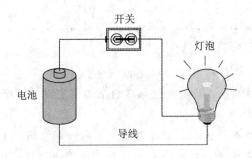

图 1.1　手电筒实际电路

该电路的组成主要有：提供电能的电池，简称电源（electric source），也被称为激励；小灯泡，将电能转变为光能，称为负载（load）；连接电源与负载的导线；开关，是控制元件，控制电路的接通与断开。

无论是复杂还是简单的电路，其组成一般分为三部分：**电源、负载及中间环节。**

1.1.2　电路模型

实际电路中的组成部分往往具有多重电磁性能，若研究电路时考虑其全部性能，一定很繁琐。在分析实际电路时，在一定条件下，即当实际电路的尺寸远小于其工作时的最高工作信号所对应的波长时，实际电路器件可忽略其次要性能，用其主要的电磁性能来模型化、理想化，此时的器件称为理想元件或集总参数元件。

用理想电路元件构成的电路称为电路模型（circuit model）**或集总参数元件电路。**

图 1.2 是手电筒电路的电路模型图。图中 U_S 是一个理想电压源，代替电池；R 是理想电阻元件，只消耗电能，代替灯泡；S 是开关元件；连接三个元件的细实线是理想导线。

可见，电路模型是由复杂的电路等效而来的，其理想电路元件不完全等同于电路器件，而一个电路器件在不同条件下的电路模型也可能不同。例如电炉主要是将电能转变

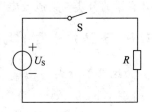

图 1.2　手电筒的电路模型

为热能，一般用电阻元件表示；但若电路电源频率增大，则电路内的电阻丝产生的磁场能量就不能忽略，其模型就不能只用一个电阻元件表示，还需要包含电感。

电路分析的对象为理想电路元件组成的电路模型，而非实际电路，主要是研究电路的电磁现象，用电流、电压等物理量描述其中的物理过程。**电路分析的任务**是根据已知的电路结构和元件参数，在一定的外加电源（激励）下，求解电路中的电压、电流（也称为电路的"响应"）。电路设计是研究如何构造一个电路，使其满足给定的性能指标。学习电路分析是

为电路设计打基础的。

本书的主要内容是介绍电路的基本定律和定理，并讨论电路的各种计算分析方法，为学习电子信息技术、电气技术、自动化和计算机技术等打下必要的理论基础。

1.2　电路的基本物理量

电路分析常常需要计算电路中的最基本物理量：电流、电压和功率。

大小、方向不随时间而变化的电流、电压称为恒定直流量（DC），一般用大写字母 I、U 表示。方向随时间变化的电流、电压称为交流量（AC），其瞬时值分别用小写字母 i、u 表示。电路中电压、电流一般用数字万用表测得，功率一般用功率表测得。图 1.3 所示为常用的测量仪表。

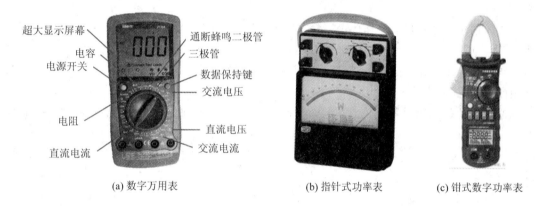

(a) 数字万用表　　　　　　(b) 指针式功率表　　　　(c) 钳式数字功率表

图 1.3　测量用仪表

1.2.1　电流

带电粒子的定向运动形成电流。**一般把单位时间内通过导体横截面的电量定义为电流**（electric current），用符号 i 或 I 表示。

按照国际单位制（SI），电流的单位为安培（A），在通信和计算机技术中常用毫安（mA）、微安（μA）作为电流单位。$1\text{ A} = 10^3\text{ mA} = 10^6\text{ }\mu\text{A}$。人体防触电安全电流限制在 30 mA 以下。

电流是一个有方向的物理量，习惯上把正电荷运动的方向规定为电流的方向。但是对于一个给定的电路，如交流电路中电流的真实方向经常在改变，另外在复杂的直流电路中，也难以判断某一元件上电流的真实方向。为了便于分析，常常在电路图中预先假设一个电流方向。**这个预先假设的电流方向叫做参考方向**（reference direction）。参考方向一般用箭头表示，如图 1.4 所示，也可以用双下标表示，例如 i_{ab} 表示参考方向是由 a 到 b。

电流的参考方向可以任意指定，但一经指定，就不再改变。经过计算若求得 $i>0$，表示电流的实际方向和参考方向一致；若 $i<0$，则表示电流的实际方向和参考方向相反。

如图 1.4(a) 所示，当 $i=5$ A 时，表示电流实际方向和参考方向都是从 a→b；当 $i=-5$ A 时，表示电流的实际方向从 b→a，如图 1.4(b) 所示。

在进行电路分析时，必须先标出电流的参考方向，方能正确进行方程的列写和求解。

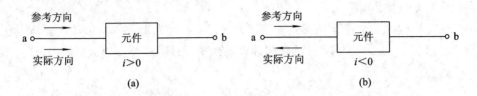

图 1.4　电流的参考方向

题目中给出的电流方向均是参考方向。只有规定了参考方向，电流的正负才有意义。

1.2.2　电压与电位

1. 电压与电位的定义

电压(voltage)，是电场力将单位正电荷由某点移到另一点时所做的功，用符号 u 或 U 表示。

电压的单位是伏特，简称伏(V)。常用电压单位还有千伏(kV)、毫伏(mV)。它们的关系是 1×10^{-3} kV$=1$ V$=1 \times 10^{3}$ mV。人体防触电安全电压一般在 36 V 以下。

电位(potential)是指某点到参考点(零电位点)的电压。电位用 v 或 V 表示，单位与电压相同，也是 V(伏)。

通常大地被认为是零电位点，电气设备外壳、电子线路的公共点等都需接地，接地符号为"⊥"；在电路分析中，需要选参考点，该点也常用符号"⊥"来表示，如图 1.5(a)所示。已知 $V_{a}=50$ V，$V_{b}=35$ V，则有 $U_{ab}=V_{a}-V_{b}=15$ V，两点之间的电压就是 a、b 两点之间的电位差。

在电子电路中，为了电路的简练、醒目，对于一端接地(参考点)的电压源常不画出电源的符号，而只在电源的非接地的一端标出其极性及电压值。例如图 1.5(a)的简化电路图如图 1.5(b)所示。

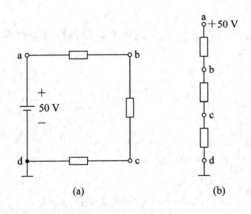

图 1.5　电路与简化电路

2. 电压的参考方向

在进行电路分析时首先需对电压标定参考方向(也称为参考极性)。如图 1.6 所示，电压的参考方向是在元件或电路的两端用"+"、"−"符号来表示的。"+"号表示高电位，"−"号表示低电位。

如图 1.6(a)所示，经过计算求得 $u > 0$，则表示电压的实际方向和参考方向一致；如图 1.6(b)所示，$u < 0$(如 $u = -3$ V)，则表示电压的实际方向和参考方向相反。还可以用双下标表示电压方向，例如，u_{ab} 表示 a、b 两点间电压的参考方向是从 a 指向 b 的。电压的参考方向可以任意选定，但一经选定，就不再改变。

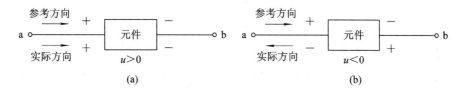

图 1.6   电压的参考方向

3. 关联参考方向

在以后的电路分析中，完全不必先考虑各电流、电压的实际方向究竟如何，而应首先在电路中标定它们的参考方向，然后按参考方向进行计算，由计算结果的正负值与标定的参考方向确定它们的实际方向，图中不需标出实际方向。参考方向可以任意选定，在图中相应位置标注(包括方向和符号)，但一经选定，在分析电路的过程中就不再改变。

为了便于分析电路，常将电压和电流的参考方向选得一致，称其为关联参考方向。

关联参考方向(associated reference direction)：**如果指定流过元件的电流参考方向是从标以电压"＋"极流向"－"极的一端，即两者的参考方向一致，则称电压、电流的这种参考方向为关联参考方向；否则称为非关联参考方向。** 如图 1.7(a)所示为关联参考方向，图 1.7(b)所示为非关联参考方向。

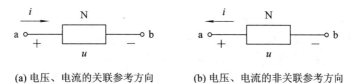

(a) 电压、电流的关联参考方向   (b) 电压、电流的非关联参考方向

图 1.7   电压、电流的关联参考方向与非关联参考方向

1.2.3   功率

1. 功率的定义

电功率是电流在单位时间内做的功，是用来表示消耗电能的快慢的物理量，用 p 或 P 表示。

功率的国际单位是瓦[特](W)，功率特别大时，可采用千瓦(kW)或兆瓦(MW)；功率小时，采用毫瓦(mW)或微瓦(μW)。1 MW $= 10^3$ kW $= 10^6$ W，1 W $= 10^3$ mW $= 10^6$ μW。电器上常常标注的功率是额定功率，为该电器工作时需要消耗的电功率。该电器工作时不能低于或高于额定功率，否则，该电器不能正常工作，甚至发生灾害事故。额定功率也给用户设计布线的线径、开关、保险的容量提供计算依据。

2. 功率的计算

如果电路元件的电压 u 和电流 i 取关联参考方向，如图 1.7(a)所示，则电路消耗的功

率为

$$p(t) = u(t)i(t) \tag{1.1}$$

如果电路元件的 u 和 i 取非关联参考方向，如图 1.7(b)所示，可将电压或电流视为关联参考方向的负值，此时功率计算公式应该写为

$$p(t) = -u(t)i(t) \tag{1.2}$$

根据电压和电流是否为关联参考方向，可以相应选用式(1.1)或式(1.2)计算功率 p。

(1) 若 $p > 0$，则表示电路 N 确实消耗(吸收)功率，起着负载的作用。

(2) 若 $p < 0$，则表示电路 N 吸收的功率为负值，实质上它提供 (或发出)功率，起着电源的作用。

[例 1.1] 电路如图 1.8 所示，小矩形框代表电源或电阻，各电压、电流的参考方向均已设定。已知 $I_1 = 6$ A，$I_3 = 5$ A，$I_4 = 1$ A，$U_1 = 40$ V，$U_2 = 30$ V，$U_3 = 10$ V，$U_4 = -10$ V。试：(1) 判断各元件电压、电流的参考方向是否为关联参考方向；(2) 计算各元件消耗或向外提供的功率，判断哪个元件起电源作用，并验证是否满足功率守恒。

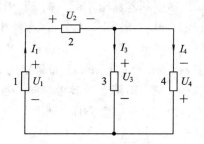

图 1.8 例 1.1 电路图

解 (1) 由图 1.8 可知，元件 1、元件 4 的电压、电流参考方向为非关联参考方向，元件 2、元件 3 的电压与电流参考方向为关联参考方向。

(2) 计算各元件的功率。

元件 1：

$$P_1 = -U_1 I_1 = -40 \times 6 = -240 \text{ W} < 0 \quad (\text{提供功率，起电源作用})$$

元件 2：

$$P_2 = U_2 I_1 = 30 \times 6 = 180 \text{ W} > 0 \quad (\text{消耗功率，为负载})$$

元件 3：

$$P_3 = U_3 I_3 = 10 \times 5 = 50 \text{ W} > 0 \quad (\text{消耗功率，为负载})$$

元件 4：

$$P_4 = -U_4 I_4 = -(-10) \times 1 = 10 \text{ W} > 0 \quad (\text{消耗功率，为负载})$$

元件 1 提供功率，起着电源作用。

求得功率的和为

$$P_1 + P_2 + P_3 + P_4 = 0$$

在电路中，所有的元件功率的代数和为零，也就是说在任何时刻元件发出的功率等于吸收的功率，称为功率守恒。

注意：计算功率时必须注意电压 u 和 i 的参考方向，还需注意公式中各数值的正负号

的含义。

1.3 电路分析的基本元件

电路的基本元素是元件，元件按其与外电路连接端数目分为二端元件、三端元件和四端元件等。

在电路中能提供电能的元件如电池等称为电源元件；不能提供电能的元件称为无源元件。本节介绍电路分析的基本理想元件：理想电阻、理想电容、理想电感。需掌握这些理想元件的电磁特性，特别是元件的电压、电流关系，即伏安特性或伏安关系（Voltage Current Relation，VCR）。

1.3.1 电阻元件

1. 电阻元件及其伏安关系

电阻元件（resistor）是电能耗能的理想元件。电阻有线性电阻和非线性电阻之分，这里讨论理想线性电阻。

理想电阻的**伏安关系**（Voltage Current Relation，VCR 或称 VAR），在任意时刻都是通过 u-i 平面坐标原点的一条直线，如图 1.9(b)所示，则称该电阻为线性时不变电阻元件，其电阻值为常量，用 R 表示，单位为欧姆，简称"欧"，符号为 Ω。电阻符号如图 1.9(a)所示，部分常用电阻外形图如图 1.9(c)所示。

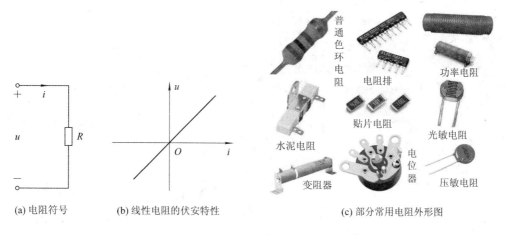

(a) 电阻符号　　　　(b) 线性电阻的伏安特性　　　　(c) 部分常用电阻外形图

图 1.9　电阻元件

线性电阻的电压、电流关系满足欧姆定律：

$$\boxed{u = Ri} \qquad （u \text{ 和 } i \text{ 为关联参考方向）} \qquad (1.3)$$

$$u = -Ri \qquad （u \text{ 和 } i \text{ 为非关联参考方向）} \qquad (1.4)$$

式中，u 为电阻两端电压，i 为流过电阻的电流。

电导（conductance）：电阻的倒数定义为电导，以符号 G 表示，即

$$G = \frac{1}{R} \qquad (1.5)$$

第 1 章部分电阻

介绍.docx

电导的 SI(国际)单位为西门子(S)。用电导表征电阻时,欧姆定律为:$i(t)=\pm G\,u(t)$。

2. 电阻元件的功率

当电阻元件的电压和电流为关联参考方向时,其消耗的功率为

$$p = ui = i^2 R = u^2/R \qquad\qquad (1.6)$$

显然若 $R \geqslant 0$,则 $p \geqslant 0$,为耗能元件,也是无源元件(passive element)。

最后说一下实际电子元件的额定值问题。**额定值**(rated value)就是为了保证安全,制造厂家所给出的电压、电流或功率的限制数值。电气设备的额定值通常在铭牌上标出,也可以在产品目录中找到,使用时必须遵守规定。如果过载时间过长,不仅会大大缩短电源或电气设备的使用寿命,严重时还会导致火灾事故等。在实际电路中,要注意防止过载情况发生。

〔例 1.2〕 求一只额定功率为 100 W、额定电压为 220 V 的灯泡的额定电流及电阻值。若每天使用 4 小时,每月(30 天)用电多少?

解
$$P = UI = \frac{U^2}{R}$$

得

$$I = \frac{P}{U} = \frac{100}{220} = 0.455 \text{ A}, \ R = \frac{U^2}{P} = \frac{220^2}{100} = 484 \ \Omega$$

$$W = Pt = 100 \times 10^{-3} \times (4 \times 30) = 12 \text{ kW} \cdot \text{h}$$

1.3.2 电容元件

1. 电容元件及其伏安关系

电容元件是用来表征电路中电场能储存性质的理想元件。理想线性电容元件的特性是它所储存的电荷 q 同它的端电压 u 成正比。这里设 u 和 q 为关联参考方向,则

$$q = Cu \qquad\qquad (1.7)$$

式中:C 为电容元件的参数,简称**电容**(capacitance)。其图形符号如图 1.10(a)所示。在国际单位制中,C 的单位为法拉(简称为法,符号为 F),工程上也常用微法(μF)或皮法(pF)。

理想线性电容的库伏特性,可用 $u-q$ 平面上直角坐标系中一条通过原点的直线来表示,如图 1.10(b)所示。图 1.10(c)是常用部分电容器的图片。

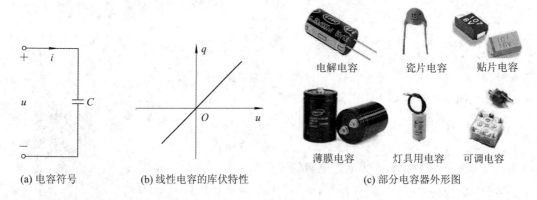

(a) 电容符号   (b) 线性电容的库伏特性   (c) 部分电容器外形图

图 1.10 电容元件

当电容上的电荷量 q 或电压 u 发生变化时,在电路中要引起电流的流动。

由 $i(t) = \dfrac{\mathrm{d}q}{\mathrm{d}t}$ 及 $q = Cu$ 可推得:

第 1 章部分电容
介绍.docx

$$\boxed{i(t) = \frac{\mathrm{d}Cu}{\mathrm{d}t} = C\frac{\mathrm{d}u}{\mathrm{d}t}} \qquad (1.8)$$

式(1.8)是电容的伏安关系,它是在电容元件的电压 u 和电流 i 的参考方向是关联情况下的表达式,若 u 和 i 的参考方向为非关联参考方向,则要加上负号。

2. 电容元件的作用和性质

式(1.8)表明:某一时刻电容的电流正比于该时刻电容电压的变化率。如果电容两端加直流电压,那么 $\dfrac{\mathrm{d}u}{\mathrm{d}t}$ 为零,虽有电压,但电流为零,电容相当于开路。因此,**电容有隔断直流的作用**。电容电压变化越快,即 $\dfrac{\mathrm{d}u}{\mathrm{d}t}$ 越大,则电流也就越大。

将式(1.8)两边积分,可得电容上的电压与电流的关系式,即

$$u(t) = \frac{1}{C}\int_{-\infty}^{t} i(\xi)\mathrm{d}\xi = \frac{1}{C}\int_{-\infty}^{0} i(\xi)\mathrm{d}\xi + \frac{1}{C}\int_{0}^{t} i(\xi)\mathrm{d}\xi = u_0 + \frac{1}{C}\int_{0}^{t} i(\xi)\mathrm{d}\xi \qquad (1.9)$$

式中,u_0 是 $t = 0$ 时电容两端的电压值,称为电压的初始值。因此,电容电压与电流的"全部过去历史"有关,即电容电压具有记忆电流的作用。

设想若有任意时刻为 t_0,将其前一瞬间记为 t_{0-},后一瞬间记为 t_{0+},则可得 $t = t_{0+}$ 时刻的电容电压为

$$u(t_{0+}) = u(t_{0-}) + \frac{1}{C}\int_{t_{0-}}^{t_{0+}} i(\xi)\mathrm{d}\xi$$

在实际电路中,通过电容的电流总为有限值,因此,该有限的电流在无穷小的区间 $[t_{0-}, t_{0+}]$ 内的积分等于零,所以有

$$u(t_{0+}) = u(t_{0-}) \qquad (1.10)$$

式(1.10)表明,电容电压具有连续性质,也常被总结为"**电容电压不能跃变**",在动态电路分析问题中常常用到这一结论。

上述分析表明电容电压具有两个重要性质,即电容电压具有**记忆性质和连续性质**。

3. 电容元件的功率与储能

当电容的电压、电流为关联参考方向时,任一瞬间电容吸收的瞬时功率为

$$p = ui = Cu\frac{\mathrm{d}u}{\mathrm{d}t} \qquad (1.11)$$

若 $p > 0$,则电容元件吸收功率,为充电状态;若 $p < 0$,则电容元件释放功率,为放电状态。

由于

$$p = \frac{\mathrm{d}w}{\mathrm{d}t}$$

因此,若设 $u(-\infty) = 0$,则电容吸收能量为

$$w_C(t) = \int_{-\infty}^{t} p(\xi)\mathrm{d}\xi = \int_{-\infty}^{t} Cu\frac{\mathrm{d}u}{\mathrm{d}\xi}\mathrm{d}\xi = C\int_{u(-\infty)}^{u(t)} u\,\mathrm{d}u = \frac{1}{2}Cu^2(t) \qquad (1.12)$$

式(1.12)表明,电容储能与该时刻电压的平方成正比,为非负值,说明电容是一种储

能元件，电容所储存的是电场能量。

　　实际的电容元件除了有储能作用外，也会消耗一部分电能，因此实际的电容元件可以看成是理想电容元件和理想电阻元件的并联组合。一个电容元件，除了标明它的电容量外，还需标明它的额定工作电压。每一个电容元件允许承受的电压是有限度的，电压过高，介质就会被击穿，从而导致电容的损坏。因此，使用电容时不应超过它的额定工作电压。

1.3.3　电感元件

1. 电感元件及其伏安关系

电感元件是用来表征电路中磁场能储存性质的理想元件。

　　理想电感元件的特性是：元件中的磁链 ψ 与流过的电流 i 成正比，即

$$\psi = Li \tag{1.13}$$

式中，L 为电感元件的参数，简称**电感**(inductance)。其图形符号如图 1.11(a)所示。在国际单位制中，L 的单位为亨利(简称为亨，符号为 H)，工程上常用的是毫亨(mH)或微亨(μH)。

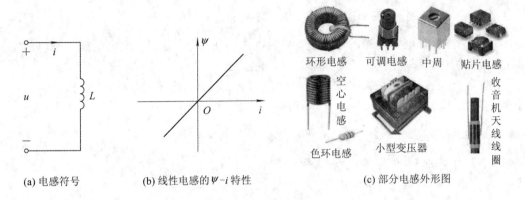

(a) 电感符号　　　　　(b) 线性电感的 ψ-i 特性　　　　　(c) 部分电感外形图

图 1.11　电感元件

　　理想线性电感元件的磁链与电流之间的关系，可用 ψ-i 平面上一条通过原点的直线表示，如图 1.11(b)所示。图 1.11(c)为部分电感的图片。

　　当变化的电流流过电感线圈时，在线圈中会产生变化的磁通或磁链，变化的磁链在线圈两端引起感应电压 u。

　　由 $u = \dfrac{\mathrm{d}\psi}{\mathrm{d}t}$ 及 $\psi = Li$ 可推得：

$$u = \frac{\mathrm{d}Li}{\mathrm{d}t} = L\frac{\mathrm{d}i}{\mathrm{d}t} \tag{1.14}$$

第 1 章部分电感
介绍.docx

式(1.14)是电感的伏安关系，它是在 u 和 i 的参考方向是关联情况下的表达式，若 u 和 i 的参考方向为非关联参考方向，则要加上负号。

2. 电感元件的作用与性质

　　式(1.14)表明：在某一时刻电感的电压正比于该时刻电流的变化率。如果电流不变，那么 $\dfrac{\mathrm{d}i}{\mathrm{d}t}$ 为零，虽有电流，但电压为零，电感相当于短路。因此，**电感对直流起着短路的作**

用，电感电流变化得越快，即 $\dfrac{\mathrm{d}i}{\mathrm{d}t}$ 越大，则电压也就越大。

将式(1.14)两边积分，可得电感上的电流与电压的关系式，即

$$i(t) = \frac{1}{L} \int_{-\infty}^{t} u(\xi)\mathrm{d}\xi = \frac{1}{L} \int_{-\infty}^{0} u(\xi)\mathrm{d}\xi + \frac{1}{L} \int_{0}^{t} u(\xi)\mathrm{d}\xi = i_0 + \frac{1}{L} \int_{0}^{t} u(\xi)\mathrm{d}\xi \quad (1.15)$$

式中，i_0 是 $t=0$ 时电感元件的电流值，称为电流的初始值。因此，电感电流与电压的"全部过去历史"有关，即电感电流具有记忆电压的作用。

设想若有任意时刻为 t_0，将其前一瞬间记为 t_{0-}，后一瞬间记为 t_{0+}，则可得 $t=t_{0+}$ 时刻的电感电流为

$$i(t_{0+}) = i(t_{0-}) + \frac{1}{L} \int_{t_{0-}}^{t_{0+}} u(\xi)\mathrm{d}\xi$$

在实际电路中，加在电感两端的电压总为有限值，因此，该有限的电压在无穷小的区间 $[t_{0-}, t_{0+}]$ 内的积分等于零，所以有

$$i(t_{0+}) = i(t_{0-}) \tag{1.16}$$

式(1.16)表明，电感电流具有连续性质，即"**电感电流不能跃变**"。

上述分析表明电感电流具有两个重要性质，即电感电流具有**记忆性质和连续性质**。

3. 电感元件的功率与储能

当电感的电压、电流为关联参考方向时，电感吸收的瞬时功率为

$$p = ui = Li\,\frac{\mathrm{d}i}{\mathrm{d}t} \tag{1.17}$$

若 $p>0$，则电感元件吸收功率，为充磁状态；若 $p<0$，则电感元件释放功率，为放磁状态。

和电容相类似，电感也是储能元件，若设 $i(-\infty)=0$，则电感吸收的能量为

$$w_L(t) = \int_{-\infty}^{t} p\xi\,\mathrm{d}\xi = \int_{-\infty}^{t} Li\,\frac{\mathrm{d}i}{\mathrm{d}\xi}\mathrm{d}\xi = L \int_{i(-\infty)}^{i(t)} i\,\mathrm{d}i = \frac{1}{2}Li^2(t) \tag{1.18}$$

式(1.18)表明，电感储能与该时刻电流的平方成正比，为非负值，说明电感是一种储能元件，电感所储存的是磁场能量。

实际的电感元件除了有储能作用外，也会消耗一部分电能，因此实际的电感元件可以看成是理想电感元件和理想电阻元件的串联组合。一个实际的电感线圈，除了标明它的电感量外，还应标明它的额定工作电流。电流过大，会使线圈过热或使线圈受到过大电磁力的作用而产生机械变形，甚至烧毁线圈。

[**例 1.3**] 如图 1.12 所示，电压 u 和 i 的参考方向在图中已经标出，写出各元件 u 和 i 的特性方程。

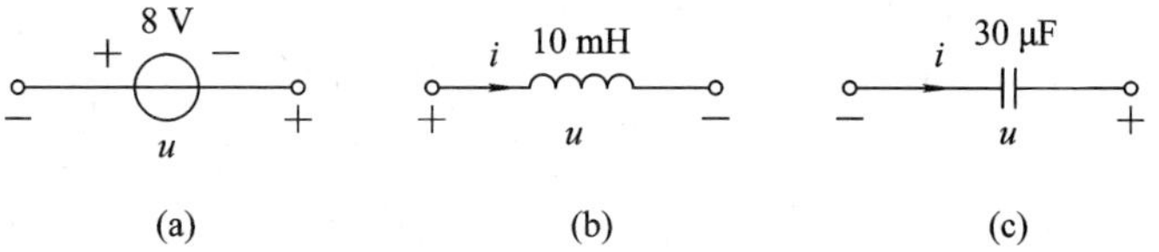

图 1.12 例 1.3 电路图

解 (a) $u=-8\ \text{V}$；(b) $u=L\dfrac{\mathrm{d}i}{\mathrm{d}t}=10^{-2}\dfrac{\mathrm{d}i}{\mathrm{d}t}$；(c) $i(t)=-C\dfrac{\mathrm{d}u}{\mathrm{d}t}=-3\times10^{-5}\dfrac{\mathrm{d}u}{\mathrm{d}t}$

注意各元件的电压和电流的参考方向。

1.4 电　　源

实际的电源有很多种，如干电池、蓄电池、光电池及电子线路的信号源等。电源分为独立电源和非独立电源(受控源)。理想电压源和理想电流源也是从实际电源抽象得到的电路模型。本节主要介绍电压源、电流源的符号、特性，受控电源的定义、分类和符号。

1.4.1 电压源

1. 理想电压源定义

若一个二端元件接到任何电路后，该元件两端电压始终保持给定的时间函数 $u_{\mathrm{S}}(t)$ 或定值 U_{S}，则称该二端元件为理想电压源(亦称独立电压源)，简称为电压源(voltage source)。图 1.13(a)为电压源的符号，＋、－号表示电压源电压的参考极性，u_{S} 为电压源的端电压值，可以用其表示交流电压源或直流电压源，当电压源为直流电压源时 $u_{\mathrm{S}}=U_{\mathrm{S}}$。常用图 1.13(b)的符号来表示直流电压源。理想直流电压源特性如图 1.13(c)所示。

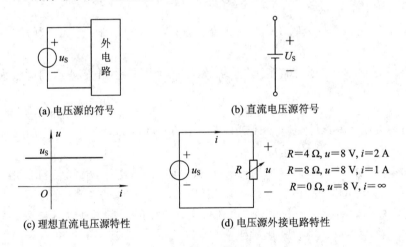

(a) 电压源的符号　　　　　　　　　(b) 直流电压源符号

(c) 理想直流电压源特性　　　　　　(d) 电压源外接电路特性

$R=4\ \Omega,u=8\ \text{V},i=2\ \text{A}$
$R=8\ \Omega,u=8\ \text{V},i=1\ \text{A}$
$R=0\ \Omega,u=8\ \text{V},i=\infty$

图 1.13　理想电压源

2. 理想电压源的特性

理想电压源是实际电压源忽略内阻后的理想化模型。从定义和图 1.13(d)可知，当外接电阻变化时，电压不变，但电流值变化了。可见，电压源的电压是由它本身决定的，流过它的电流则是任意的，由电压源与外电路共同决定。因为理想电压源的电压与外电路无关，所以与电压源并联的电路，其两端的电压等于理想电压源的电压。理想电压源具有电压不变、电流不定的特点。

注意：电压源不能短路，如果短路会产生大电流，烧毁线路或者电源自身。

1.4.2 电流源

1. 理想电流源定义

如果一个二端元件的输出电流总能保持给定值，则称此二端元件为理想电流源，简称**电流源**（current source）（也称独立电流源）。其图形符号如图 1.14(a)所示，图中箭头表示电流源电流的参考方向。

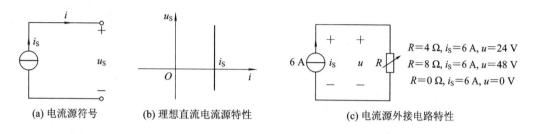

(a) 电流源符号　　(b) 理想直流电流源特性　　(c) 电流源外接电路特性

图 1.14　电流源的图形符号及特性

当 i_S 为恒定值时，也称为直流电流源 I_S。理想直流电流源的伏安特性如图 1.14(b)所示。

2. 电流源的特性

理想电流源是实际电流源忽略内阻后的理想化模型。从定义和图 1.14(c)可知，当外接电阻值变化时，输出电流值始终不变，但电压值改变了。可见，电流源的电流是由它本身决定的，它的电压则是任意的，电流源的端电压是由电流源与外电路共同决定的。因为理想电流源的电流与外电路无关，所以与电流源串联的电路，其电流等于理想电流源的电流。理想电流源具有电流不变、电压不定的特点。

1.4.3 受控源

1. 受控源定义

所谓的受控源，也是一种电源，其输出电压或电流受电路中其他地方的电压或电流控制，即它是依靠其他支路的电流或电压向外电路提供电流或电压的元件。受控源又称为非独立电源。

受控源是一种有源元件，是四端元件，由两条支路组成，其中一条支路是控制支路，另一条是被控制支路。被控制支路的电压或电流受控制支路上的电压或电流的控制，是受控的电压源或受控的电流源。

受控源是根据某些电子器件中电压与电流之间存在一定控制与被控制关系的特性建立起来的理想化电路模型。

2. 受控源的分类

受控源就本身的性质分为受控电压源和受控电流源两种，依其控制量的性质可分为电压控制受控源和电流控制受控源。控制变量和受控变量的不同组合，将形成四种类型的受控源，如图 1.15 所示。

（1）电压控制电压源（VCVS），其输入控制量为电压 u_1，输出是电压 u_2，$u_2 = \mu u_1$，式

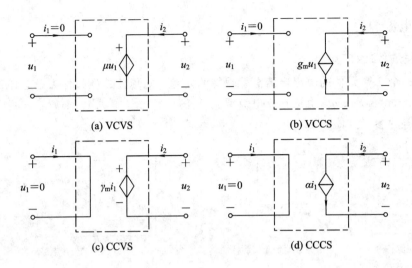

图 1.15　四种受控源

中的控制系数为 μ，是无量纲常数，称为转移电压比或电压放大倍数。

（2）电压控制电流源（VCCS），其输入控制量为电压 u_1，输出是电流 i_2，$i_2 = g_m u_1$，式中的控制系数为 g_m，是电导的量纲，称为转移电导。

（3）电流控制电压源（CCVS），其输入控制量为电流 i_1，输出是电压 u_2，$u_2 = \gamma_m i_1$，式中的控制系数为 γ_m，是电阻的量纲，称为转移电阻。

（4）电流控制电流源（CCCS），其输入控制量为电流 i_1，输出是电流 i_2，$i_2 = \alpha i_1$，式中的控制系数为 α，是无量纲常数，称为转移电流比或电流放大系数。

图 1.15 中用菱形符号表示受控电压源或受控电流源，以示与独立电源区别。图中 μu_1、$g_m u_1$、$\gamma_m i_1$、αi_1 是受控电源的值，由两部分组成：μ、g_m、γ_m、α 为控制系数，其余为控制量。当控制系数为常数时，被控量与控制量成正比。这种受控源就是线性受控源，本书只讨论线性受控源，并将"线性"两字略去，简称受控源。

受控源常用作一些电子器件或电路的模型，例如半导体晶体三极管（如图 1.16 所示）、场效应管等器件都有一个电压或电流控制它们的输出电压或电流，以实现它们的功能，例如放大功能，这些器件的电路模型含有某种受控电源。如图 1.16(c) 所示，在画晶体管的电路模型时就要用到电流控制的电流源。

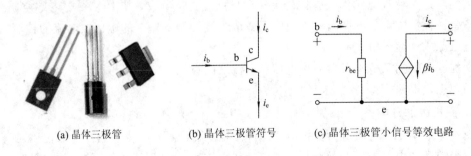

(a) 晶体三极管　　　　(b) 晶体三极管符号　　　(c) 晶体三极管小信号等效电路

图 1.16　具有受控源特性的晶体三极管

1.5 基尔霍夫定律

电路是电路元件互连而成的。电路中的电压、电流受到**两类约束**。一类是元件本身的**伏安关系约束**(如电阻元件的欧姆定律);另一类是电路结构的约束(也称为拓扑约束)。本节介绍的基尔霍夫定律就是描述电路结构约束的基本定律,包括基尔霍夫电流定律(Kirchhoff's Current Law,KCL)和基尔霍夫电压定律(Kirchhoff's Voltage Law,KVL)。它反映了电路中所有支路电流和电压的约束关系,是分析电路的基本定律。拓扑约束与元件伏安约束是分析电路的基本依据。

1.5.1 电路图的几个名词

1. 节点(node)

三条或三条以上支路的连接点称为节点(node)。通常用 n 表示节点数。图 1.17 中 a、b 为两个节点。

2. 回路(loop)

回路是由支路组成的闭合路径。通常用 l 表示回路。图 1.17 中有三个回路,分别是:a-c-b-d-a,a-d-b-e-a,a-c-b-e-a。

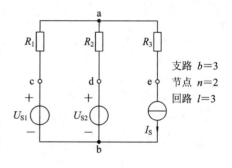

图 1.17 电路名词示意图

3. 支路

连接两个节点之间的电路称为**支路**(branch)。图 1.17 中有三个支路,a-c-b 为一条支路,a-d-b、a-e-b 为另两条支路。流过支路的电流称为支路电流。

4. 网孔

对平面电路,其内部不含任何支路的回路称**网孔**(mesh)。网孔是回路,但回路不一定是网孔。图 1.17 中有两个网孔:a-c-b-d-a,a-d-b-e-a。

1.5.2 基尔霍夫电流定律(KCL)

基尔霍夫电流定律(简称 KCL)描述的是电路中同一节点上相连各支路电流之间的关系。

1. KCL 定律的内容

KCL 定律内容为: 在集总参数电路中,在任一时刻、任一节点上,流出(或流入)该节点的所有支路的电流的代数和为零。若规定流出该节点的电流为正,则流入该节点的电流为负。其公式表达为

$$\sum_{k=1}^{n} i_k = 0 \qquad\qquad (1.19)$$

KCL 定律也可以表述为:集总参数电路中的任一节点,在任一时刻,流入该节点的电流之和等于流出该节点的电流之和,即

$$\boxed{\sum i_\text{入} = \sum i_\text{出}} \qquad\qquad (1.20)$$

2. KCL 定律的说明

(1) 用 KCL 公式(1.19)列写方程时，首先要设出每一支路电流的参考方向，然后根据参考方向取符号：如果选流出节点的电流取正号，则流入电流取负号；如果选流入节点的电流取正号，则流出电流取负号。两种选择方法均可以，但在列写的同一个 KCL 方程中取号规则应一致。

(2) 应将 KCL 代数方程中各项前的正负号与电流本身数值的正负号区别开来。

(3) KCL 不仅适用于节点，而且**适用于任何一个封闭曲面**。对任意的闭合面 S，流入(或流出)闭合面的电流的代数和等于零。

图 1.18 为电子技术中经常使用的晶体管，对闭合面来讲，仍符合基尔霍夫电流定律。所以对晶体管有

$$i_\text{e} = i_\text{b} + i_\text{c}$$

[**例 1.4**] 图 1.19 中已知 $I_2 = -1$ A，$I_4 = 3$ A，$I_S = 5$ A。求电流 I_1、I_3、I_5 的值。

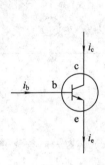

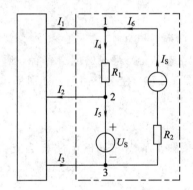

图 1.18 晶体管　　　　　　　图 1.19 例 1.4 电路图

解 对节点 1，如果设流入电流为正，有 KCL 方程

$$I_1 + I_6 - I_4 = 0 \quad 或 \quad I_1 + I_6 = I_4$$

因为　　　　　　　　　　　　　$I_6 = I_S = 5$ A

所以　　　　　　　　　$I_1 = I_4 - I_6 = 3 - 5 = -2$ A

对闭合面有

$$I_1 + I_3 = I_2$$

得

$$I_3 = I_2 - I_1 = (-1) - (-2) = 1 \text{ A}$$

对节点 3 有 KCL 方程

$$I_5 + I_3 = I_6$$

则　　　　　　　　　$I_5 = I_6 - I_3 = 5 - 1 = 4$ A

1.5.3 基尔霍夫电压定律

基尔霍夫电压定律(简称 KVL)描述了回路中各支路(元件)电压之间的约束关系。

1. KVL 定律的内容

在集总参数电路中，在任一时刻、沿任一回路绕行一周，各支路(元件)的电压降的代数和为零，即

$$\sum_{k=1}^{n} u_k = 0 \qquad (1.21)$$

KVL 定律也可以表述为：在任意时刻，沿任意回路绕行一周，回路中各元件上的电压升之和等于电压降之和，即

$$\boxed{\sum u_{\text{升}} = \sum u_{\text{降}}} \qquad (1.22)$$

2. KVL 定律的说明

(1) KVL 实质上是能量守恒定理在集总电路中的体现。

(2) 应用 KVL 列写方程的步骤是：对回路中各元件电压规定参考方向；设定回路的绕行方向，选顺时针绕行和逆时针绕行均可，凡元件电压参考方向(由"＋"极到"－"极的方向)与绕行方向相同者取"＋"，反之取"－"。

(3) 应将 KVL 代数方程中各项前的正负号与电压本身数值的正负号区别开来。

(4) KVL 可推广应用于开路电路。图 1.20 中无闭合回路，可以在 a、b 之间假设有一假想支路 u_{ab}，与其他元件构成一个假想回路。可以列出下面的 KVL 方程：

$$u_2 + u_3 + u_5 = u_1 + u_4 + u_{ab}$$

即

$$u_{ab} = u_2 + u_3 + u_5 - u_1 - u_4$$

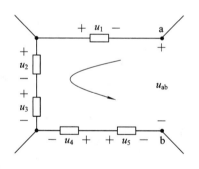

图 1.20　开路电路

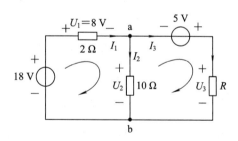

图 1.21　例 1.5 电路图

[**例 1.5**]　电路如图 1.21 所示，求：(1) 电压 U_2、U_3；(2) 电阻 R。

解　(1) 应用 KVL 列写回路电压方程，首先要选定回路的绕行方向。如图 1.21 所示，假定两个回路绕行方向均为顺时针。对左边回路列 KVL 方程：

$$U_1 + U_2 = 18 \text{ V}$$

得

$$U_2 = 18 - 8 = 10 \text{ V}$$

对右边回路列 KVL 方程：

$$U_3 = 5 \text{ V} + U_2$$

得

$$U_3 = 15 \text{ V}$$

（2）利用欧姆定律和基尔霍夫定律，有

$$I_1 = \frac{U_1}{2\ \Omega} = \frac{8\ \text{V}}{2\ \Omega} = 4\ \text{A}, \quad I_2 = \frac{U_2}{10\ \Omega} = \frac{10\ \text{V}}{10\ \Omega} = 1\ \text{A}$$

$$I_1 = I_2 + I_3$$

得

$$I_3 = I_1 - I_2 = 3\ \text{A}$$

$$I_3 = 3\ \text{A} = \frac{U_3}{R}$$

$$R = \frac{U_3}{3\ \text{A}} = \frac{15\ \text{V}}{3\ \text{A}} = 5\ \Omega$$

在求解此题中利用了 KCL、KVL 和欧姆定律，它们是电路分析的基本依据。

KCL、KVL 定律与电路支路元件性质无关，只取决于电路的连接结构，这种结构约束称为拓扑约束；欧姆定律取决于支路元件的伏安关系，称为元件约束。利用两类约束可以直接列写电路方程，求解电路的各个变量。

［**例 1.6**］　图 1.22(a)所示电路中，已知 $R_1 = R_2 = 3\ \Omega$，$R_3 = 60\ \Omega$，$\beta = 8$，$u_S = 30\ \text{mV}$，求电压 u_o。

解　图 1.22(a)中的受控源是 CCCS，一般只在电路中画出受控源的符号，标出控制量的位置和方向就可以。图 1.22(b)为简化图，利用图(b)求解较简便。

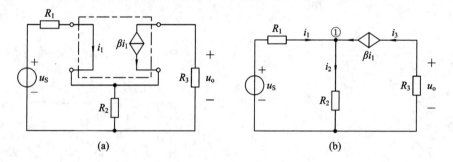

(a)　　　　**(b)**

图 1.22　例 1.6 电路图

分析图(b)，对节点①列写 KCL 方程：

$$i_1 + i_3 = i_2$$

因为 $i_3 = \beta i_1$，$\beta = 8$，所以代入上式有

$$i_2 = i_1 + i_3 = 9i_1$$

在左边的回路中，利用 KVL 和欧姆定律列方程，有

$$u_S = R_1 \times i_1 + R_2 \times i_2 = 3i_1 + 3 \times 9i_1 = 30i_1$$

求得

$$i_1 = 1\ \text{mA}$$

在右边的回路中

$$u_o = -i_3 R_3 = -\beta i_1 R_3 = -8 \times 1 \times 60 = -480\ \text{mV}$$

计算结果表明：u_o 的数值比 u_S 大 16 倍，可见由受控源和电阻组成的电路起放大电压作用。

从例题中可知：含受控源的电路仍满足两类约束，在列 KVL、KCL 方程时，一要将受控源暂时当做独立源来列方程；二要找出控制量与求解值的关系，代入列出的方程求得答案。

1.6 计算机辅助电路分析

随着电子信息技术的快速发展，在电路分析与设计中使用了计算机技术，称为电子设计自动化(Electronic Design Automation，EDA)。常用的 EDA 软件有 EWB、OrCAD 及 Altium Designe。本节介绍 EWB 系列软件中的 Multisim 10 电路分析仿真软件。

1.6.1 电路分析软件 Multisim

Multisim 10 是一种界面直观、操作简便、易学易懂的软件。图 1.23 为启动 Multisim 10 后所示的主窗口界面，主要有菜单栏、工具栏、元件栏、设计管理窗口、电路输入窗口及仪器仪表工具栏等区域。

利用该软件进行电路辅助分析的一般过程是：建立电路文件→从元器件库中选用所需元器件及电源→设定元器件数值→电路元器件连接→连接测量仪器→电路仿真分析。

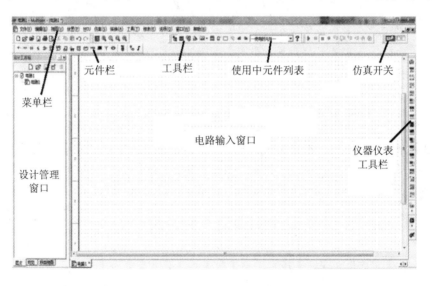

图 1.23　Multisim 10 主窗口界面

1.6.2 电路辅助分析的应用

[例 1.7]　利用计算机软件分析图 1.24(a)中的电压 U 和电流 I。

解　利用 KCL 及 KVL 计算电路图 1.24(a) 得：$I = 3$ A，$U = 6$ V。

第 1 章 Multisim 介绍及例 1.7 仿真.wmv

电路仿真分析过程：首先从元件库中选取元件，在虚拟仪器仪表工具栏中选择万用表，在电源库里选择直流电压源和电流源，放置在电路输入窗口中，并设置元件与电源参数，如图 1.24(b)所示。

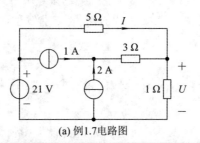

(a) 例1.7电路图

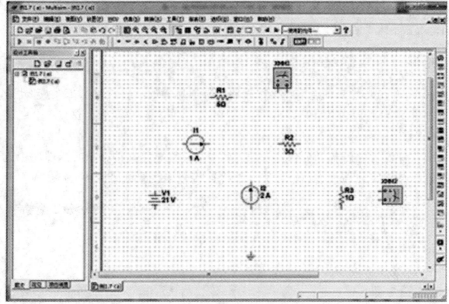

(b) 从元件库选元件及仪表

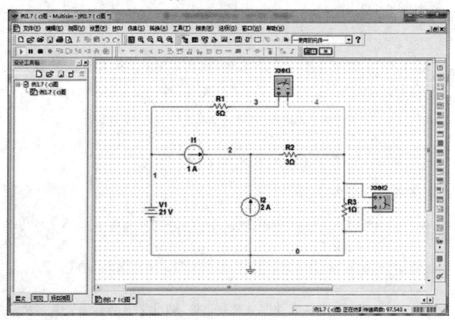

(c) 连接电路元件及测量仪表

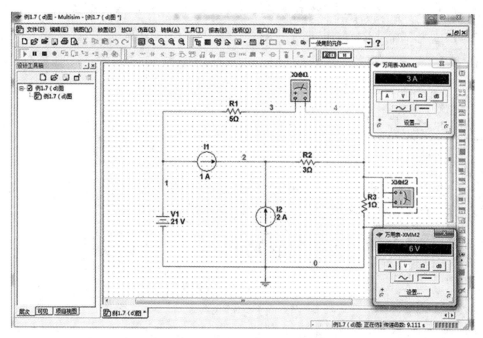

(d) 运行仿真

图 1.24　例 1.7 仿真实例

电路元件连线如图 1.24(c)所示。在电路中放置的虚拟万用表可测试电流和电压。通过运行仿真，可以在虚拟仪表中读出待分析的电流为 3 A，电压为 6 V，与计算结果一致，如图 1.24(d)所示。

1.7　应 用 实 例

电阻器是电路元件中应用得最广泛的一种，在电子设备中约占元件总数的 30% 以上。本节介绍电阻的标识法，并简单介绍触摸屏的原理。

1.7.1　电阻的标识法

1. 标称电阻

电阻产品上标示的阻值，其单位为 Ω(欧)、kΩ(千欧)、MΩ(兆欧)，有时还以 Ω、k、M 代替小数点，例如 5.1 kΩ 表示为 5k1，2.7 Ω 表示为 2Ω7。

2. 色环标识法

色环电阻使用较广泛，看色环可以读出阻值，使用很方便。色环电阻可分为四环和五环两种标识方法，其中五色标识法常用于精密电阻。四个色环中第一、二环分别代表阻值的前两位数，第三环代表应乘倍数，第四环代表误差。不同环数和不同颜色都有不同的含义，如表 1.1 所示。

表 1.1　电阻色环颜色所代表的数字或意义

色环颜色	棕	红	橙	黄	绿	蓝	紫	灰	白	黑	金	银	无色
有效数字 （第一、二色环）	1	2	3	4	5	6	7	8	9	0			
应乘倍数 （第三色环）	10	10^2	10^3	10^4	10^5	10^6	10^7	10^8	10^9	1	0.1	0.01	
误差（%）											± 5	± 10	± 20

图 1.25 为电阻色环标识法。查表 1.1 可知，黄色读数为 4，紫色读数为 7，橙色在第三色环为倍数 10^3，所以电阻的读数为 $47 \times 10^3\ \Omega = 47\ \mathrm{k\Omega}$。

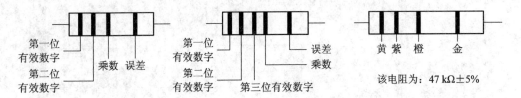

图 1.25　电阻色环标识法

根据电子设备的技术指标和电路的具体要求选用电阻的型号和误差等级；额定功率应为实际消耗功率的 1.5～2 倍；根据电路工作频率选择不同类型的电阻。选用电阻除了要考虑阻值、额定功率、最高工作电压外，还要注意稳定性、噪声电动势及高频特性。电阻装接前要测量核对，尤其是电路对器件要求较高时，还要对器件进行人工老化处理，提高稳定性。

第 1 章色环电阻
读数.wmv

1.7.2　触摸屏

触摸屏（touchpanel）是可接收触头等输入信号的感应式液晶显示装置，当接触了屏幕上的图形按钮时，屏幕上的触觉反馈系统可根据预先编写的程序驱动各种连接装置，并借由液晶显示画面制造出生动的影音效果。手机触摸屏常用的有两种：电阻式触摸屏和电容式触摸屏。

电阻式触摸屏是一种传感器，基本结构是薄膜加上玻璃。它将矩形区域中触摸点（X，Y）的物理位置转换为代表 X 坐标和 Y 坐标的电压（采用分压器原理来产生代表 X 坐标和 Y 坐标的电压）。分压器是通过将两个电阻进行串联来实现的。当进行触摸操作时，薄膜下层的 ITO（纳米铟锡金属氧化物）会接触到玻璃上层的 ITO，经由感应器传出相应的电信号，经过转换电路送到处理器，通过运算转化为屏幕上的 X、Y 值，而完成点选的动作，并呈现在屏幕上。

电容式触摸屏技术是利用人体的电流感应进行工作的。电容式触摸屏是一块四层复合玻璃屏，玻璃屏的内表面和夹层各涂有一层 ITO，最外层是一薄层矽土玻璃保护层，夹层 ITO 涂层作为工作面。玻璃屏四个角上引出四个电极。当手指触摸在金属层上时，由于人体带电场，用户和触摸屏表面形成一个耦合电容。对于高频电流来说，电容是直接导体，于是手指从接触点吸走一个很小的电流。这个电流分别从触摸屏的四角上的电极中流出，并且流经这四个电极的电流与手指到四角的距离成正比，控制器通过对这四个电流比例的精确计算，得出触摸点的位置。

电阻式触摸屏不受外界污染物的影响，比如灰尘、水汽、油渍等，而且适合配带手套或是不能用手直接触摸的场合，因此能够在恶劣环境下正常工作，适合于航空机载显示系统。电容式触摸屏的使用更加方便，反应灵敏，颜色鲜艳，具有多点触控功能，而且较电阻屏省电，增强了手机的可操控性。目前的中高端手机都会用到电容屏，提升了手机的使用价值。

1.8　本　章　小　结

1. 电路中的基本变量：电流、电压、功率

（1）分析电路时首先要标注电流、电压的参考方向，某个电路元件上电压和电流的参考方向可以各自假定，但为了方便，一般假定电流参考方向从电压参考方向＋极到一极，称为关联参考方向。

（2）某个电路元件的功率定义为 $p = u \cdot i$（关联参考方向）或 $p = -u \cdot i$（非关联参考方向）。如果计算功率大于零，则此元件消耗功率，起着负载的作用。如果计算功率小于零，则此元件提供功率，起着电源的作用。

2. 电路的理想元件

（1）理想电阻满足欧姆定律：

$$u = Ri$$

（2）电容元件的伏安关系：

$$i(t) = C\frac{\mathrm{d}u}{\mathrm{d}t}$$

（3）电感元件的伏安关系：

$$u = L\frac{\mathrm{d}i}{\mathrm{d}t}$$

3. 电源及受控源

（1）理想电压源的电压是一特定时间函数 $u_\mathrm{S}(t)$，与流过的电流大小、方向无关。

（2）理想电流源的电流是一个特定时间函数 $i_\mathrm{S}(t)$，与其端电压的方向、大小无关。

（3）受控源是一种电源，其输出电压或电流受电路中其他地方的电压或电流控制。受控源分为四种类型：电压控制电压源（简称 VCVS）、电压控制电流源（简称 VCCS）、电流控制电压源（简称 CCVS）、电流控制电流源（简称 CCCS）。

4. 电路的基尔霍夫定律

（1）KCL 定律内容为：在电路中，在任一时刻，流出任一节点或封闭面的全部支路电流的代数和等于零，即

$$\sum_{k=1}^{n} i_k = 0$$

（2）KVL 定律定义为：在任一时刻，沿任一回路绕行一周，各支路（元件）的电压降的代数和为零，即

$$\sum_{k=1}^{n} u_k = 0$$

5. 两类约束

拓扑约束与元件伏安约束是分析电路的基本依据。

习 题 1

1.1 判断题

（1）电阻、电流和电压都是电路中的基本物理量。 （ ）

（2）理想电流源输出恒定的电流，其输出端电压由内电阻决定。 （ ）

（3）电压是产生电流的根本原因，因此电路中有电压必有电流。 （ ）

（4）220 V，60 W 的灯泡接在 110 V 的电源上，消耗的功率为 30 W。 （ ）

（5）在节点处各支路电流的方向不能均设为流入节点，否则将只有流入节点的电流而无流出节点的电流。 （ ）

1.2 填空题

（1）电压、电流的方向包括：_____、真实方向和关联参考方向。

（2）电路中某元件上的电压、电流取非关联参考方向，且已知 $I = -20$ mA，$U = -3.5$ V，则该元件吸收的功率 $P =$ _____。

（3）一台 110 V，5 A 的用电器接在 220 V 的电路里，要使它正常工作，应串联的电阻是 _____ Ω。

（4）题 1.2-4 电路图中，电流 $I =$ _____。

（5）题 1.2-5 电路图中，电流源的端电压 $u =$ _____ V。

题 1.2-4 电路图　　　　　　　　　　　　题 1.2-5 电路图

1.3 选择题

（1）有一个 100 Ω，1 W 的碳膜电阻使用于直流电路，使用时电流不能超过（ ）。

A. 10 mA 　　　　B. 100 mA 　　　　C. 1 mA 　　　　D. 0.01 mA

（2）题 1.3-2 电路图中，已知 $V_a = 40$ V，$V_b = -10$ V，则 $U_{ba} = $（ ）。

A. −50 V 　　　　B. 50 V 　　　　C. 0 V 　　　　D. 30 V

（3）电容元件是一种（ ）记忆性的元件。

A. 无 　　　　　　B. 有 　　　　　　C. 不确定

（4）对题 1.3-4 电路图中电感元件而言，其正确的伏安关系（VCR）应是（ ）。

A. $u=Li$ B. $u=-Li$ C. $u=L\dfrac{\mathrm{d}i}{\mathrm{d}t}$ D. $u=-L\dfrac{\mathrm{d}i}{\mathrm{d}t}$

(5) 如题 1.3-5 电路图所示,电路中输出功率的元件是(   )。

A. 电压源和电流源都产生功率 B. 仅是电流源

C. 仅是电压源 D. 没有

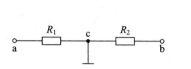

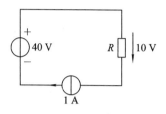

题 1.3-2 电路图   题 1.3-4 电路图   题 1.3-5 电路图

(6) 题 1.3-6 电路图中,$I_S=1\,\text{A}$,$U_S=1\,\text{V}$,$R=1\,\Omega$。电压源的电流 I 和功率为(   )。

A. 0 A,0 W   B. 1 A,1 W   C. 2 A,-2 W   D. 2 A,2 W

(7) 题 1.3-7 电路图中,电压 u 是(   )。

A. -5 V   B. 0 V   C. 5 V   D. 10 V

(8) 题 1.3-8 电路图中,受控源的类型是(   ),电压 u_2 是(   )。

A. CCCS, 10 V B. CCVS, 10 V

C. CCVS, 4 V D. CCVS, -4 V

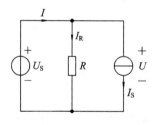

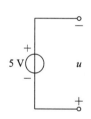

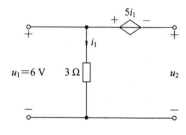

题 1.3-6 电路图   题 1.3-7 电路图   题 1.3-8 电路图

1.4 电路如题 1.4 电路图所示,求开关断开与闭合两种情况下 A、B、C 三点的电位。

1.5 如题 1.5(a)电路图所示,其中 $C=2\,\text{F}$,电源电压 $u_S(t)$ 如题 1.5(b)图所示,求电容上电流 $i(t)$。

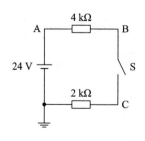

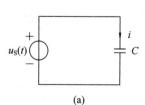

题 1.4 电路图   题 1.5 电路图

1.6 题 1.6(a)电路图中,已知元件 A 吸收的功率是 10 W,求电路电流 I;题 1.6(b)

电路图中，已知元件 C 提供的功率是 20 W，问：电路电流 I、元件 A、B 的功率是多少？判断它们是吸收还是提供功率。题1.6(c)电路图中，已知元件 A 提供的功率是 36 W，问：元件 B、C 的功率是多少？判断它们是吸收还是提供功率。

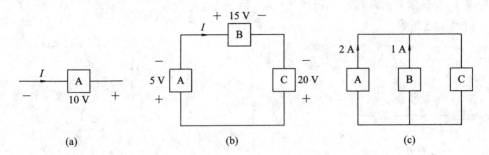

(a)　　　　　　　　(b)　　　　　　　　(c)

题 1.6 电路图

1.7　某品牌锂电池，容量为 2400 mA·h，持续提供电流 120 mA，该电池能维持多长时间？

1.8　某三口之家，在 2 月份电视机（210 W）平均每天开 5 小时，电脑（200 W）平均每天用 6 小时，冰箱全天开，每天约 1.5 kW·h，热水器每天约 1 kW·h，5 盏"220V、60W"的照明灯平均每天使用 4 小时，电饭锅（700 W）平均每天使用 0.5 小时，那么每月（按 30 天计算）该用户用电多少度？如果每度电为 0.55 元，计算该用户 2 月份的电费。

1.9　求题 1.9 电路图中的未知电阻 R。

1.10　如题 1.10 电路图所示，求电压 U 及两个电流源上的电压，并说明两个电流源是起电源作用还是负载作用。

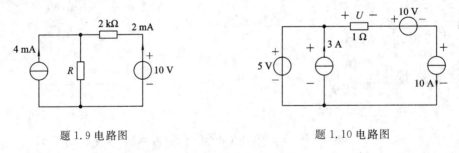

题 1.9 电路图　　　　　　　　　　题 1.10 电路图

1.11　利用 KCL 和 KVL 求题 1.11 电路图中的电流 I。

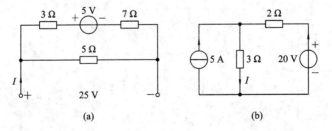

(a)　　　　　　　　(b)

题 1.11 电路图

1.12　求题 1.12 电路图中的电阻 R_1、R_2、R_3。

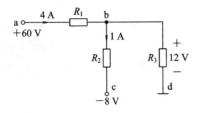

题 1.12 电路图 　　　　　　　　　　　　　　　第 1 章习题 1.12 解答.wmv

1.13　求题 1.13 电路图中的电压 U 和电流 I。

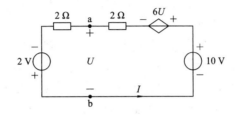

题 1.13 电路图

1.14　求题 1.14 电路图(a)、(c)中的电流 I，图(b)中的电压 U。

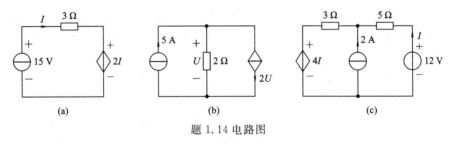

(a)　　　　　　　　　　(b)　　　　　　　　　　(c)

题 1.14 电路图

第 2 章　电路分析的基本方法

第 2 章的知识点.wmv

【内容提要及要求】　本章主要介绍电路等效变换方法和电路方程分析方法。

本章介绍二端电路等效的概念，重点讨论电阻 Y-△连接电路的等效变换公式，两种实际电源的等效变换，分析含电源电路和受控源电路的等效变换过程。

方程分析方法以电路元件的约束特性（VCR）和电路的拓扑约束特性（KCL、KVL）为依据，建立以支路电流或网孔电流或节点电压等为变量的电路方程组，解出所求的电压、电流和功率。本章方程分析方法主要介绍支路电流法、网孔电流法和节点电压分析法，在此基础上讨论含有理想运算放大器电路的分析。

需掌握电阻 Y-△连接电路的等效变换方法，熟练掌握两种实际电源的等效变换以及含电源电路和受控源电路的等效变换，掌握输入等效电阻的定义及计算。

需熟练列写不同电路的支路电流方程、网孔电流方程和节点电压方程，熟练运用这些电路方程求解电路变量。

【重点】　电阻 Y-△电路等效变换和实际电源两种模型的等效变换；输入等效电阻；网孔电流法和节点分析法；含有运算放大器电路的分析法。

【难点】　含有受控源的单口网络的输入等效电阻的求解；含有独立电流源和受控源电流源的网孔电流方程的列写；含有独立电压源和受控源电压源的节点电压方程的列写。

2.1　电路的等效变换分析法

本节介绍二端电路等效的概念、电路等效变换的目的，电阻 Y-△连接电路的等效变换、实际电源的等效变换，并介绍含源电路的等效化简的方法及输入等效电阻的定义和计算。

2.1.1　二端电路等效的概念

二端电路（单口网络）的概念在电路分析中经常用到，下面介绍二端网络概念，然后讨论二端电路等效的条件和目的。

由线性电阻、线性受控源和独立电源组成的电路称为线性电阻电路，简称电阻电路。具有两个端子的电路称为二端电路、二端网络或含源单口电路、单口网络（one-port network），常用符号 N 表示，如图 2.1 所示。

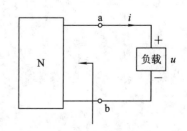

图 2.1　二端电路或含源单口电路

等效变换是分析线性电阻电路的一个重要的方法，其中心思想就是将电路中的某一复杂部分用其简单的等效电路来替代。

如果两个二端电路 N_1 和电路 N_2 具有完全相同的端口伏安关系，则称 N_1 和 N_2 互为等效电路(equivalent circuit)。电路 N_1 和 N_2 的内部结构和元件参数可以完全不同，但对端口以外的电路而言，不论接入的是电路 N_1 还是 N_2，外电路的电压、电流不会改变，即对外电路是等效的。

例如图 2.2(a)电路中，已知 $u_S = 21$ V，$R_1 = 1$ Ω，$R_2 = 3$ Ω，$R_3 = R_4 = R_5 = 4$ Ω，图(a)电路 N_1 中几个电阻可用图(b)电路 N_2 中一个电阻 R_{eq} 来替代，$R_{eq} = R_2 /\!/ (R_3 + R_4 /\!/ R_5) = 2$ Ω，使得整个电路得到简化，图 2.2(a)中 N_1 和图(b)中 N_2 进行替代的条件是 a-b 右端具有相同的伏安关系。

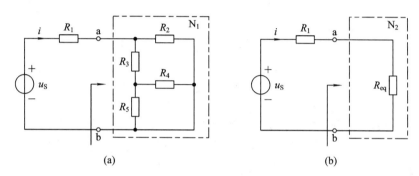

图 2.2 电路等效示意图

电路等效变换的目的是为了简化电路，可以方便地求出需要求得的结果。

2.1.2 电阻 Y-△连接电路的等效变换

电阻电路中有过去很熟悉的线性电阻的串联(series connection)、并联(parallel connection)电路或混联电路，如图 2.2(a)所示，也会遇到如图 2.3 所示的不平衡桥式电路，电阻间不能利用串、并联进行等效化简。这时就需要先通过电阻△-Y 连接电路的等效变换，来进一步简化电路或计算电路变量。

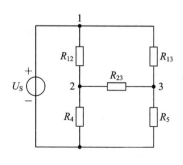

图 2.3 不平衡电桥电路

1. 电阻的△连接

将图 2.3 电路节点 1 搜紧，三个电阻 R_{12}、R_{13}、R_{23} 的两个端子分别首尾相连，形成的电路像△，这种连接方式称为电阻的△连接，如图2.4(a)所示。

2. 电阻的 Y 连接

如图 2.4(b)所示，三个电阻 R_1、R_2、R_3 各有两个端子，将每个电阻的一个端子连接在一起，构成一个共同的节点，另外三个端子作为引出端与外电路相连，这种连接方式称为电阻的 Y 连接或星形连接。

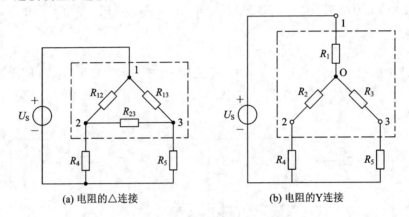

(a) 电阻的△连接   (b) 电阻的Y连接

图 2.4　电阻的△连接和 Y 连接

3. 电阻△连接电路等效变换为 Y 连接电路

所谓△连接电路等效变换为 Y 连接电路，就是已知△连接电路中三个电阻 R_{12}、R_{13}、R_{23}，通过变换公式求出 Y 连接电路中的三个电阻 R_1、R_2、R_3，来替换△连接电路中的三个电阻，电路改接成 Y 连接，这就完成了△连接等效变换为 Y 连接的任务。

△连接电路等效变换为 Y 连接电路，其等效变换条件或公式为

$$\left.\begin{aligned} R_1 &= \frac{R_{12}R_{13}}{R_{12}+R_{23}+R_{13}} \\ R_2 &= \frac{R_{12}R_{23}}{R_{12}+R_{23}+R_{13}} \\ R_3 &= \frac{R_{13}R_{23}}{R_{12}+R_{23}+R_{13}} \end{aligned}\right\} \tag{2.1}$$

观察图 2.4(a)、(b)，可得出由△连接变换为 Y 连接电路时三个电阻的连接与记忆技巧：

Y 连接电路中心点 O 点分别与 1、2、3 这三个端点连接电阻 R_1、R_2、R_3，R_1 的阻值等于△连接电路中与端 1 相连的两个电阻 R_{12} 与 R_{13} 之积除以△连接的三个电阻 R_{12}、R_{13} 和 R_{23} 之和；R_2 的阻值等于△连接电路中与端 2 相连的两个电阻 R_{12} 和 R_{23} 之积除以△形连接的三个电阻 R_{12}、R_{13} 与 R_{23} 之和；同理，可以求得式(2.1)中 R_3 的阻值。

如果△连接的三个电阻 R_{12}、R_{13} 与 R_{23} 相等，即 $R_{12}=R_{23}=R_{13}=R_\triangle$，则等效 Y 连接中的三个电阻也相等，它们等于

$$R_1 = R_2 = R_3 = \frac{1}{3}R_\triangle \tag{2.2}$$

4. Y 电阻连接电路等效变换为△连接电路

Y 连接电路等效变换为△连接电路，就是已知 Y 连接电路中三个电阻 R_1、R_2、R_3，通过变换公式求出△连接电路中的三个电阻 R_{12}、R_{13}、R_{23}，也就是由图 2.4(b)电路变换为图 2.4(a)电路。

Y 连接电路等效变换为△连接电路，其等效变换条件或公式为

$$R_{12} = \frac{R_1 R_2 + R_2 R_3 + R_1 R_3}{R_3} = R_1 + R_2 + \frac{R_1 R_2}{R_3}$$

$$R_{23} = \frac{R_1 R_2 + R_2 R_3 + R_1 R_3}{R_1} = R_2 + R_3 + \frac{R_2 R_3}{R_1} \qquad (2.3)$$

$$R_{13} = \frac{R_1 R_2 + R_2 R_3 + R_1 R_3}{R_2} = R_1 + R_3 + \frac{R_1 R_3}{R_2}$$

由 Y 连接变换为△连接电路时三个电阻的连接与记忆技巧是：

将 Y 连接电路中的三个端点 1、2、3 互相用电阻连接，即 1、2 两端连上电阻 R_{12}，2、3 两端连上电阻 R_{23}，1、3 两端连上电阻 R_{13}。电阻 R_{12} 等于 R_1 与 R_2 之和加上 R_1 与 R_2 之积除以 Y 连接剩余的第三个电阻 R_3；同理可以求得 R_{23} 和 R_{13}。

如果 Y 连接电路中三个电阻 R_1、R_2、R_3 相等，则等效△连接的三个电阻也相等，即：

$$R_{12} = R_{23} = R_{13} = 3R_Y \qquad (2.4)$$

［例 2.1］ 如图 2.5(a)所示电路为桥式电路，求电流 i_2 和 1、4 两端子之间的等效电阻。

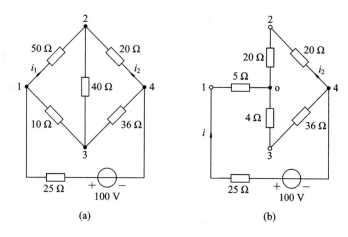

图 2.5 例 2.1 电路图

解 端子 1、2、3 之间的三个电阻为△连接，把它等效变换为 Y 连接，如图 2.5(b)所示，图中等效 Y 连接的电阻利用式(2.1)计算：

$$R_1 = \frac{R_{12} R_{13}}{R_{12} + R_{23} + R_{13}} = \frac{50 \times 10}{50 + 40 + 10}\Omega = 5\ \Omega$$

$$R_2 = \frac{R_{12} R_{23}}{R_{12} + R_{23} + R_{13}} = \frac{50 \times 40}{50 + 40 + 10}\Omega = 20\ \Omega$$

$$R_3 = \frac{R_{13} R_{23}}{R_{12} + R_{23} + R_{13}} = \frac{40 \times 10}{50 + 40 + 10}\Omega = 4\ \Omega$$

于是

$$R_{14} = [5 + (20 + 20)\ /\!/\ (4 + 36)]\Omega = 25\ \Omega$$

总电阻为

$$R = 25\ \Omega + 25\ \Omega = 50\ \Omega$$

电流为

$$i = \frac{100}{50} = 2\ \text{A}$$

利用分流公式，电流 i_2 为

$$i_2 = -\frac{4+36}{4+36+20+20} \times i = -1 \text{ A}$$

计算时要注意分流公式和电流 i_2 的方向。

2.1.3 含源电路的等效变换

1. 两种实际电源模型

直流理想电压源(ideal voltage source)的输出为一条平行于电流轴的直线(图 2.6(a)中的虚线)，表明电压源具有恒压的特性。但在实际工作中对实际电源进行测试，得到的输出电压往往会随着电流的增加而下降，如图 2.6(a)中实线所示，说明实际电压源产生能量的同时还消耗能量，因此可以抽象得到实际电压源的电路模型为电压源与电阻的串联，称为实际电压源的模型，如图 2.6(b)所示。图中，R_S 通常称为内阻。图 2.6(c)为一种稳压电源外形图。

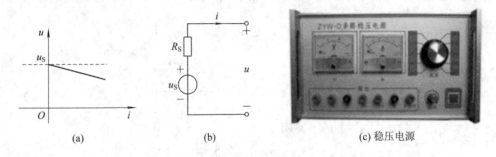

图 2.6　实际电压源的伏安特性与电路模型

工程实际中的电压源一旦出现短路，电源发热量将会急剧上升，电源的绝缘材料将会烧毁，电源损坏，因此要加倍小心。

实际工作中电流源产生电能的同时还消耗电能，实际电流源的电流往往会随着电压的增加而下降，其伏安特性如图 2.7(a)中实线所示。因此实际电流源可以抽象成一个理想电流源(ideal current source)与电阻并联的电路模型，如图 2.7(b)所示。图中，R_S 称为内阻。电流源可由稳流电子设备产生，如图 2.7(c)所示为一种电流源外形图。光电池也是一个电流源的例子，若光照度不变，则光电池产生的电流值不变。

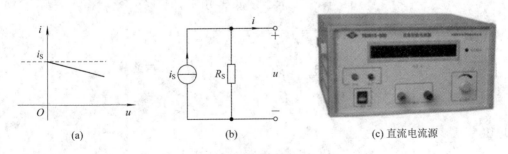

图 2.7　实际电流源的伏安特性与电路模型

2. 两种实际电源的等效变换

同一实际电源的电压源模型和电流源模型是可以互相等效的，如图 2.8(a)、(b)所示。

对实际电压源模型图 2.8(b)利用 KVL 有

$$u = u_{\mathrm{S}} - iR_{\mathrm{S}} \tag{2.5}$$

对实际电流源模型图 2.8(b)利用 KCL 得

$$i = i_{\mathrm{S}} - \frac{u}{R_{\mathrm{S}}^{'}} \tag{2.6}$$

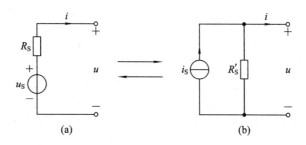

图 2.8　两种电源模型的等效变换

实际电压源端口的伏安关系为式(2.5)，将式子两边同除 R_{S}，整理得

$$\frac{u}{R_{\mathrm{S}}} = \frac{u_{\mathrm{S}}}{R_{\mathrm{S}}} - i \Rightarrow i = \frac{u_{\mathrm{S}}}{R_{\mathrm{S}}} - \frac{u}{R_{\mathrm{S}}} \tag{2.7}$$

因为等效条件是保持端口伏安关系相同，将式(2.7)与电流源的伏安关系式(2.6)比较，则

$$\boxed{i_{\mathrm{S}} = \frac{u_{\mathrm{S}}}{R_{\mathrm{S}}}, \ R_{\mathrm{S}}^{'} = R_{\mathrm{S}}} \tag{2.8}$$

所以当图 2.8(a)所示的电压源模型等效变换为图 2.8(b)所示的电流源模型时，电流源的电流 $i_{\mathrm{S}} = \dfrac{u_{\mathrm{S}}}{R_{\mathrm{S}}}$，电阻 $R_{\mathrm{S}}^{'}$ 仍为 R_{S} 不变。注意：电流源 i_{S} 的方向是由电压源的正极流出的。

同理可推出：当图 2.8(b)所示的电流源模型等效变换为图 2.8(a)所示的电压源模型时，电压源的电压为 $u_{\mathrm{S}} = R_{\mathrm{S}}^{'} i_{\mathrm{S}}$，电阻不变。**注意**：电压源的正极为图 2.8(b)中电流源的电流流出的一端。

图 2.8 所示的两种电源模型的等效变换称为电源的等效变换法，利用它可以化简电路。

实际电压源与实际电流源等效转换要**注意**：

(1) 表示同一电源的实际电压源与实际电流源等效变换是指对外电路等效。

(2) 注意电源转换时电压源 u_{S} 和电流源 i_{S} 间对应的参考方向。

(3) 理想电压源与理想电流源是不能等效互换的。

3. 含源电路的等效化简

多个电阻元件经串联、并联或混联构成的二端电路，可以用一个等效电阻替代。同理，多个电源元件经串联、并联或混联构成的二端电路，也可以通过电源等效化简的方法等效为简单电路。

一些电源等效化简的**规则**如下：

(1) 当一个理想电压源与多个电阻或电流源相并联时，对外电路

第 2 章电源等效
化简规则.wmv

而言，只等效这个理想电压源，如图 2.9(a)所示；当一个理想电流源与多个电阻或电压源相串联时，对外电路而言，只等效这个理想电流源，如图 2.9(b)所示。

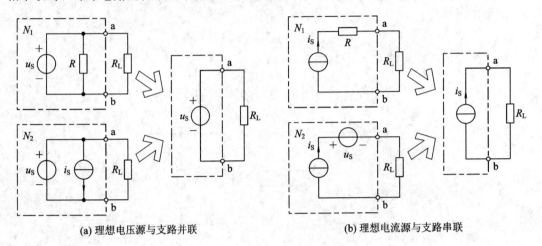

(a) 理想电压源与支路并联　　　　　(b) 理想电流源与支路串联

图 2.9　含源电路的等效化简

（2）n 个电压源串联电路等效为一个电压源 u_S，其电压是这 n 个电压源电压的代数和，其中电压源参考方向与等效电压源 u_S 参考方向一致的 u_{Sk} 取正值，相反则取负值；等效电压源的内阻 R_S 等于 n 个电压源的内阻之和。

（3）n 个电流源并联电路可以等效为一个电流源 i_S，该电流源的电流 i_S 为这 n 个并联电流源电流的代数和，其中电流源参考方向与等效电流源 i_S 参考方向一致的 i_{Sk} 取正值，相反则取负值。等效电流源的内电导 G_S 等于 n 个电流源的内电导之和，即 $G_S = \sum_{k=1}^{n} G_{Sk}$，其中 $G_{Sk} = \dfrac{1}{R_{Sk}}$，内阻 $R_S = \dfrac{1}{G_S}$。例如图 2.10 电路中 $i_{S1} = -2$ A，$R_{S1} = 3$ Ω；$i_{S2} = 5$ A；$i_{S3} = 10$ A，$R_{S3} = 6$ Ω，那么，等效电流为 $i_S = i_{S1} - i_{S2} + i_{S3} = (-2) - 5 + 10 = 3$ A；$G_S = \dfrac{1}{R_{S1}} + \dfrac{1}{R_{S3}} = 0.5$ S，即 $R_S = 2$ Ω。

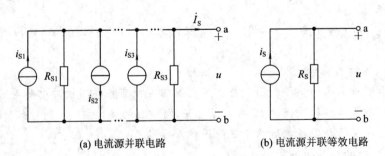

(a) 电流源并联电路　　　　　(b) 电流源并联等效电路

图 2.10　电流源的并联及等效电路

等效电路分析法适用于求某一支路的电流和电压，求解时，保持待求支路不变（视为外电路），内电路可用等效电源变换法化简，构成简单电路，在这个简单电路中求解待求支路的响应。

[**例 2.2**]　利用电源的等效变换法求图 2.11(a)中流过 3 Ω 电阻的电流 I。

解 图 2.11(a)中，8 V 电压源与 6 Ω 电阻并联等效为 8 V 电压源后，又与 2 Ω 电阻串联，等效为电流源与电阻并联，等效电路见图 2.11(b)。不断进行电源等效变换，可得到图 2.11(d)所示等效电路。变换时注意电流源的流向和电压源的正负极。

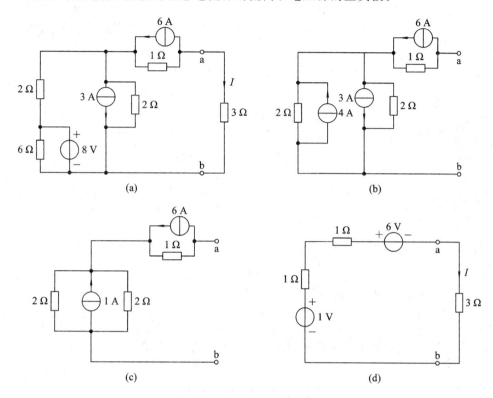

图 2.11 例 2.2 电路图

利用图 2.11(d)求得

$$I = \frac{1-6}{1+1+3} \text{ A} = -1 \text{ A}$$

读者可以试着将图 2.11(d)简化为一个电压源与电阻串联的简单等效电路。

上述等效化简的方法也适用于**含有受控源的二端电路，在等效变换时受控源可先当做独立源进行变换，不过在变换时一般应保持控制量所在支路不变**。

［**例 2.3**］ 求图 2.12(a)所示电路的等效电阻。

解 等效电阻 R_{eq} 也称为**输入电阻** R_{in}，**以端口处的电压除以端口的电流来求出**，即 $R_{eq} = u/i$。分析图 2.12(a)的电路图，图中二端网络除了电阻外还有受控源，但无独立源，要求出端口处的等效电阻，可以用外加电压法计算，即在端口处加一电压源激励，求出流入端口的响应电流，它们的比值即为端口的输入电阻。

将图 2.12(a)的电压控制的电流源 $2u$（与 3 Ω 电阻并联）、电流控制的电压源 $8i$（与 4 Ω 电阻串联），利用电源等效变换法分别化简为受控电压源 $3 \times 2u$ 与 3 Ω 电阻串联、受控电流源 $8i/4$ 与 4 Ω 电阻并联，如图 2.12(b)所示，此时它们相应的控制量不变，再将电流源与电阻并联化简为受控电压源 $2 \times 2i$ 与电阻串联，如图 2.12(c)所示。

对图 2.12(c)利用 KVL 列方程

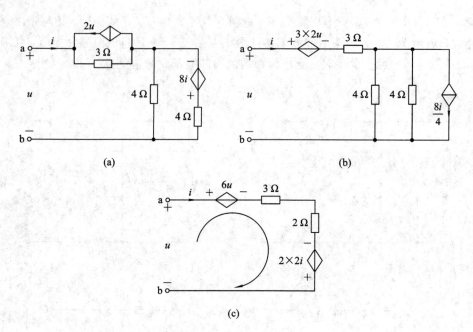

(a)　　　　　(b)

(c)

图 2.12　例 2.3 电路图

$$6u + (3+2)i = 4i + u \Rightarrow 5u = 4i - 5i = -i$$

$$R_{eq} = \frac{u}{i} = -\frac{1}{5}\ \Omega$$

此例说明,含有受控源的电路的等效电阻有可能出现负电阻。

2.2　支 路 电 流 法

支路电流法(branch current method)**以支路电流为未知量,**应用基尔霍夫定律、元件伏安关系,对节点和回路列出所需的方程组,解方程以求得各支路的电流,再根据支路特性求得所需要的电压、功率等。

下面用图 2.13 说明支路电流法解题步骤。

设电路中有 n 个节点,b 个支路。

(1)标出各支路电流参考方向。

(2)列出 $n-1$ 个独立的 KCL 方程。

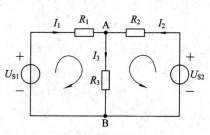

图 2.13　有两个节点。A 节点的 KCL 方程为:$I_1 + I_2 = I_3$;B 节点的 KCL 方程为:$I_3 = I_1 + I_2$。可见,两个节点只有 1 个独立的 KCL 方程。

图 2.13　支路电流法

(3)列出 $b-(n-1)$ 个独立的 KVL 方程。

图 2.13 中,$b=3$,$n=2$,可以列出 $b-(n-1)=3-(2-1)=2$ 个 KVL 方程。

对左边网孔列方程:

$$I_1 R_1 + I_3 R_3 = U_{S1}$$

对右边网孔列方程:

$$I_2 R_2 + I_3 R_3 = U_{S2}$$

（4）联立所列 KCL 、KVL 方程，为 b 元一次方程组，求解该方程，就可得到 b 个支路电流。求得 I_1、I_2、I_3 后就可求得相对应的电压或功率。

[例 2.4] 电路如图 2.14(a)所示，已知 $U_S = 24$ V，$I_S = 5$ A，利用支路电流法：(1) 求解各支路电流；(2) 验证功率是否守恒。

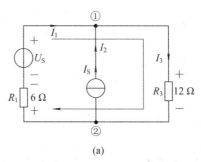

(a)

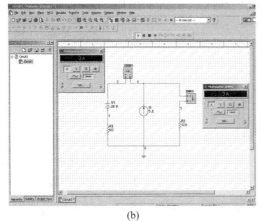

(b)

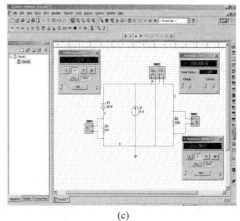

(c)

图 2.14 例 2.4 的电路图

解 （1）分析图 2.14(a)，电路有三个支路，各支路电流参考方向如图 2.14(a)所示，其中支路电流 I_2 的值为电流源 I_S 的电流 5 A，所以只需列出两个方程就可求得未知的支路电流 I_1、I_3。

两个节点，只有 1 个独立的 KCL 方程，列出①节点的 KCL 方程：

$$I_1 + I_2 = I_3 \Rightarrow I_1 + 5 = I_3$$

列出 1 个独立的 KVL 方程，因为 5 A 电流源上有电压值是未知的，故此题选大回路列写 KVL 方程。先在电路中标出电阻的电压参考方向，一般选关联参考方向，画出回路绕行方向如图 2.14(a)所示，则 KVL 方程为

$$R_3 I_3 + R_1 I_1 = U_S$$

即

$$12 I_3 + 6 I_1 = 24 \text{ V}$$

解方程得

$$I_1 = -2 \text{ A}, \; I_3 = 3 \text{ A}$$

第 2 章例 2.14
仿真.wmv

图 2.14(b)是利用 Multisim 对图 2.14(a)进行仿真的界面图，利用虚拟的万用表测试得到支路 1 的电流为 -2 A，支路 3 的电流为 3 A，与计算值相同。

（2）先求各元件的功率：

R_1 的电压 $U_1 = R_1 I_1 = 6 \times (-2) = -12$ V，R_1 的功率 $P_1 = U_1 I_1 = (-12) \times (-2) = 24$ W>0，吸收功率；

U_S 的电流 $I_1 = -2$ A，非关联参考方向，U_S 的功率 $P_{U_S} = -24 \times (-2) = 48$ W>0，吸收功率；

R_3 的电压 $U_3 = R_3 I_3 = 12 \times 3 = 36$ V，R_3 的功率 $P_3 = U_3 I_3 = 36 \times 3 = 108$ W>0，吸收功率；

I_S 的电压 $U_3 = 36$ V，非关联参考方向，I_S 的功率 $P_{I_S} = -36 \times 5 = -180$ W<0，产生功率；

吸收功率 $P_{吸} = P_1 + P_3 + P_{U_S} = 24 + 108 + 48 = 180$ W，图 2.14(a)电路中 24 V 电压源起负载作用。

I_S 产生功率为 180 W，$P_{产生} = P_{吸收} = 180$ W，图 2.14(a)电路中 5 A 电流源起电源作用。

图 2.14(c)是利用 Multisim 中的万用表和功率表测试得到电阻 R_1 的电压为 -12 V，电阻 R_3 的电压为 36 V，R_3 的功率为 108 W，与计算值相同。

2.3 网孔电流法

利用支路电流法分析电路，需要列出的方程数与支路数目相同，如果支路过多，列出的方程会很多。本节介绍**网孔电流分析法，是以假想的网孔电流为未知量，根据 KVL 列出网孔电压方程（$\sum U = 0$），再根据已求得的网孔电流与支路电流的关系求解支路电流的方法。这种分析电路的方法称为网孔电流法**(mesh current method)。

2.3.1 网孔电流的概述

在图 2.15 所示电路中，假想在每个网孔里有一电流沿着网孔的边界流动，如图中的电流 i_{m1}、i_{m2}、i_{m3} 所示，称为**网孔电流**，网孔电流的参考方向，同时也是网孔回路的绕行方向。这里需要说明的是，网孔电流实际上是不存在的，实际存在的是支路电流。为了减少列方程的数目，将支路电流借助于网孔电流来表示。

以图 2.15 为例，在各网孔电流及支路电流的参考方向下，可得出：

$$\begin{cases} i_1 = i_{m1} \\ i_2 = -i_{m2} \\ i_3 = i_{m3} \\ i_4 = i_{m1} - i_{m3} \\ i_5 = i_{m3} - i_{m2} \\ i_6 = i_{m2} - i_{m1} \end{cases} \tag{2.9}$$

由此可见，只要能求出各网孔的电流值，就可由上述关系求出各支路的电流，进而求得电路中任意两点间的电压。

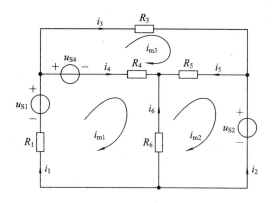

图 2.15　网孔电流法

2.3.2　网孔电流方程的建立

对网孔电流列写 KVL 方程时，取网孔电流的参考方向作为回路的绕行方向。如图 2.15 所示，根据 KVL 列出电路方程为

$$\begin{cases} R_1 i_1 + R_4 i_4 + u_{S4} - R_6 i_6 - u_{S1} = 0 \\ R_6 i_6 - R_5 i_5 + u_{S2} = 0 \\ R_3 i_3 + R_5 i_5 - R_4 i_4 - u_{S4} = 0 \end{cases} \tag{2.10}$$

将式(2.9)带入式(2.10)有

$$\begin{cases} R_1 i_{m1} + R_4 (i_{m1} - i_{m3}) + u_{S4} - R_6 (i_{m2} - i_{m1}) - u_{S1} = 0 \\ R_6 (i_{m2} - i_{m1}) - R_5 (i_{m3} - i_{m2}) + u_{S2} = 0 \\ R_3 i_{m3} + R_5 (i_{m3} - i_{m2}) - R_4 (i_{m1} - i_{m3}) - u_{S4} = 0 \end{cases}$$

进行整理，可得

$$\begin{cases} (R_1 + R_4 + R_6) i_{m1} - R_6 i_{m2} - R_4 i_{m3} = u_{S1} - u_{S4} \\ -R_6 i_{m1} + (R_5 + R_6) i_{m2} - R_5 i_{m3} = -u_{S2} \\ -R_4 i_{m1} - R_5 i_{m2} + (R_3 + R_4 + R_5) i_{m3} = u_{S4} \end{cases} \tag{2.11}$$

若将该方程组写成一般形式，则为

$$\begin{cases} R_{11} i_{m1} + R_{12} i_{m2} + R_{13} i_{m3} = u_{S11} \\ R_{21} i_{m1} + R_{22} i_{m2} + R_{23} i_{m3} = u_{S22} \\ R_{31} i_{m1} + R_{32} i_{m2} + R_{33} i_{m3} = u_{S33} \end{cases} \tag{2.12}$$

(1) 式(2.12)中，R_{11}、R_{22}、R_{33} 分别是网孔 1、2、3 各支路的电阻之和，为各网孔的自电阻，即 R_{ii} 称为自电阻，值恒为正。$R_{11} = R_1 + R_4 + R_6$、$R_{22} = R_5 + R_6$、$R_{33} = R_3 + R_4 + R_5$。

(2) 式(2.12)中，R_{12}、R_{13}、R_{21}、R_{23}、R_{31}、R_{32} 即 $R_{ij}(i \neq j)$ 称为互电阻，为第 i 个与第 j 个网孔之间公共支路的电阻之和，值可正可负；当相邻网孔电流在公共支路上流向一致时为正，不一致时为负(当各个网孔电流的参考方向均设为顺时针或逆时针方向时，R_{ij} 总为负值)。

(3) 式(2.12)中 u_{Sii} 为第 i 个网孔中的等效电压源。其值为该网孔中各支路电压源电压升的代数和。当电压源电压升的方向与网孔电流方向一致时取正，否则取负号。

2.3.3 网孔电流方程法的应用

1. 电路中含有电压源的电路

[**例 2.5**] 图 2.16 所示电路中已知 $U_{S1} = 13$ V，$U_{S2} = 6$ V，$U_{S3} = 8$ V，用网孔电流法求各支路电流。

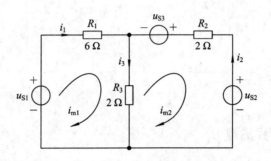

图 2.16 例 2.5 的电路图

解 步骤 1：电路有两个网孔，首先假设网孔电流参考方向如图 2.16 所示。它们的参考方向可以任意假定，本例假定两网孔都是顺时针方向。

步骤 2：第一网孔的自电阻为

$$R_1 + R_3 = 6 + 2 = 8 \ \Omega$$

第一网孔与第二网孔的互电阻为

$$R_{12} = R_{21} = -R_3 = -2 \ \Omega$$

这里互电阻为负值，是因为两网孔电流以不同的方向流过公共电阻 R_3。

第二网孔的自电阻为

$$R_2 + R_3 = 2 + 2 = 4 \ \Omega$$

第一网孔沿网孔电流方向的电压升为

$$u_{S1} = 13 \ \text{V}$$

第二网孔沿网孔电流方向的电压升为

$$u_{S3} - u_{S2} = 8 - 6 = 2 \ \text{V}$$

列网孔方程如下：

$$\begin{cases} (R_1 + R_3)i_{m1} - R_3 i_{m2} = u_{S1} \\ -R_3 i_{m1} + (R_2 + R_3)i_{m2} = u_{S3} - u_{S2} \end{cases}$$

$$\Rightarrow \begin{cases} (6+2)i_{m1} - 2i_{m2} = 13 \\ -2i_{m1} + (2+2)i_{m2} = 8 - 6 \end{cases}$$

解得

$$i_{m1} = 2 \ \text{A}, \ i_{m2} = 1.5 \ \text{A}$$

由支路电流与网孔电流的关系得：

$$i_1 = i_{m1} = 2 \ \text{A}, \ i_2 = -i_{m2} = -1.5 \ \text{A}, \ i_3 = i_1 + i_2 = 0.5 \ \text{A}$$

2. 含有电流源电路的网孔方程的建立

运用网孔分析法，当电路中含有电流源时，可用下面的方法求解：

（1）电流源位于电路边沿支路上时，将电流源电流设为网孔电流；若电流源在电路内部，在可能的情况下，将电流源的支路移画到边沿支路上。

（2）如果电流源与电阻并联，可以进行电源等效变换，将其转换为电压源与电阻串联。

（3）若电流源不能改画到边沿支路，电流源两端需设一个未知电压，列方程时需将这个电压包括在内，同时需要再列出该电流源电流与相关网孔电流的关系方程，作为辅助方程。

［例 2.6］ 图 2.17 所示电路中，用网孔电流法求电流 i。

解 电路中含有电流源，其支路电流为电流源的电流值，所以流经 12 Ω 电阻的电流等于 2 A。

网孔 2 的 i_{m2} 值已知，为电流源电流 2 A，不用再单独列网孔 2 的方程。

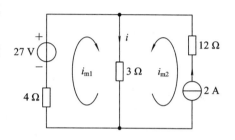

$$\begin{cases}(4+3)i_{m1}+3i_{m2}=27\\ i_{m2}=2\end{cases}$$

解得

$$i_{m1}=3 \text{ A}$$

$$i=i_{m1}+i_{m2}=5 \text{ A}$$

图 2.17 例 2.6 的电路图

［例 2.7］ 列出图 2.18(a)所示电路的网孔电流方程，并求 3 Ω 电阻上的功率。

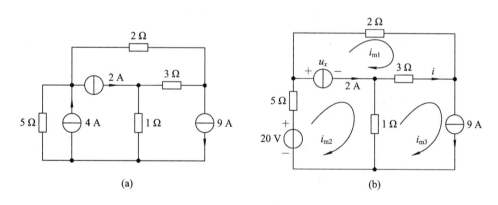

(a)   (b)

图 2.18 例 2.7 的电路图

解 电路中含有电流源，4 A 电流源与 5 Ω 电阻并联，可以进行电源等效变换，将其转换为 20 V 电压源与 5 Ω 电阻串联；设网孔的参考方向如图 2.18(b)所示。9 A 电流源为网孔 3 的电流 i_{m3}。

注意：电流源 2 A 两端有电压，假设电压为 u_x。网孔方程实质上是 KVL 方程，在列方程时应将此电流源电压考虑在内，初学者常易忽略这点。u_x 也是未知量，需增列辅助方程。

列出网孔方程

网孔 1： $(2+3)i_{m1}-3i_{m3}=u_x$

网孔 2： $(5+1)i_{m2}-1i_{m3}=20-u_x$

网孔 3： $i_{m3}=9$

由于所设 u_x 为未知量，还需要增加一个辅助方程，即用网孔电流表示网孔之间电流源电流：

$$i_{m2} - i_{m1} = 2$$

解得

$$i_{m1} = 4\ \text{A},\ i_{m2} = 6\ \text{A}$$

3 Ω 电阻上的电流为

$$i = i_{m3} - i_{m1} = 5\ \text{A}$$

则 3 Ω 电阻上的功率为

$$p = i^2 R = 75\ \text{W}$$

3. 含有受控源电路的网孔方程建立

当电路中含有受控源时，首先把受控源当做独立源一样去处理。当受控源的控制量不是网孔电流时，需要将控制量用网孔电流来表示，找出这个关系式，作为辅助方程。

[**例 2.8**] 列出图 2.19 所示电路的网孔电流方程。

解 电路中含有受控电压源。先将受控源当做独立源一样看待，写出方程式。

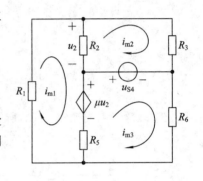

网孔 1： $(R_1 + R_2 + R_5)i_{m1} - R_2 i_{m2} - R_5 i_{m3} = -\mu u_2$

网孔 2： $-R_2 i_{m1} + (R_2 + R_3)i_{m2} = u_{S4}$

网孔 3： $-R_5 i_{m1} + (R_5 + R_6)i_{m3} = \mu u_2 - u_{S4}$

方程中会多出一个未知量——受控源的控制量，受控源的控制量为 u_2，因此，需要再寻找一个控制量与网孔电流之间的关系式作为辅助方程。辅助方程：

$$u_2 = R_2(i_{m1} - i_{m2})$$

图 2.19 例 2.8 的电路图

如电路中含受控电流源，可仿照例 2.6、例 2.7 将受控电流源当做独立电流源并列出方程，再设法将控制量用网孔电流表示。读者可以将图 2.19 所示电路中受控电压源改为受控电流源，如图 2.20 所示，自行练习列出网孔方程及辅助方程。

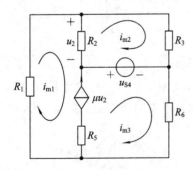

图 2.20 含有受控电流源的电路

第 2 章图 2.20 电路的解答.wmv

综上所述，运用网孔电流法列写方程时需要**注意**：

(1) 选择网孔电流的参考方向时，一般都取顺时针或都取逆时针方向，这样做的好处是互电阻皆取负号。如果各个网孔电流参考方向不一致，注意列写方程时互电阻的符号有正也有负。

(2) 当电路中含有电流源时，可将含有电流源的支路改画到边沿支路上，并将电流源电流设为网孔电流；若不能改画到边沿支路，电流源要设两端电压，列出方程时将这个电压包括在内，同时需要再寻求该电流源电流与相关网孔电流的关系方程，作为辅助方程。

（3）当电路中含有受控源时，首先把受控源当做独立源一样去处理。若受控源的控制量不是网孔电流，必须再把控制量用网孔电流来表示，找出这个关系式，作为辅助方程。

特别要说明，网孔电流方程法仅适用于平面电路。

2.4 节点电压法

节点电压法（node voltage method）是将节点电压作为未知量，列出 $n-1$ 个 KCL 方程，求得节点电压，然后借助节点电压求出各支路电压，根据 VCR 方程可求得各支路电流的分析方法。

2.4.1 节点电压的概述

在具有 n 个节点的电路中，任选其中一个节点作为参节点（接地点），其余 $n-1$ 个节点到参考点的电压称为**节点电压**（node voltage）。例如在图 2.21 电路中，共有 4 个节点，选节点 0 作参考点，用接地符号表示，其余三个节点电压分别为 u_{n1}、u_{n2} 和 u_{n3}，如图 2.21 所示。各节点电压就等于各节点电位，即 $u_{n1}=v_1$，$u_{n2}=v_2$，$u_{n3}=v_3$。任一支路电压是其两端节点电位之差或节点电压之差，例如 $u_4=u_{n1}-u_{n3}$，由此可求得全部支路电压。

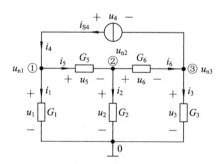

图 2.21　节点分析法举例

例如，图 2.21 所示电路各支路电压可用节点电压表示

$$u_1=u_{n1}, \qquad u_2=u_{n2}$$
$$u_3=u_{n3}, \qquad u_4=u_{n1}-u_{n3}$$
$$u_5=u_{n1}-u_{n2}, \qquad u_6=u_{n2}-u_{n3}$$

由此可见，只要能求出各节点的电压值，就可由上述关系求出各支路的电压，进而求得电路中各支路的电流。

2.4.2 节点电压方程的建立

如图 2.21 所示电路，对电路的三个独立节点列出 KCL 方程：

$$\begin{cases} i_1-i_4+i_5=0 \\ i_2-i_5+i_6=0 \\ i_3+i_4-i_6=0 \end{cases} \tag{2.13}$$

这是一组线性无关的方程。列出用节点电压表示的各电阻 VCR 方程:

$$\begin{cases} i_1 = G_1 u_{n1} \\ i_2 = G_2 u_{n2} \\ i_3 = G_3 u_{n3} \\ i_4 = i_{S4} \\ i_5 = G_5(u_{n1} - u_{n2}) \\ i_6 = G_6(u_{n2} - u_{n3}) \end{cases} \quad (2.14)$$

式中,G_1、G_2、G_3、G_5、G_6 为各电阻的电导。

将式(2.14)代入式(2.13)中,有

$$\begin{cases} G_1 u_{n1} + G_5(u_{n1} - u_{n2}) = i_{S4} \\ G_2 u_{n2} - G_5(u_{n1} - u_{n2}) + G_6(u_{n2} - u_{n3}) = 0 \\ G_3 u_{n3} - G_6(u_{n2} - u_{n3}) = -i_{S4} \end{cases} \quad (2.15)$$

经过整理后得到

$$\begin{cases} (G_1 + G_5)u_{n1} - G_5 u_{n2} = i_{S4} \\ -G_5 u_{n1} + (G_2 + G_5 + G_6)u_{n2} - G_6 u_{n3} = 0 \\ -G_6 u_{n2} + (G_3 + G_6)u_{n3} = -i_{S4} \end{cases} \quad (2.16)$$

式(2.16)就是图 2.21 电路以三个节点电压为未知量的节点电压法方程,简称节点方程。

节点电压方程写成一般形式为

$$\begin{cases} G_{11} u_{n1} + G_{12} u_{n2} + G_{13} u_{n3} = i_{S11} \\ G_{21} u_{n1} + G_{22} u_{n2} + G_{23} u_{n3} = i_{S22} \\ G_{31} u_{n1} + G_{32} u_{n2} + G_{33} u_{n3} = i_{S33} \end{cases} \quad (2.17)$$

(1) 式(2.17)中,G_{11}、G_{22}、G_{33} 称为节点的**自电导**,它们分别是各节点全部电导的总和。此例中 $G_{11} = G_1 + G_5$,$G_{22} = G_2 + G_5 + G_6$,$G_{33} = G_3 + G_6$。**自电导总为正值。**

(2) $G_{ij}(i \neq j)$ 称为节点 i 和 j 的**互电导**,是节点 i 和 j 之间电导总和的**负值**。此例中 $G_{12} = G_{21} = -G_5$,$G_{23} = G_{32} = -G_6$。出现负号是由于所有节点电压都一律假定为电压高于参考点电位。自电导与互电导均是与本节点有直接联系的电导。

(3) i_{S11}、i_{S22}、i_{S33} 是**流入该节点全部电流源电流的代数和**。此例中 $i_{S11} = i_{S4}$,$i_{S33} = -i_{S4}$。

综上可见,由独立电流源和线性电阻构成电路的节点方程,其系数很有规律,可以用观察电路图的方法直接写出节点方程。

2.4.3 节点电压方程法的应用

1. 电路中含有电流源的电路

[例 2.9] 电路如图 2.22 所示,利用电路节点电压法求各支路电压。

解 (1) 用接地符号标出参考节点,标出两个节点电压 u_{n1} 和 u_{n2} 的参考方向,如图 2.22 所示。

(2) 节点①的自电导为

$$G_{11} = \frac{1}{3} + \frac{1}{2} = \frac{5}{6} \text{ S}$$

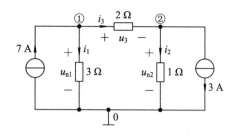

图 2.22　例 2.9 的电路图

节点②的自电导为

$$G_{22} = \frac{1}{2} + 1 = \frac{3}{2} \text{ S}$$

两节点的互电导为

$$G_{12} = G_{21} = -\frac{1}{2} \text{ S}$$

流入节点①的电流源电流为

$$i_{S11} = 7 \text{ A}$$

流入节点②的电流源的电流为

$$i_{S22} = -3 \text{ A}$$

（3）建立节点电压方程：

$$\begin{cases} \dfrac{5}{6}u_{n1} - \dfrac{1}{2}u_{n2} = 7 \\ -\dfrac{1}{2}u_{n1} + \dfrac{3}{2}u_{n2} = -3 \end{cases}$$

（4）解方程组后整理可得

$$u_{n1} = 9 \text{ V}, \quad u_{n2} = 1 \text{ V}, \quad u_3 = u_{n1} - u_{n2} = 8 \text{ V}$$

2. 含有电压源电路的节点方程的建立

运用节点电压分析法，当电路中含有电压源时，可用下面的方法分析：

(1) 将独立电压源设为某一节点的电压，则该变量不用求解。

(2) 如果电压源与电阻串联，可以进行电源等效变换，将其转换为电流源与电阻并联。

(3) 若独立电压源不在参考节点与待求节点之间，需设其电压源支路上的未知电流，列方程时将这个电流包括在内，同时需要再列出该电压源电压与相关节点电压的关系方程，作为辅助方程。

［例 2.10］　电路如图 2.23(a)所示，利用电路节点电压法求各节点电压和电流 i。

解　图 2.23(a)电路图中有三个部分需要注意。一是节点②和参考节点之间的电压是独立电压源 20 V，节点②的节点电压成为已知量，即 $u_{n2} = 20$ V。二是节点③连接的是 40 V 电源与 10 Ω 电阻串联支路，可以转换为 4 A 电流源与 10 Ω 电阻并联。三是节点①和节点③支路为 3A 电流源和 20 Ω 电阻串联，串联的 20 Ω 电阻不计入节点方程中，节点电压方程的本质是 KCL 方程，含电流源支路的电流就是电流源的输出电流，因此串联的电阻并不影响此支路的电流值。建立节点电压方程：

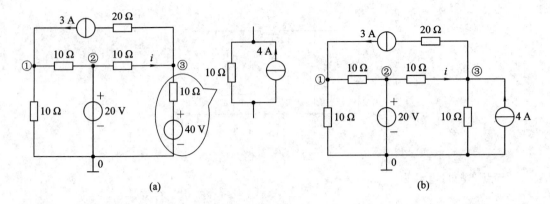

图 2.23　例 2.10 的电路图

$$\begin{cases} \left(\dfrac{1}{10}+\dfrac{1}{10}\right)u_{n1} - \dfrac{1}{10}u_{n2} = 3 \\ u_{n2} = 20 \\ -\dfrac{1}{10}u_{n2} + \left(\dfrac{1}{10}+\dfrac{1}{10}\right)u_{n3} = 4-3 \end{cases}$$

解得

$$u_{n1} = 25\ \text{V}, \qquad u_{n2} = 20\ \text{V}, \qquad u_{n3} = 15\ \text{V}, \qquad i = \frac{u_{n2}-u_{n3}}{10} = 0.5\ \text{A}$$

[**例 2.11**]　列出图 2.24 电路的节点电压方程。

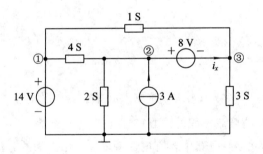

图 2.24　例 2.11 的电路图

解　节点②与③之间有 8 V 独立电压源，也称为无伴电压源，因为节点方程是 KCL 方程，与节点有关的电流都需要计算在内，8 V 电压源有电流流过，所以其电流不能忽略。需要设其电压源的电流为 i_x。建立节点电压方程：

$$\begin{cases} u_{n1} = 14\ \text{V} \\ -4u_{n1} + (2+4)u_{n2} = 3 - i_x \\ -u_{n1} + (1+3)u_{n3} = i_x \end{cases}$$

补充辅助方程

$$u_{n2} - u_{n3} = 8\ \text{V}$$

3. 含有受控源电路的节点方程的建立

当电路中含有受控源时，首先把受控源当做独立源一样去处理。若受控源的控制量不是节点电压，必须再把控制量用节点电压来表示，找出这个关系式，作为辅助方程。

[**例 2.12**]　如图 2.25 所示电路，求 i_1 和 i_2。

解　令独立节点①、②的节点电压为 u_{n1} 和 u_{n2}，如图 2.25 所示。列出节点方程：

$$\left(\frac{1}{4}+\frac{1}{4}\right)u_{n1}-\frac{1}{4}u_{n2}=2-0.5i_2$$

$$-\frac{1}{4}u_{n1}+\left(\frac{1}{4}+\frac{1}{4}+\frac{1}{2}\right)u_{n2}=0.5i_2+\frac{4i_1}{4}$$

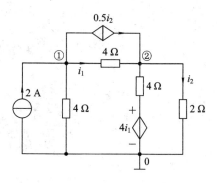

由图可见，控制量为 i_1、i_2，它们与节点电压的关系方程为辅助方程，有

$$i_1=\frac{u_{n1}-u_{n2}}{4}, \qquad i_2=\frac{u_{n2}}{2}$$

图 2.25　例 2.12 的电路图

由上面几个式子可解出 $u_{n1}=4$ V，$u_{n2}=2$ V，$i_1=0.5$ A，$i_2=1$ A。

运用节点电压法列出方程时需要**注意**：

（1）在列出节点电压方程时，可将实际电压源模型等效成实际电流源模型。注意互电导的符号为负。

（2）当电路中含有理想电压源时，可将电压源电压设为节点电压；若不能设为节点电压，需设电压源支路上的电流，列出方程时需将这个电流包括在内，同时需要再寻求该电压源电压与相关节点电压的关系方程，作为辅助方程。

（3）当电路中含有受控源时，首先把受控源当做独立源一样去处理。若受控源的控制量不是节点电压，必须再把控制量用节点电压来表示，找出这个关系式，作为辅助方程。

2.5　含有运算放大器的电路分析

运算放大器(operational amplifier)是电路理论中一个重要的多端元件。本节介绍运算放大器的电路模型和理想运算放大器的特性，并介绍含运算放大器电路的分析，如比例运算放大器、加法运算放大电路的分析。

2.5.1　运算放大器模型

运算放大器简称运放，是一种多端集成电路，通常由数十个晶体管和一些电阻构成。早期，运放用来完成模拟信号的求和、微分和积分等运算，故称为运算放大器。现在，运放的应用已远远超过运算的范围，成为许多电子设备中不可缺少的元件。图 2.26(a)为部分运算放大器图片。

运算放大器的图形符号如图 2.26(b)所示，它有两个电源端：$+V_c$、$-V_c$，分别与正负直流电源相接，这是保证运算放大器内部正常工作所必需的。

左侧 a"－"端为反相输入端，其电位用 u_- 表示，当信号由此端对地输入时，输出信号与输入信号反相位。

左侧 b"＋"端为同相输入端，其电位用 u_+ 表示，当信号由此端对地输入时，输出信号与输入信号同相位。

运算放大器的输入有三种方式：

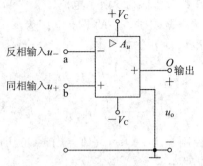

(a) 部分运算放大器外形图　　　　　(b) 运算放大器的符号

图 2.26　运算放大器外形图及符号

（1）如果从 a 端和 b 端分别同时加入电压 u_+ 和 u_-，则有

$$u_o = A_u(u_+ - u_-) = A_u u_d \tag{2.18}$$

式中，$u_d = u_+ - u_-$，A_u 为运放的电压放大倍数（或电压增益的绝对值）。运放的这种输入情况称为差动输入，u_d 称为差动输入电压。

（2）只在反相输入端输入电压，而其"+"端接地，则有

$$u_o = -A_u u_-$$

（3）只在同相输入端输入电压，而其"−"端接地，则有

$$u_o = A_u u_+$$

图 2.27 为运放的电路模型，其中电压控制电压源的电压为 $A_u(u_+ - u_-)$，R_i 为运放的输入电阻，R_o 为运放的输出电阻。实际运放 R_i 较大，R_o 较小。运放的这种工作状态称为"开环运行"，A_u 就称为开环放大倍数。在实际的应用中，往往通过一定的方式把输出的一部分返回（反馈）到输入中去，这种工作状态称为"闭环运行"。

如果假设运放的电路模型的 R_i 为无穷大，R_o 为零，电压放大倍数 A_u 为无穷大，则称这种运放为理想运放（ideal operational amplifier）。在表示运放的图形符号中加上"∞"表示其为理想运放。如不是理想运放，则用 A_u 表示。新国标中，运放符号如图 2.28(a)所示，理想运放的符号如图2.28(b)所示。

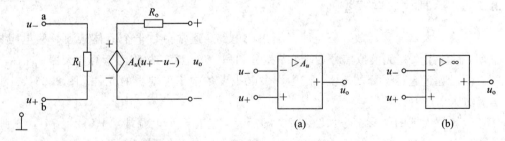

图 2.27　运放的电路模型　　　　　　　图 2.28　运算放大器的新国标符号

2.5.2　含理想运放的电路分析

1. 含理想运放电路的特性

理想运放的 R_i 为无穷大，R_o 为零，A_u 为无穷大。含有理想运放的电路有虚短与虚断

的特性。

虚短：由于理想运放的线性段放大倍数 $A_u = \infty$，而输出电压 $u_o = A_u(u_+ - u_-) = A_u u_d$ 为有限值，则有

$$\boxed{u_+ = u_-} \qquad\qquad (2.19)$$

这就是所谓的"虚短"。在分析计算中，运放的同相端与反相端等电位。

虚断：由于理想运放 $R_i = \infty$，所以反相输入端和同相输入端电流均为零，即

$$\boxed{i_+ = i_- = 0} \qquad\qquad (2.20)$$

通常称为"虚断路"。在分析计算含运放的电路时，可以将运放的两个输入端视为开路。

虚地：当运放的同相端（或反相端）接地时，运放的另一端也相当于接地，称为"虚地"。

2. 含理想运放的电路的分析

含有理想运放电阻电路的基本分析方法，**一是利用"虚短"、"虚断"的概念，并与节点法相结合，二是根据"虚短"、"虚断"的概念，运用 KCL、KVL 及元件的 VCR 来分析**，使含有理想运放电阻电路的分析大为简化。下面举例来说明。

[**例 2.13**]　已知反相比例器电路如图 2.29 所示。求：该电路的输入/输出关系。

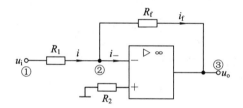

图 2.29　例 2.13 电路图

解　该电路有三个节点，如图 2.29 所示。节点①与输入电压相接，不需列写节点方程；节点③为输出电压 u_o，也不必写方程。在列写节点方程时，因运放输入电流 $i_- = 0$（即虚断）的特点，节点②的方程为

$$\left(\frac{1}{R_1} + \frac{1}{R_f}\right)u_2 - \frac{1}{R_1}u_1 - \frac{1}{R_f}u_3 = 0$$

利用式(2.19)($u_+ = u_-$)及 $u_+ = 0$ 可知，反相端 $u_- = u_+ = 0$，又因为 $u_2 = u_-$，故得

$$u_2 = 0$$

代入方程中

$$u_3 = -\frac{R_f}{R_1}u_1$$

u_3 即是 u_o，u_1 是 u_i，所以

$$u_o = -\frac{R_f}{R_1}u_i$$

由此可见，可以通过改变电阻 R_1、R_f 的大小，使得电路的比例系数改变。该电路正是一个由运放构成的反相比例器。另外，电路中的 R_2 称为平衡电阻，其主要作用是保持运放输入级电路的对称性。其他的运放电路中均有平衡电阻存在，本例中 R_2 一般取值为 $R_2 = R_1 /\!/ R_f$。

［例 2.14］ 分析图 2.30 所示反相加法器。

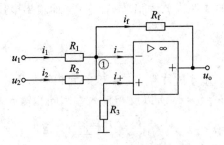

图 2.30　例 2.14 的电路图

解　应用虚断 $i_+ = i_- = 0$，对节点①列 KCL 方程，有

$$i_1 + i_2 = i_f \qquad\qquad ①$$

$$i_1 = \frac{u_1 - u_-}{R_1}, \quad i_2 = \frac{u_2 - u_-}{R_2}, \quad i_f = \frac{u_- - u_o}{R_f}$$

应用虚短 $u_+ = u_- = 0$，并将三个电流代入①式，有

$$\frac{u_1}{R_1} + \frac{u_2}{R_2} = -\frac{u_o}{R_f}$$

可得

$$u_o = -R_f \left(\frac{u_1}{R_1} + \frac{u_2}{R_2} \right)$$

该电路实现了反相加法的功能。此时平衡电阻 $R_3 = R_1 /\!/ R_2 /\!/ R_f$。

若 $R_1 = R_2 = R_f = R$，则有

$$u_o = -(u_1 + u_2)$$

此例题也可以利用节点法对节点①列写节点方程，注意节点①的电压为零，且有 $i_- = 0$ 的特点。读者可以自行练习。本章习题中有减法运算放大器电路题，可利用上述理想运放分析方法来分析。

2.6　应　用　举　例

传感器(transducer/sensor)是一种检测装置，能感受到被测量的信息，并将其按一定规律变换成为电信号输出。根据输入物理量的不同，传感器可分为位移传感器、压力传感器、速度传感器、温度传感器及气敏传感器等。仅一个小小的智能手机中就存在着重力传感器、光线传感器、加速度传感器、磁力传感器、气压传感器等多种传感器。

不少传感器本身是电桥电路(如压力传感器)或接成电桥测量电路(如应变片传感器、温度传感器、气敏传感器等)。如图 2.31 所示桥式电路称为惠斯通桥式电路。设 R_1 为电阻应变片，通常是将应变片通过特殊的黏和剂紧密地黏合在产生力学应变的基体上，当基体受力发生应力变化时，电阻应变片也一起产生形变，使应变片的阻值发生改变。这种应变片在受力时产生的阻值变化通常较小，一般这种应变片都组成应变电桥。下面分析图 2.31 惠斯通桥式电路。

当 $R_1 R_4 = R_2 R_3$ 时，$U_o = 0$；当 $R_1 = R_1 + \Delta R_1$ 时，可以利用电路分析法，求得

$$U_o = \frac{R_2 R_3 - (R_1 + \Delta R_1) R_4}{(R_1 + \Delta R_1 + R_2)(R_3 + R_4)} E$$

$$\approx -\frac{\Delta R_1 R_4}{(R_1 + R_2)(R_3 + R_4)} E$$

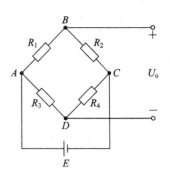

图 2.31 惠斯通桥式电路

输出电压随所受力大小变化而变化，并通过后续的放大器进行放大。

图 2.32 中如果虚线内桥式传感器使用的是四个压力式传感器，电阻上注有特殊工艺硅膜片，膜片基体受力产生变形，电桥中两个桥臂电阻的阻值增大，另外两个桥臂电阻的阻值减小，电桥失去平衡，输出与作用力成正比的电压信号。A_1、A_2为比例运算放大电路，输入端与力传感器 2 脚、4 脚连接，A_3组成差分放大器。这种放大电路能测量小信号并具有较高的精度。

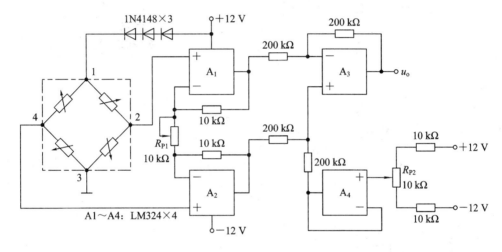

图 2.32 传感器桥式放大器

图 2.32 中如果传感器使用温度传感器，可应用于需要温度检测的场合。

传感器和运算放大器现在被广泛应用于工农业生产、科学研究和生活领域中。

2.7 计算机辅助电路分析

根据 2.3、2.4 节的方法很容易列出网孔电流方程和节点电压方程，然而当方程较多时，计算起来就比较复杂，容易出错。Matlab 软件具备强大的矩阵运算能力、方便实用的绘图功能，可用于电路变量的求解。下面以例题 2.15 为例，简单介绍利用 Matlab 进行电路网孔电流方程辅助分析的思路和步骤。

[例 2.15] 用网孔电流法求图 2.33 所示电路中各支路电流 I_a、I_b、I_c。

解 (1) 先建立数学模型，即写出电路方程组，而后经过求解方程组得到各支路的电压和电流。选定网孔电流的参考方向，如图 2.33 所示，列出网孔方程：

网孔 a：$(2+1+2)I_a - 2I_b - I_c = 6-18$

网孔 b：$-2I_a + (2+6+3)I_b - 6I_c = 18-12$

网孔 c：$-I_a-6I_b+(3+1+6)I_c=25-6$

将以上各式写成形如 $AX=B$ 的矩阵形式：

$$\begin{bmatrix} 5 & -2 & -1 \\ -2 & 11 & -6 \\ -1 & -6 & 10 \end{bmatrix}\begin{bmatrix} I_a \\ I_b \\ I_c \end{bmatrix}=\begin{bmatrix} -12 \\ 6 \\ 19 \end{bmatrix}$$

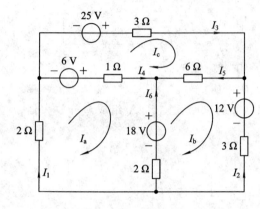

图 2.33　例 2.15 的电路图

第 2 章例 2.15 Matlab 辅助分析.wmv

（2）用 Matlab 语言编写程序：

```
>>  clear format compact
>>A=[5 −2 −1;−2 11 −6;−1 −6 10];
>>B=[−12 6 19];
>>I=B/A
I=
    −1.0000    2.0000    3.0000
```

（3）根据输出结果可求得：$I_a=-1$ A，$I_b=2$ A，$I_c=3$ A。

同理，节点电压法是以节点的电压为未知量，可先列出正确的方程组，并将其转变成求解矩阵 $AX=B$。利用 Matlab 命令对 A、B 和 X 赋值，然后求得各变量的值。读者可自行练习。

借助 Matlab 软件辅助进行电路分析可省去求解方程组的计算过程，使电路分析中的计算更为简单，而且可随意改变模拟参数，节约大量的计算时间，确保计算结果的准确性，方便快捷。

2.8　本　章　小　结

1. 电路的等效变换

如果两个二端电路 N₁ 和电路 N₂ 具有完全相同的端口伏安关系，则称 N₁ 和 N₂ 互为等效电路。N₁ 和 N₂ 对连接到端口上的任一外部电路的作用效果相同，"等效"是对外部电路而言的。

1）电阻星形连接(Y 连接)与三角形连接(△连接)的等效变换

Y-△等效变换公式：

△→Y 时，有

$$R_1 = \frac{R_{12}R_{13}}{R_{12} + R_{23} + R_{13}}$$

$$R_2 = \frac{R_{12}R_{23}}{R_{12} + R_{23} + R_{13}}$$

$$R_3 = \frac{R_{13}R_{23}}{R_{12} + R_{23} + R_{13}}$$

Y→△ 时，有

$$R_{12} = \frac{R_1R_2 + R_2R_3 + R_1R_3}{R_3} = R_1 + R_2 + \frac{R_1R_2}{R_3}$$

$$R_{23} = \frac{R_1R_2 + R_2R_3 + R_1R_3}{R_1} = R_2 + R_3 + \frac{R_2R_3}{R_1}$$

$$R_{13} = \frac{R_1R_2 + R_2R_3 + R_1R_3}{R_2} = R_1 + R_3 + \frac{R_1R_3}{R_2}$$

2）实际电源模型的等效变换

实际电压源的电路模型是一个理想电压源和一个电阻的串联，实际电流源的电路模型是一个理想电流源和一个电导(电阻)的并联。实际电源的两种模型的等效变换条件是

$$I_s = \frac{U_s}{R_s}, \quad R'_s = R_s$$

等效变换时注意等效的电流源的流向和电压源极性。

3）受控源的等效变换

一个受控电压源和电阻串联的单口，可以与一个受控电流源和电阻并联的单口进行等效变换，变换的办法是将受控源当做是独立电源一样进行变换，但变换过程中一定要保证受控源的控制量在变换前后不变。

2. 支路电流法

对于一个具有 b 条支路、n 个节点的电路，当以支路电流为未知数列电路方程时，应用 KCL 可以列出 $n-1$ 个独立方程，利用元件的 VCR，将 b 条支路电压用相应的支路电流表示，利用 KVL 列出 $b-n+1$ 个独立方程，共列出 b 个含支路电流的独立方程，这种方法称为支路电流法。

3. 网孔电流法

网孔电流法适用于平面电路，其方法是：

（1）以网孔电流为变量，列出网孔的 KVL 方程(网孔方程)，见式(2.12)及说明。

（2）求解网孔方程得到网孔电流，再用 KCL 和 VCR 方程求各支路电流和支路电压。

当电路中含有电流源与电阻并联支路时，应先将其等效变换为电压源与电阻串联电路。若没有电阻与电流源并联，则应增加电流源电压变量来建立网孔方程，并补充电流源与网孔电流关系的方程。

4. 节点电压法

节点电压法适用于连通电路，其方法是：

（1）以节点电压为变量，列出节点 KCL 方程(节点方程)，见式(2.17)及说明。

（2）求解节点方程得到节点电压，再用 KVL 和 VCR 方程求各支路电压和支路电流。

当电路中含有电压源与电阻串联的支路时，应先将其等效变换为电流源与电阻并联电路。若没有电阻与电压源串联，则应增加电压源电流变量来建立节点方程，并补充电压源电压与节点电压关系的方程。

5. 含理想运放电路的分析

有两种分析方法：一是利用理想运放电路"虚断"、"虚短"特性，并与节点法相结合来分析；二是根据"虚短"、"虚断"的特性，运用 KCL、KVL 及元件的 VCR 来分析。

习　题　2

2.1　判断题

（1）两个电路等效，即它们无论其内部还是外部都相同。　　　　　　　　　（　　）

（2）网孔电流法是以回路电流作为电路的独立变量，它仅适用于平面电路。（　　）

（3）用节点电压法解算电路问题需要列出与节点数相等个数的独立方程。（　　）

（4）理想运算放大器的"虚短"就是两点并不真正短接，但具有相等的电位。（　　）

（5）直流电桥的平衡条件是对臂电阻的乘积相等。　　　　　　　　　　　（　　）

2.2　填空题

（1）电阻均为 21 Ω 的三角形连接电阻网络，若等效为 Y 连接网络，各电阻的阻值应为 ____。

（2）电阻并联电路中，阻值较大的电阻上分流较 _____，功率较 _____。

（3）理想电压源与理想电流源之间 _____ 等效变换，而实际电压源与实际电流源之间则 _____ 等效变换。

（4）一个具有 b 条支路和 n 个节点的平面电路，可编写 _____ 个独立的 KCL 方程和 _____ 个独立的 KVL 方程。

（5）电路如题 2.2-5 图所示，I_R = _____。

（6）题 2.2-6(a) 电路图为一实际的电压源，若将它转换为电流源如图 2.2-6(b) 所示，则电流源的 I_S = ____ A，R_S = ____ Ω。

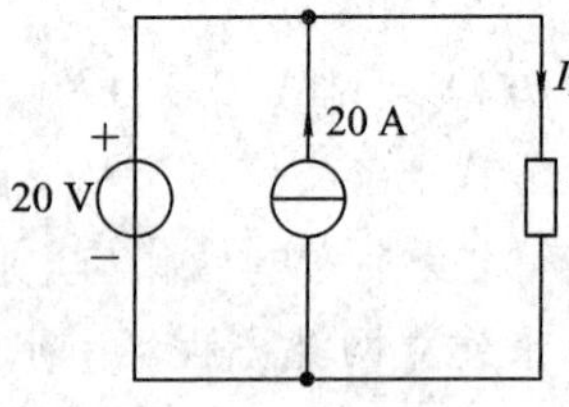

题 2.2-5 图

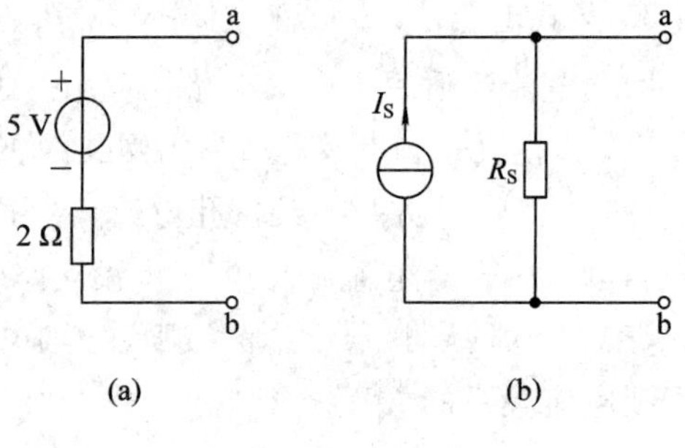

(a)　　　　　　　(b)

题 2.2-6 图

（7）电路如题 2.2-7 图，已知 U_x = 5 V，则 U = _____。

（8）电路如题 2.2-8 图，a、b 两端的等效电阻为 _____。

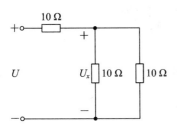

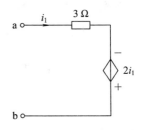

题 2.2 - 7 图   题 2.2 - 8 图

2.3 选择题

(1) 题 2.3 - 1 图所示电路中，当开关 S 闭合后，电流表的读数将(　　)。

A. 减少   B. 增大   C. 不变   D. 不定

(2) 题 2.3 - 2 图所示电路中，利用分流公式，i_L 为(　　)。

A. $i_L = \dfrac{R_S}{R_S + R_L} i_S$ B. $i_L = \dfrac{R_L}{R_S + R_L} i_S$

C. $i_L = \dfrac{R_S}{R_L} i_S$ D. $i_L = \dfrac{R_S}{R_S + R_L}$

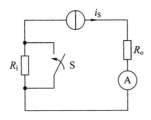

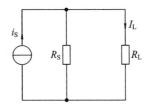

题 2.3 - 1 图   题 2.3 - 2 图

(3) 设 R_Y 为对称 Y 连接电路中的一个电阻，则与其等效的 △ 连接电路中的每个电阻等于(　　)。

A. $\sqrt{3} R_Y$ B. $3 R_Y$ C. $\dfrac{1}{3} R_Y$ D. $\dfrac{1}{\sqrt{3}} R_Y$

(4) 题 2.3 - 4 图所示电路中，已知 $R_1 = 10\ \Omega$，$R_2 = 5\ \Omega$，a、b 两端的等效电阻 $R = ($　　$)$。

A. 6 Ω   B. 5 Ω   C. 20/3 Ω   D. 40/3Ω

(5) 题 2.3 - 5 图所示电路中，已知 $R_1 = 20\ \Omega$，$R_2 = 5\ \Omega$，a、b 两端的等效电阻是(　　)。

A. 4 Ω   B. 25 Ω   C. 20 Ω   D. 15 Ω

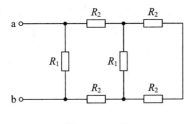

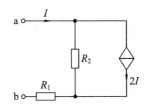

题 2.3 - 4 图   题 2.3 - 5 图

(6) 用支路电流法解算电路问题需要列出（　　）个独立方程。

A. 与节点数相等　　　　　　　B. 与支路数相等

C. 支路数加一　　　　　　　　D. 以上答案都不对

(7) 题 2.3-7 图所示电路中，网孔 1 正确的网孔电流方程为（　　）。

A. $(R_1+R_2)i_1-R_2i_2=0$　　　　B. $(R_1+R_2)i_1-R_2i_2=i_S$

C. $(R_1+R_2)i_1-R_2i_2=-u_1$　　D. $i_1=i_S$

(8) 题 2.3-8 图所示电路中，a 点的节点电压 u_a 的方程为（　　）。

A. $(1/R_1+1/R_2+1/R_3)u_a=i_S+u_S/R_3$

B. $(1/R_1+1/R_2)u_a=i_S+u_S/R_3$

C. $(1/R_2+1/R_3)u_a=i_S+u_S/R_3$

D. $(R_1+R_2+R_3)u_a=i_S+u_S/R_3$

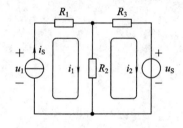 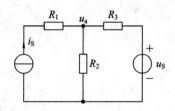

題 2.3-7 图　　　　　　　　　　題 2.3-8 图

(9) 题 2.3-9 图所示电路中，$R=2\ \Omega$，$I_S=3\ A$。R 上的电压 u 是（　　）。

A. 1 V　　　　　B. −1 V　　　　C. 2 V　　　　D. −2 V

(10) 题 2.3-10 图所示电路中，已知节点电压方程为 $\begin{cases}5U_1-3U_2=2\\-U_1+5U_2=0\end{cases}$，则 VCCS 的控制系数 $g=$（　　）。

A. 1 S　　　　　B. −1 S　　　　C. 2 S　　　　D. −2 S

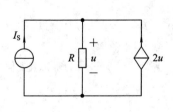 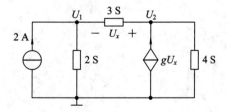

題 2.3-9 图　　　　　　　　　　題 2.3-10 图

(11) 题 2.3-11 图所示电路中，已知 $I_S=5\ A$，$R_1=8\ \Omega$，$R_2=4\ \Omega$。由节点分析法可求得 $U=$（　　）。

A. 0　　　　　B. 8 V　　　　C. 20 V　　　　D. 40 V

(12) 题 2.3-12 图所示电路中，已知 $U_S=3\ V$，$I_S=2\ A$，$R_1=4\ \Omega$，$R_2=20\ \Omega$，则 $U=$（　　）。

A. −83 V　　　B. −77 V　　　C. 77 V　　　　D. 83 V

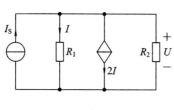

题 2.3-11 图

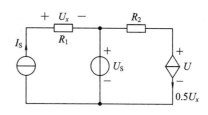

题 2.3-12 图

2.4 题 2.4 图中，画出图(a)的 Y 连接等效电路，画出图(b)的△连接等效电路。求各图所对应的等效电阻。判断图(c)中三个电阻的关系，计算 a、b 两端的等效电阻。

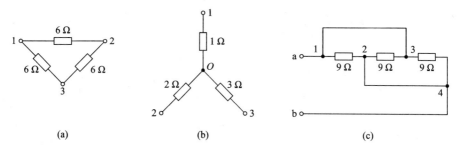

题 2.4 图

2.5 求题 2.5 图中 a、b 两端的等效电阻 R_{eq}。图(b)电路中有电阻的串联又有电阻的并联，为混联电路。电路中短路导线连接的两点可以缩成一点，这能使电路简化，便于分析。

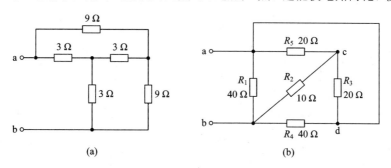

题 2.5 图

2.6 用电源等效变换的概念，求题 2.6 图中的最简等效电路。

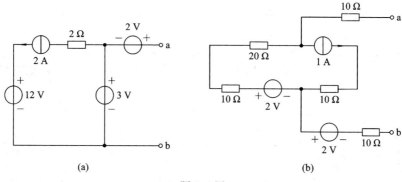

题 2.6 图

2.7 用电源等效变换的概念化简题 2.7 图所示电路，求电压 U。

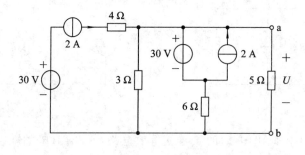

题 2.7 图

2.8 求题 2.8 图(a)的输入电阻和图(b)所示电路的端口上的伏安关系，即电压 u 与电流 i 的关系。

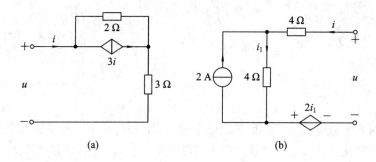

(a)   (b)

题 2.8 图

2.9 设计题。题 2.9 图所示是一磁电式微安表，若表头电流为 $100~\mu\text{A}$ 时满量程，其内阻 $R_g = 1500~\Omega$，欲将其改装成量程分别为 $30~\text{V}$、$100~\text{V}$、$300~\text{V}$ 的电压表，试计算分压电阻 R_1、R_2 及 R_3 的值。

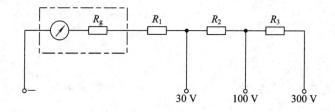

题 2.9 图

2.10 应用题。有一个电阻触摸屏，在网格的 x 方向和 y 方向上加有 $5~\text{V}$ 的电压。屏幕的 x 方向有 480 个像素，y 方向有 800 个像素。当屏幕被触摸时，x 网格电压为 $1~\text{V}$，y 网格电压为 $3.75~\text{V}$，计算屏幕触摸点的 x 和 y 像素坐标。

2.11 用支路电流法求题 2.11 图中各支路的电流。

2.12 题 2.12 图所示电路中，已知 $U_S = 1~\text{V}$，$R_1 = 1~\Omega$，$I_S = 2~\text{A}$，电阻 R 消耗的功率是 $2~\text{W}$。试用支路电流法求 R 的阻值。

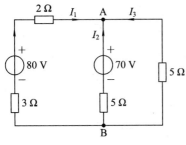

题 2.11 图   题 2.12 图

2.13 试用支路电流法和网孔电流法求题 2.13 图中各支路电流。此题可使用 Matlab 软件求解。

2.14 试用网孔电流法求题 2.14 图中的网孔电流。

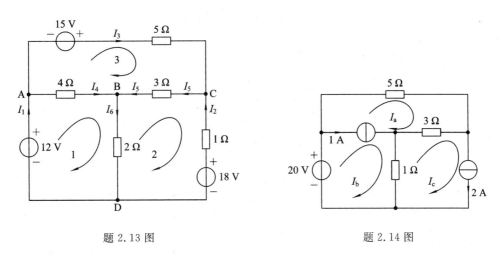

题 2.13 图   题 2.14 图

2.15 题 2.15 图所示电路中，$R_1 = 3\ \Omega$，$R_2 = 2\ \Omega$，$R_3 = 2\ \Omega$，$U_S = 7\ V$。求用支路电流法和网孔分析法求解电流 I_1 和 I_2 的值。

2.16 利用网孔电流法求题 2.16 图中 4 Ω 电阻上的电流，并求两个独立电源的功率。

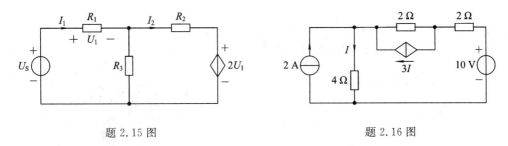

题 2.15 图   题 2.16 图

2.17 利用网孔电流法求题 2.17 图中的网孔电流和电压 u。

2.18 利用网孔电流法求题 2.18 图中的电流 I_x。

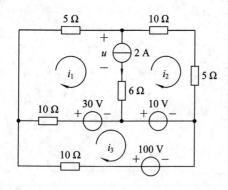

题 2.17 图

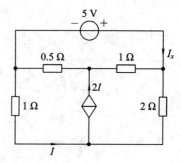

题 2.18 图

2.19　用节点分析法求题 2.19 图的节点电压。

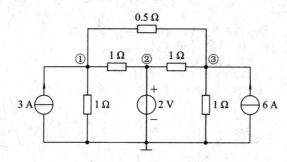

题 2.19 图

2.20　用节点分析法求题 2.20 图的节点电压及电流 i。

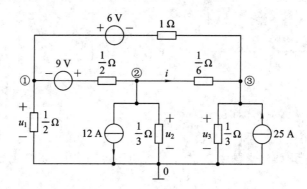

题 2.20 图

2.21　列出题 2.18 图的节点电压方程。

2.22　用节点分析法求题 2.22 图的节点电压。

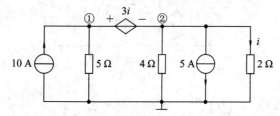

题 2.22 图

第 2 章习题 2.22 解答.wmv

2.23 题 2.23 图是一个住宅配电电路的直流模型。

(1) 用节点电压法求支路电流。

(2) 验证消耗的总功率等于产生的总功率。

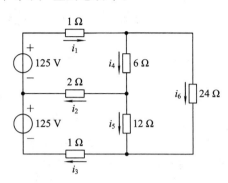

题 2.23 图

2.24 若节点方程分别如(a)、(b)方程所示，试分别给出(a)、(b)方程所对应的最简单的电路结构。

$$(a)\begin{cases} 2u_{n1} - u_{n2} - u_{n3} = 1 \\ -u_{n1} + 5u_{n2} - u_{n3} = 0 \\ -u_{n1} - u_{n2} + 2u_{n3} = -2 \end{cases} \quad (b)\begin{cases} 1.6u_1 - 0.5u_2 - u_3 = 1 \\ -0.5u_1 + 1.6u_2 - 0.1u_3 = 0 \\ -u_1 - 0.1u_2 + 3.1u_3 = 0 \end{cases}$$

2.25 题 2.25 图为减法运算放大器，试推导输出与输入的关系。

2.26 电路如题 2.26 图所示，试推导出输出电压与输入电压的关系式。

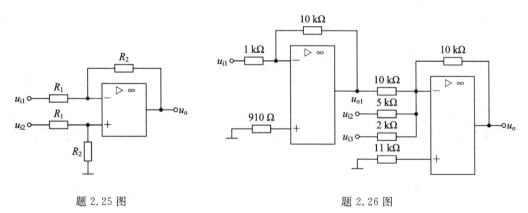

题 2.25 图   题 2.26 图

2.27 试用计算机仿真软件 Multisim 对例题 2.7 进行分析。

2.28 试用计算机软件 Matlab 对例题 2.10 进行分析。

第 3 章　电路分析中的常用定理

第 3 章的知识点.wmv

【内容提要及要求】　本章介绍电路分析的常用定理，重点介绍叠加定理、齐次性定理、戴维南定理、诺顿定理以及最大功率传输定理；简单介绍了特勒根定理和互易定理；最后用计算机仿真了应用叠加定理对电路进行计算的过程。

要求熟练掌握应用叠加定理计算电路中变量的方法；掌握应用戴维南定理解题时二端口网络的等效电压源和等效电阻的计算；掌握在对可变电阻以外其余电路作戴维南等效后可变电阻上获得最大功率的条件及最大功率的计算；基本掌握应用计算机软件 Multisim 仿真电路并求解的方法。

【重点】　重点掌握应用叠加定理计算电路中变量的方法，应用戴维南定理和诺顿定理等效单口网络，从而简化电路并进行变量计算，进而得出可变负载获得最大功率的匹配条件及相应的最大功率。

【难点】　应用叠加定理求解含受控源电路中变量的方法，以及应用戴维南定理和诺顿定理等效含受控源单口网络的方法。

3.1　叠加定理和齐次性定理

线性性质是线性电路的基本性质，包括齐次性（或比例性）和可加性（或叠加性）。它的重要性在于：它是分析线性电路的重要依据和方法，许多其他定理和方法要依靠线性性质导出。

3.1.1　叠加定理

叠加定理（superposition theorem）描述了线性电路的叠加性（或可加性）。其内容是：**在任一具有唯一解的线性电路中，任一支路的电流或电压为每一独立源单独作用于电路（其他激励源置为零，即电压源视为短路，电流源视为开路）时在该支路产生的电流或电压的叠加。它是线性电路的一种基本性质。** 现以图 3.l(a)所示的双输入电路为例来阐述叠加定理。

列出图 3.1(a)电路的网孔方程：

$$\left.\begin{array}{r}(R_1 + R_2)i_1 + R_2 i_2 = u_{\mathrm{S}} \\ i_2 = i_{\mathrm{S}}\end{array}\right\} \tag{3.1}$$

求解式(3.1)可得到电阻 R_1 的电流 i_1 和电阻 R_2 上的电压 u_2：

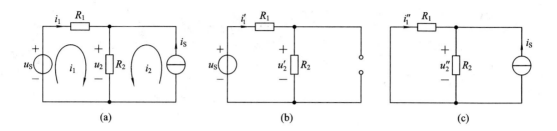

图 3.1 叠加定理举例

$$i_1 = \frac{1}{R_1 + R_2}u_S + \frac{-R_2}{R_1 + R_2}i_S = i_1' + i_1'' \tag{3.2}$$

式中，$i_1' = i_1|_{i_S=0} = \dfrac{1}{R_1+R_2}u_S$，$i_1'' = i_1|_{u_S=0} = \dfrac{-R_2}{R_1+R_2}i_S$

$$u_2 = \frac{R_2}{R_1 + R_2}u_S + \frac{R_1 R_2}{R_1 + R_2}i_S = u_2' + u_2'' \tag{3.3}$$

式中，$u_2' = u_2|_{i_S=0} = \dfrac{R_2}{R_1+R_2}u_S$，$u_2'' = u_2|_{u_S=0} = \dfrac{R_1 R_2}{R_1+R_2}i_S$

从式(3.2)和式(3.3)可以看到：电流 i_1 和电压 u_2 均由两项相加而成。第一项 i_1' 和 u_2' 是该电路在独立电流源开路($i_S=0$)时，由独立电压源单独作用所产生的，如图3.1(b)所示。第二项 i_1'' 和 u_2'' 是该电路在独立电压源短路($u_S=0$)时，由独立电流源单独作用所产生的，如图 3.1(c)所示。上述表明，由两个独立电源共同产生的响应，等于每个独立电源单独作用所产生响应之和。

推广到一般，如果有 m 个电压源、n 个电流源作用于线性电路，那么电路中某条支路的电流 i_j 和电压 u_j 可以表示为

$$i_j = \sum_{k=1}^{m} H_{jk}u_{Sk} + \sum_{l=1}^{n} K_{jl}i_{Sl} \tag{3.4}$$

$$u_j = \sum_{k=1}^{m} H_{jk}'u_{Sm} + \sum_{l=1}^{n} K_{jl}'i_{Sl} \tag{3.5}$$

式中，$u_{Sk}(k=1,2,3,\cdots,m)$表示电路中独立电压源的电压；$i_{Sl}(l=1,2,3,\cdots,n)$表示电路中独立电流源的电流。H_{jk}，$H_{jk}'(k=1,2,3,\cdots,m)$和 K_{jl}，$K_{jl}'(l=1,2,3,\cdots,n)$是常量，它们取决于电路的参数和输出变量的选择，而与独立电源无关。

例如，对图 3.1 电路中的输出变量 i_1 来说，由式(3.2)可得到

$$H_{11} = \frac{1}{R_1 + R_2}, \quad K_{11} = \frac{-R_2}{R_1 + R_2} \tag{3.6}$$

对输出变量 u_2 来说，由式(3.3)可得到

$$H_{11}' = \frac{R_2}{R_1 + R_2}, \quad K_{11}' = \frac{R_1 R_2}{R_1 + R_2} \tag{3.7}$$

值得**注意**的是：线性电路中元件的功率并不等于每个独立电源单独产生的功率之和。例如在双输入电路中某元件吸收的功率为

$$p = ui = (u' + u'')(i' + i'') = u'i' + u'i'' + u''i' + u''i'' \neq u'i' + u''i'' = p_1 + p_2$$

[例 3.1] 电路如图 3.2(a)所示，用叠加定理计算电压 U。

解 当 U_S 单独作用时，电流源为零，即电流源开路，电路如图 3.2(b)所示，则有

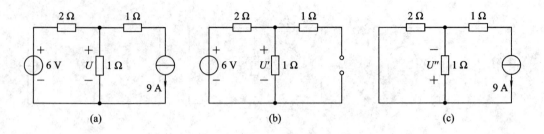

图 3.2　例 3.1 电路图

$$U' = \frac{1}{1+2}U_s = 2 \text{ V}$$

当 I_s 单独作用时，电压源为零，即电压源短路，电路如图 3.2(c) 所示，则有

$$U'' = \frac{2}{1+2}I_s \times 1 = 6 \text{ V}$$

根据叠加定理得

$$U = U' - U'' = 2 - 6 = -4 \text{ V}$$

注意：分电路图 3.2(c) 中 U'' 的参考方向与原电路图 3.2(a) 中 U 的参考方向相反，故叠加时取 "—"。

[**例 3.2**]　电路如图 3.3(a) 所示。用叠加定理求电流 I_x。

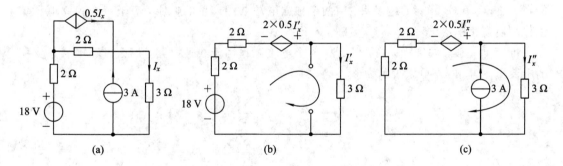

图 3.3　例 3.2 电路图

解　(1) 当 18 V 电压源单独作用时，电流源为零，即电流源开路，并且将 $0.5I_x'$ 受控电流源与 2 Ω 电阻并联等效为 $0.5I_x' \times 2$ Ω 受控电压源与 2 Ω 电阻串联，电路如图 3.3(b) 所示，电路中保留受控源，但控制量为"分量"，列出 KVL 方程：

$$(2+2+3)I_x' = 2 \times 0.5I_x' + 18$$

解得

$$I_x' = 3 \text{ A}$$

(2) 当 3 A 电流源单独作用时，电压源为零，即电压源短路，电路如图 3.3(c) 所示，列出方程：

$$(2+2) \times (I_x'' - 3) + 3I_x'' = 2 \times 0.5I_x''$$

解得

$$I_x'' = 2 \text{ A}$$

最后利用叠加定理得

$$I = I'_x + I''_x = 3\ \text{A} + 2\ \text{A} = 5\ \text{A}$$

[例 3.3] 如图 3.4 所示电路，N 的内部结构不知，但只含线性电阻，其实验数据为：当 $u_S = 4\ \text{V}$、$i_S = 0\ \text{A}$ 时，$u = 8\ \text{V}$；当 $u_S = -1\ \text{V}$、$i_S = 1\ \text{A}$ 时，$u = 2\ \text{V}$。求当 $u_S = 3\ \text{V}$、$i_S = -2\ \text{A}$ 时，u 为多少？

解 根据叠加定理，响应 u 为：$u = u' + u''$。

根据式(3.5)，u' 由电压源 u_S 产生，并与 u_S 成正比，即 $u' = H u_S$，u'' 由电流源 i_S 产生，并与 i_S 成正比，即 $u'' = K i_S$，则

$$u = H u_S + K i_S$$

代入已知实验条件得到

$$\begin{cases} 8 = 4H + 0 \cdot K \\ 2 = -H + K \end{cases}$$

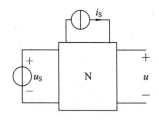

图 3.4 例 3.3 电路图

联立解得

$$H = 2, \quad K = 4$$

即

$$u = 2 u_S + 4 i_S$$

当 $u_S = 3\ \text{V}$，$i_S = -2\ \text{A}$ 时，有

$$u = 2 \times 3 + 4 \times (-2) = -2\ \text{V}$$

对叠加定理的说明：

(1) 叠加定理只适用于线性电路。

(2) 在叠加的各个分电路中，不起作用的电源应置零，即在电压源处用短路代替，在电流源处用开路代替。

(3) 应用叠加定理解题时，受控电源均保留在各独立电源单独作用的电路中。受控源的控制量为分电路中的"分量"。

(4) 若分电路中电压或电流分量的参考方向取为与原电路中电压或电流总量的参考方向相同，叠加时分量前取"＋"；反之，取"－"。

(5) 功率不能叠加。可用叠加定理先求得原电路的电压或电流后，再求功率。

3.1.2 齐次性定理

齐次性与叠加性是线性电阻电路极其重要的性质。齐次性定理的严格证明可参阅其他教科书。

1. 齐次性定理

齐次性定理(homogeneity theorem)内容：**当所有独立电源都增大为原来的 k 倍时，各支路的电流或电压也同时增大为原来的 k 倍；如果只是其中一个独立电源增大为原来的 k 倍，则只是由它产生的电流分量或电压分量增大为原来的 k 倍。**

[例 3.4] 电路如图 3.5 所示。

(1) 已知 $I_5 = 1\ \text{A}$，求各支路电流和电压源电压 U_S；

(2) 若已知 $U_S = 120\ \text{V}$，再求各支路电流。

解 (1) 利用元件伏安特性和基尔霍夫定律，由后向前推算：

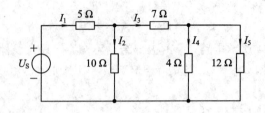

图 3.5　例 3.4 电路图

$$I_4 = \frac{12I_5}{4} = 3 \text{ A}$$

$$I_3 = I_4 + I_5 = 4 \text{ A}$$

$$I_2 = \frac{7I_3 + 12I_5}{10} = 4 \text{ A}$$

$$I_1 = I_2 + I_3 = 8 \text{ A}$$

$$U_S = 5I_1 + 10I_2 = 80 \text{ V}$$

第 3 章"叠加定理和齐次性
定理实验视频".wmv

（2）当 $U_S = 120$ V 时，它是原来电压 80 V 的 1.5 倍，根据线性电路齐次性可以断言，该电路中各电压和电流均增加到 1.5 倍，即

$$I_1 = 1.5 \times 8 \text{ A} = 12 \text{ A}, \quad I_2 = I_3 = 1.5 \times 4 \text{ A} = 6 \text{ A}$$

$$I_4 = 1.5 \times 3 \text{ A} = 4.5 \text{ A}, \quad I_5 = 1.5 \times 1 \text{ A} = 1.5 \text{ A}$$

3.2　替代定理

替代定理（substitution theorem）（又称置换定理）可表述为：**具有唯一解的电路中，若知某支路 k 的电压为 u_k，电流为 i_k，且该支路与电路中其他支路无耦合（该支路上不含受控源的控制量），则无论该支路是由什么元件组成的，都可用下列任何一个元件去替代：**

（1）电压等于 u_k 的理想电压源；

（2）电流等于 i_k 的理想电流源；

（3）阻值为 u_k/i_k 的电阻。

替代后不会影响电路各支路的电流和电压的数值。

[**例 3.5**]　求图 3.6(a) 所示电路各支路电流。

解　求图中各支路电流，先求得：

$$I_1 = \frac{110}{5 + \dfrac{10 \times 15}{10 + 15}} = 10 \text{ A}$$

利用分流公式可求得：$I_2 = 6$ A，$I_3 = 4$ A。

（1）电阻 R_4 用电流源替代，如图 3.6(b) 所示。利用节点电压法计算：

$$\left(\frac{1}{5} + \frac{1}{10}\right)U = \frac{110}{5} - 4$$

解得：

$$U = 60 \text{ V}$$

所以有

$$I_1 = \frac{110 - 60}{5} = 10 \text{ A}, \quad I_2 = \frac{60}{10} = 6 \text{ A}, \quad I_3 = 4 \text{ A}$$

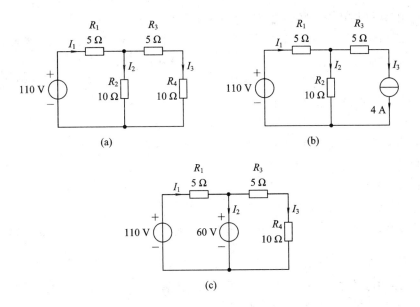

图 3.6　例 3.5 电路图

（2）电阻 R_2 用电压源替代，如图 3.6(c) 所示。对电路求解得

$$I_1 = \frac{110-60}{5} = 10 \text{ A}, \quad I_3 = \frac{60}{15} = 4 \text{ A}, \quad I_2 = I_1 - I_3 = 6 \text{ A}$$

两种替代，结果均相等。读者可以自行练习 R_2 用电流源、R_4 用电压源替代的计算过程。

从理论上讲，无论线性、非线性，时变、非时变电路，替代定理都是适用的。

3.3　戴维南定理和诺顿定理

等效电源定理包括戴维南定理和诺顿定理，是电路理论中非常重要的定理。

3.3.1　戴维南定理

戴维南定理（Thevenin's theorem）可以表述为：一个含独立电源、线性电阻和受控源的单口网络（如图 3.7(a) 所示），对外电路来说，可以用一个电压源和电阻的串联组合等效置换（如图 3.7(d) 所示），此电压源的电压等于单口网络的开路电压（如图 3.7(b) 所示），电阻等于单口网络的全部独立电源置零后的等效电阻（如图 3.7(c) 所示）。

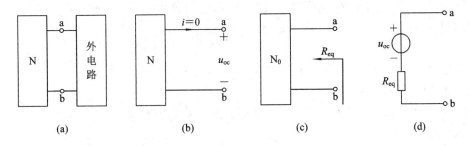

图 3.7　戴维南定理示意图

上述电压源和电阻的串联组合称为戴维南等效电路(Thevenin's equivalent circuit)，等效电路中的电阻 R_{eq} 称为戴维南等效电阻。当含源单口网络用戴维南等效电路置换后，端口以外的电路(以后称为外电路)中的电压、电流均保持不变。这种等效变换称为对外等效。

第 3 章"戴维南定理推导".pdf

戴维南等效电路**求解步骤**：

(1) 将待求参数所在支路断开，求解端口开路电压 u_{oc}。

(2) 求解从端口看过去含源单口网络 N 的戴维南等效电阻 R_{eq}。

其计算规则是：

① 如果网络 N 不含受控源，令 N 中所有独立源置零，运用电阻串并联等效求得。

② 如果网络 N 含受控源，可利用两种方法求等效电阻 R_{eq}：

a. **开短路法**，即将网络 N 中独立源保留，分别求出开路电压 u_{oc} 和短路电流 i_{sc}，注意 i_{sc} 的方向为从 u_{oc} 的"$+$"极流向"$-$"极，$R_{eq} = \dfrac{u_{oc}}{i_{sc}}$；

b. 采用**外加激励法**，即将网络 N 中所用独立源置零(电压源短路，电流源开路)，在端口加电压源或电流源，求出端口电流或电压(端口电压、电流符合电源特性，即非关联参考方向)，利用 $R_{eq} = \dfrac{u}{i}$ 求得。

(3) 网络 N 对外电路等效为电压源(注意大小和方向均与 u_{oc} 相同)和 R_{eq} 串联。

(4) 将断开的支路接回等效电路，求解相应参数。

[**例 3.6**] 求如图 3.8(a)所示单口网络的戴维南等效电路。

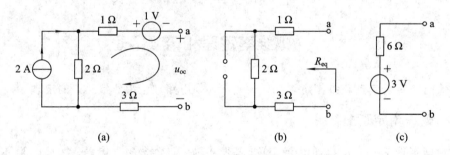

(a) (b) (c)

图 3.8 例 3.6 电路图

解 (1) 求开路电压 u_{oc}：注意到 a、b 开路，即 $i=0$，可求得

$$1\text{ V} + u_{oc} - 2\text{ }\Omega \times 2\text{ A} = 0 \Rightarrow u_{oc} = 3\text{ V}$$

(2) 求等效电阻 R_{eq}：因为不含受控源，所以用除源法求解，将原电路中电压源短路，电流源开路，如图 3.8(b)所示，从 a、b 端口看过去的等效电阻为

$$R_{eq} = 1\text{ }\Omega + 2\text{ }\Omega + 3\text{ }\Omega = 6\text{ }\Omega$$

(3) 原电路等效为 u_{oc} 的电压源和 R_{eq} 串联，如图 3.8(c)所示。

[**例 3.7**] 求图 3.9(a)单口网络的戴维南等效电路。

解 (1) 求开路电压 u_{oc}：如图 3.9(a)所示。选 b 点接地，a 点的电压也就是 u_{oc}，列 a 点节点电压方程：

$$\left(\frac{1}{6} + \frac{1}{3}\right) u_{oc} = \frac{18}{6} + 3i_1 = 3 + 3i_1$$

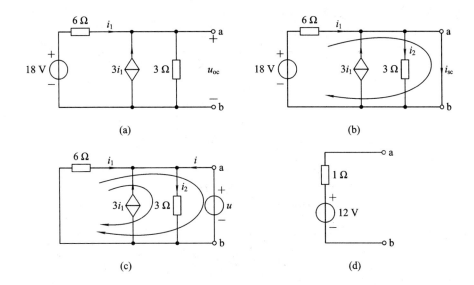

图 3.9　例 3.7 电路图

而

$$i_1 = \frac{18 - u_{oc}}{6}$$

从以上两式中可解得

$$u_{oc} = 12 \text{ V}$$

（2）求等效电阻 R_{eq}：因为电路中含受控源，所以用开短法求解。a、b 两端用导线连接，并设短路电流为 i_{sc}，注意 i_{sc} 的方向为 u_{oc} 的"＋"极流向"－"极，如图 3.9(b) 所示，可得

$$i_2 = 0$$

$$i_1 = \frac{18}{6} = 3 \text{ A}$$

$$i_{sc} = i_1 + 3i_1 = 12 \text{ A}$$

故得：

$$R_{eq} = \frac{u_{oc}}{i_{sc}} = \frac{12}{12} = 1 \text{ Ω}$$

用外接激励法求解：原单口网络除源，外接电压源 u，如图 3.9(c) 所示，可得：

$$i_2 - 4i_1 = i$$

$$6i_1 = -u$$

$$3i_2 = u$$

由以上三式，可得：

$$R_{eq} = \frac{u}{i} = 1 \text{ Ω}$$

（3）原电路等效为 u_{oc} 的电压源和 R_{eq} 串联电路，如图 3.9(d) 所示。

戴维南定理在电路分析中得到广泛应用。由于含源电阻单口网络与其戴维南等效电路（电压源 u_{oc} 和电阻 R_{eq} 的串联）端口的电压、电流关系完全相同，当只对电路中某一条支路或几条支路（记为 N_L）的电压电流感兴趣时，可以将电路分解为 N_L 与 N 两个单口网络的连接，如图 3.10(a) 所示。用两个元件构成的戴维南等效电路代替更复杂的含源单口 N，不会影响单口 N_L（不必是线性的或电阻性的）中的电压和电流。代替后的电路（见图 3.10(b)）

规模减小，使电路的分析和计算变得更加简单。

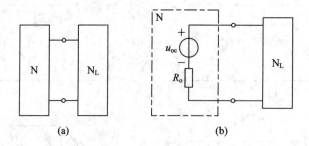

图 3.10　电路的分解

[例 3.8]　求图 3.11 所示电桥电路中电阻 R_L 的电流 i。

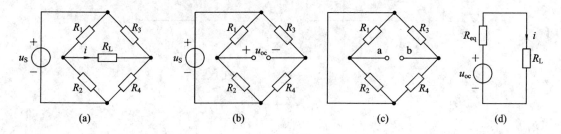

图 3.11　例 3.8 电路图

解　断开单口的负载电阻 R_L，得到图 3.11(b)所示电路，按所设 u_{oc} 的参考方向，用分压公式求得

$$u_{oc} = \left(\frac{R_2}{R_1 + R_2} - \frac{R_4}{R_3 + R_4} \right) u_S \tag{3.8}$$

将独立电压源 u_S 用短路代替，得到图 3.11(c)所示电路，用电阻串并联公式求得从 a、b 端口看过去的等效电阻，见图 3.12。

$$R_{eq} = \frac{R_1 R_2}{R_1 + R_2} + \frac{R_3 R_4}{R_3 + R_4} \tag{3.9}$$

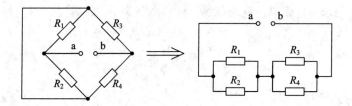

图 3.12　图 3.11(c)转换图

用单口网络的戴维南等效电路代替单口网络，得到图 3.11(d)所示电路，由此求得

$$i = \frac{u_{oc}}{R_{eq} + R_L} \tag{3.10}$$

式中，u_{oc} 和 R_{eq} 由式(3.8)和式(3.9)确定。

从例 3.8 的求解可以得到以下结论：

电路四个臂上的电阻只要满足

$$\frac{R_4}{R_3+R_4}=\frac{R_2}{R_1+R_2} \tag{3.11}$$

即 $R_1R_4=R_2R_3$ 时，$u_{oc}=0$，此时 $i=0$。

这就是常用的电桥平衡（$i=0$）的公式。根据此式可在已知三个电阻值的条件下求得第四个未知电阻之值。

[**例 3.9**] 低频信号发生器可以产生 1 Hz～1 MHz 频率的正弦信号、脉冲信号。正弦信号的电压可在 0.05 mV～6 V 间连续调整。现用高内阻交流电压表测得仪器输出的正弦电压为 1 V，如图 3.13(a)所示。当仪器端接 900 Ω 负载电阻时，输出电压幅度降为 0.6 V，如图 3.13(b)所示。

(1) 试求信号发生器的电路模型；

(2) 已知仪器端接负载电阻 R_L 时的电压幅度为 0.5 V，求电阻 R_L。

解 (1) 该信号发生器工作频率较低，可以忽略电感和电容的影响。该信号发生器在线性工作范围内，可以用一个电压源与线性电阻的串联电路来近似模拟，如图 3.13(c)所示。

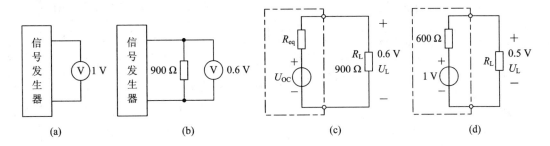

图 3.13 例 3.9 例题

由图 3.13(a)高内阻交流电压表测得仪器输出的正弦电压为 1 V，开路电压 $U_{OC}=$ 1 V，则图 3.13(c)仪器端接 900 Ω 负载电阻 R_L 时的电压为

$$U_L=\frac{U_{OC}}{R_{eq}+R_L}\times R_L=0.6 \text{ V}$$

$$R_{eq}=\frac{U_{OC}-U_L}{U_L}\times R_L=\frac{1-0.6}{0.6}\times 900=600 \text{ Ω}$$

信号发生器在线性工作范围内，可以用一个 1 V 电压源与线性电阻 $R_{eq}=600$ Ω 的串联电路等效。

(2) 输出电压幅度为 0.5 V 时负载电阻 R_L 可由

$$U_L=\frac{U_{OC}}{R_{eq}+R_L}\times R_L=0.5 \text{ V}$$

得出，即

$$R_L=\frac{U_L}{U_{OC}-U_L}\times R_{eq}=\frac{0.5}{1-0.5}\times 600=600 \text{ Ω}$$

此例指出求戴维南等效电阻 R_{eq} 的一种方法，即在这些设备的输出端接一可变电阻器，当负载电压降到开路电压的一半时，可变阻值就是等效电阻。许多电子设备，如无线电接收机，交、直流电源设备，信号发生器等仪器，在正常工作条件下，对负载而言，可以用戴维南-诺顿电路来近似模拟。

在利用戴维南定理解题时应该注意：

（1）定理中所述及的网络 N 应是一个线性含源网络，而与 N 相接的外部电路则是任意的，线性的或非线性的均可。

（2）外部电路中应不含网络 N 中受控源的控制量，否则 N 不能作戴维南等效。

3.3.2 诺顿定理

诺顿定理是独立于戴维南定理的、用于确定含源单口网络等效电路的网络定理。

诺顿定理（Norton's theorem）可以表述为一个含独立电源、线性电阻和受控源的单口网络（如图 3.14(a)所示），对外电路来说，可以用一个电流源和电阻的并联组合等效置换（如图 3.14(d)所示），此电流源的电流等于单口网络的短路电流 i_{sc}（如图 3.14(b)所示），电阻等于单口网络的全部独立电源置零后的等效电阻 R_{eq}（如图 3.14(c)所示）。

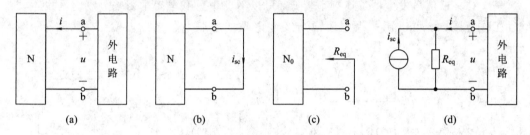

图 3.14　诺顿定理示例

i_{sc} 称为短路电流。R_{eq} 也称为诺顿等效电阻，或称为输出电阻。电流源 i_{sc} 和电阻 R_{eq} 的并联单口，称为单口网络的诺顿等效电路。

诺顿等效电路求解步骤：

（1）将待求参数所在支路断开并连接两个端口，求解端口短路电流 i_{sc}。

（2）求解从端口看过去含源单口网络 N 的等效电阻 R_{eq}，方法与求解戴维南等效电阻 R_{eq} 相同。

（3）网络 N 对外电路等效为电流源（大小与 i_{sc} 相同，方向与 i_{sc} 相反）和 R_{eq} 并联。

（4）将断开的支路接回等效电路，求解相应参数。

[**例 3.10**]　求例 3.6 所示单口网络的诺顿等效电路。

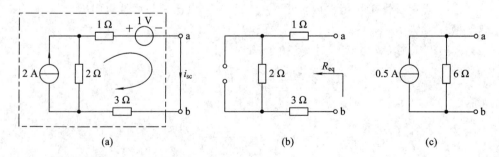

图 3.15　例 3.10 图

解　（1）求短路电流 i_{sc}：在图 3.15(a)中右边网孔运用 KVL 列方程，可求得

$$(1+3)i_{sc}+1+2(i_{sc}-2)=0 \Rightarrow i_{sc}=0.5 \text{ A}$$

（2）求等效电阻 R_{eq}：因为不含受控源，所以用除源法求解，将原电路中电压源短路，电流源开路，如图 3.15(b) 所示，从 a、b 端口看过去的等效电阻为

$$R_{eq} = 1\ \Omega + 2\ \Omega + 3\ \Omega = 6\ \Omega$$

（3）原电路等效为大小为 i_{sc}，方向与 i_{sc} 相反的电流源和 R_{eq} 并联，如图 3.15(c) 所示。

比较例 3.6 和例 3.10，可以看出，若单口网络的戴维南等效电路为一个实际电压源，则它的诺顿等效电路可以看成由这个实际电压源转换成的实际电流源。

[例 3.11]　求图 3.16(a) 所示单口网络的诺顿等效电路和戴维南等效电路。

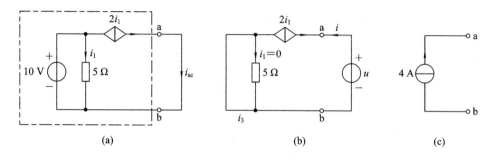

图 3.16　例 3.11 电路图

解　（1）求短路电流 i_{sc}。将单口网络短路，并设 i_{sc} 的参考方向如图 3.16(a) 所示。用欧姆定律先求出受控源的控制变量 i_1 为

$$i_1 = \frac{10\ \text{V}}{5\ \Omega} = 2\ \text{A}$$

得到

$$i_{sc} = 2i_1 = 4\ \text{A}$$

（2）求等效电阻 R_{eq}。因为网络中含受控源，因此采用外加激励法求 R_{eq}。除去网络中的 10 V 电压源（短路），在端口上外加电压源 u，求端口电流 i，如图 3.16(b) 所示。由于 $i_1 = 0$，故

$$i = -2i_1 = 0$$

求得：

$$G_{eq} = \frac{i}{u} = 0$$

$$R_{eq} = \frac{1}{G_{eq}} = \infty$$

由 $i_{sc} = 4$ A 和 $R_{eq} = \infty$ 可知，该单口网络等效为一个 4 A 的理想电流源，如图 3.16(c) 所示。该单口求不出确定的 u_{oc}，因此它不存在戴维南等效电路。

在利用诺顿定理解题时应该注意：

（1）若单口网络的戴维南等效电路为一个实际电压源，则它的诺顿等效电路可以看成由这个实际电压源转换成的实际电流源。

（2）若单口网络只能等效为一个理想电压源（$R_{eq} = 0$ 或 $G_{eq} = \infty$），则只能用戴维南定理等效，不能用诺顿定理等效；同理，若只能等效为一个理想电流源（$R_{eq} = \infty$ 或 $G_{eq} = 0$），则只能用诺顿定理等效，不能用戴维南定理等效。

3.4　最大功率传输定理

当单口网络接不同负载时，由网络传输给负载的功率不同。现在来讨论：对给定的含源单口网络，当负载为何值时网络传输给负载的功率最大呢？负载所能得到的最大功率又是多少呢？

为了回答这两个问题，将含源单口网络等效成戴维南电源模型，如图 3.17 所示。

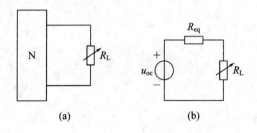

图 3.17　最大功率传输定理

由图可知：

$$i = \frac{u_{oc}}{R_{eq} + R_L} \tag{3.12}$$

则电源传输给负载 R_L 的功率为

$$P_L = R_L i^2 = R_L \left(\frac{u_{oc}}{R_{eq} + R_L} \right)^2 \tag{3.13}$$

为了确定 P_L 的极值点，令 $\mathrm{d}P_L / \mathrm{d}R_L = 0$，即

$$\frac{\mathrm{d}P_L}{\mathrm{d}R_L} = u_{oc}^2 \frac{(R_L + R_{eq})^2 - 2R_L(R_L + R_{eq})}{(R_L + R_{eq})^4} = 0$$

解上式得

$$\boxed{R_L = R_{eq}} \tag{3.14}$$

由上式可知，当 $R_L = R_{eq}$ 时 P_L 有极大值。所以含源单口网络向负载传输最大功率的条件是：负载电阻 R_L 等于单口网络戴维南等效电阻 R_{eq}。

将式(3.14)代入式(3.13)即可得到含源单口网络传输给负载的最大功率为

$$\boxed{P_{Lmax} = \frac{u_{oc}^2}{4R_{eq}}} \tag{3.15}$$

若含源单口网络等效为诺顿电源，同样可以得到当 $R_L = R_{eq}$ 时单口网络传输给负载的功率最大，且此时最大功率为

$$\boxed{P_{Lmax} = \frac{1}{4} R_{eq} i_{sc}^2} \tag{3.16}$$

最大功率传输定理可以表述为：含源线性电阻单口网络 ($R_{eq} > 0$) 向可变电阻负载 R_L 传输最大功率的条件是负载电阻 R_L 与单口网络的输出电阻 R_{eq} 相等。其中最大输出功率 $P_{Lmax} = \dfrac{u_{oc}^2}{4R_{eq}}$。若含源单口网络等效为诺顿电源，则单口网络传输给负载的最大功率为 P_{Lmax}

$$= \frac{1}{4} R_{\text{eq}} i_{\text{sc}}^2 \text{。}$$

通常，称 $R_L = R_{\text{eq}}$ 为最大功率匹配(maximum power match)条件。这里应注意：

(1) 最大功率传输定理中，R_L 为可变电阻，R_{eq} 不可变，调节 R_L 以使其与 R_{eq} 匹配从而从单口网络获得最大功率；

(2) 若 R_L 一定、u_{oc} 一定而 R_{eq} 可变，显然只有当 $R_{\text{eq}} = 0$ 时方能使负载 R_L 上获得最大功率；

(3) 含源单口网络和它的等效电路——戴维南等效电路，只是对外部电路的电流、电压、功率等效，就内部功率而言一般是不等效的，所以戴维南等效电阻 R_{eq} 上消耗的功率一般不等于含源单口网络内部消耗的功率。

[例 3.12] 电路如图 3.18(a)所示。试求：

(1) R_L 为何值时获得最大功率；

(2) R_L 获得的最大功率；

(3) 10 V 电压源的功率传输效率。

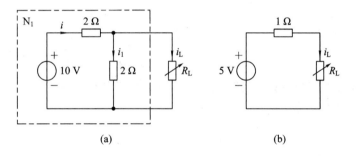

图 3.18　例题 3.12 电路图

解 (1) 断开负载 R_L，求得单口网络 N_1 的戴维南等效电路参数为

$$u_{\text{oc}} = \frac{2}{2+2} \times 10 = 5 \text{ V}, \quad R_{\text{eq}} = \frac{2 \times 2}{2+2} = 1 \ \Omega$$

如图 3.18(b)所示，由此可知当 $R_L = R_{\text{eq}} = 1 \ \Omega$ 时可获得最大功率。

(2) 由式(3.15)求得 R_L 获得的最大功率为

$$p_{\text{max}} = \frac{u_{\text{oc}}^2}{4R_{\text{eq}}} = 6.25 \text{ W}$$

(3) 先计算 10 V 电压源发出的功率。当 $R_L = 1 \ \Omega$ 时，有

$$i_L = \frac{u_{\text{oc}}}{R_{\text{eq}} + R_L} = 2.5 \text{ A}$$

$$u = R_L i_L = 2.5 \text{ V}$$

$$i = i_1 + i_L = \left(\frac{2.5}{2} + 2.5 \right) \text{ A} = 3.75 \text{ A}$$

则 10 V 电压源发出的功率为

$$P = 10 \times 3.75 = 37.5 \text{ W}$$

因此，10 V 电压源发出 37.5 W 功率，电阻 R_L 吸收功率 6.25 W，其功率传输效率为

$$\eta = \frac{6.25}{37.5} \approx 16.7\%$$

[例 3.13] 如图 3.19(a)所示电路中，R_L 为可变电阻。求：当 R_L 为何值时其获得最大功率，最大功率是多少？

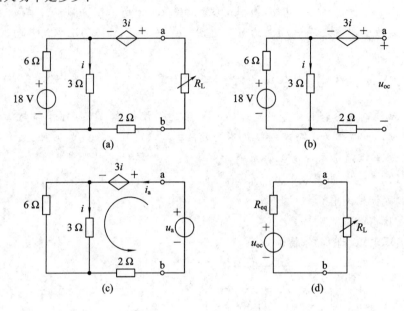

图 3.19　例 3.13 电路图

解　(1) 对图 3.19(a)所示电路，将 R_L 从电路中断开后，如图 3.19(b)所示，对剩余单口网络求其戴维南等效电路，求得开路电压 u_{oc}：

$$i = \frac{18}{6+3} = 2 \text{ A}, \quad u_{oc} = 3i + 3i = 12 \text{ V}$$

(2) 图 3.19(a)所示电路中含受控源，因此采用外加电源法求解等效电阻 R_{eq}。

按图 3.19(c)所示，列出 KVL 方程：

$$u_a = 3i + 3i + 2i_a$$

根据分流公式有 $i = \dfrac{6}{6+3} i_a = \dfrac{2}{3} i_a$，代入上式求得

$$R_{eq} = \frac{u_a}{i_a} = 6 \text{ } \Omega$$

读者可以自行练习用短路电流法来求解等效电阻 R_{eq}。

(3) 得到单口网络的戴维南等效电路，如图 3.19(d)所示。当 $R_L = R_{eq} = 6$ Ω 时，R_L 上获得最大功率 P_{max}：

$$P_{max} = \frac{u_{oc}^2}{4R_{eq}} = \frac{12^2}{4 \times 6} \text{ W} = 6 \text{ W}$$

3.5　特　勒　根　定　理

特勒根定理(Tellegen's theorem)是电路理论中对集总电路普遍适用的基本定理，可以由 KCL、KVL 导出。

3.5.1 特勒根定理一

对于一个具有 n 个节点，b 条支路的网络，假设各支路电压(u_k)和支路电流(i_k)取关联参考方向，则有

$$\sum_{k=1}^{b} u_k i_k = 0$$

（3.17）第 3 章"特勒根定理一的推导.pdf

从特勒根定理一的证明可以看出，该定理是基于 KCL、KVL 推导出来的，也就是说特勒根定理与基尔霍夫定律一样，无论电路线性与否，只要是集总参数电路，它就是适用的。

特勒根定理一的物理意义就在于它反映了电路的功率守恒特性，即任何一个电路，各支路吸收的功率的代数和等于零。故特勒根定理一又被称为功率守恒定理。

3.5.2 特勒根定理二

具有同一拓扑图的两个网络 N 和 N'，它们的支路电压分别为 u_k 和 u_k'，支路电流分别为 i_k 和 i_k'（均取关联参考方向），则对任何时刻 t，有

$$\sum_{k=1}^{b} u_k(t)i_k'(t) = 0, \qquad \sum_{k=1}^{b} u_k'(t)i_k(t) = 0 \qquad (3.18)$$

若 u_k 和 i_k' 为非关联参考方向，则取 $-u_k(t)i_k'(t)$；同理，若 u_k' 和 i_k 为非关联参考方向，则取 $-u_k'(t)i_k(t)$。

需要说明的是，特勒根定理二没有物理意义，它只是反映了两个具有同一拓扑图的网络，其电压与电流的数学关系。但由于其乘积具有功率的量纲，所以又称为似功率守恒定理。另外，对于同一个网络，如果支路电压 u_k 和电流 i_k 取值不在同一时刻，那么下面两式同样成立：

$$\left. \begin{array}{l} \sum\limits_{k=1}^{b} u_k(t_1)i_k(t_2) = 0 \\[2mm] \sum\limits_{k=1}^{b} u_k(t_2)i_k(t_1) = 0 \end{array} \right\}$$

（3.19）第 3 章"特勒根定理举例.ppt

此时可将两个不同时刻的数值视为拓扑图相同的两个网络。

［**例 3.14**］ 已知电路网络 N 由线性电阻组成，如图 3.20 所示，对不同的输入直流电压 U_S 及不同的 R_1、R_2 进行了两次测量，得下列数据：$R_1 = R_2 = 4\ \Omega$ 时，$U_S = 12\ \text{V}$，$I_1 = 2\ \text{A}$，$U_2 = 3\ \text{V}$；$R_1 = 2\ \Omega$、$R_2 = 1\ \Omega$ 时，$U_S = 14\ \text{V}$，$I_1 = 4\ \text{A}$，求此时 U_2 的值。

解 第一次测量时，$U_1 = U_S - I_1 R_1 = 12 - 2 \times 4 = 4\ \text{V}$，$I_1 = 2\ \text{A}$，$U_2 = 3\ \text{V}$，$I_2 = \dfrac{U_2}{R_2} = \dfrac{3}{4}\ \text{A}$。

第二次测量时，$U_1' = U_S' - I_1' R_1' = 14 - 4 \times 2 = 6\ \text{V}$，$I_1' = 4\ \text{A}$，$I_2' = \dfrac{U_2'}{R_2'} = \dfrac{U_2'}{1} = U_2'$。

将两次测量所对应的电路看成两个具有相同拓扑

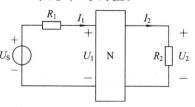

图 3.20 例 3.14 电路图

图的电路，分别视为 N 和 N′，根据特勒根定理二知：

$$-U_1'I_1 + U_2'I_2 + \sum_{k=3}^{b} U_k'I_k = 0 \tag{1}$$

$$-U_1 I_1' + U_2 I_2' + \sum_{k=3}^{b} U_k I_k' = 0 \tag{2}$$

由于网络 N 由线性电阻构成，求和式中

$$U_k I_k' = RI_k I_k' = RI_k'I_k = U_k'I_k$$

式(1)减去式(2)，得

$$-U_1'I_1 + U_2'I_2 = -U_1 I_1' + U_2 I_2' \tag{3}$$

将 $U_1' = 6$ V，$I_1' = 4$ A，$I_2' = U_2'$，$U_1 = 4$ V，$U_2 = 3$ V，$I_1 = 2$ A，$I_2 = \dfrac{3}{4}$ A 代入式(3)，得

$$-6 \times 2 + U_2' \times \left(\frac{3}{4}\right) = -4 \times 4 + 3 \times U_2'$$

所以

$$U_2' = \frac{16}{9} \text{ V}$$

3.6 互易定理

互易定理（reciprocity theorem）是电路分析中的重要定理。互易定理适用于**不含任何独立电源和受控源的线性时不变网络。**

3.6.1 互易定理一

对于图 3.21 所示两电路，当在 $1-1'$ 之间加电压源 u_{S1} 时，在 $2-2'$ 之间的短路电流为 i_2，如图 3.21(a)所示；当在 $2-2'$ 之间加电压源 u_{S2} 时，在 $1-1'$ 之间的短路电流为 i_1，如图 3.21(b)所示，则有

$$\frac{i_2}{u_{\mathrm{S1}}} = \frac{i_1}{u_{\mathrm{S2}}} \tag{3.20}$$

当 $u_{\mathrm{S2}} = u_{\mathrm{S1}}$ 时，$i_1 = i_2$。

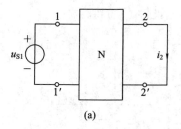

(a)

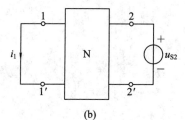

(b)

图 3.21 互易定理一

第 3 章"互易定理一的
推导.pdf

互易定理一表明：对于不含受控源的单一激励的线性电阻电路，将激励(电压源)与响应(电流)的位置互换，其响应与激励的比值仍然保持不变。当激励 $u_{S1} = u_{S2}$ 时，$i_1 = i_2$。

3.6.2　互易定理二

对于图 3.22 所示两电路，当在 $1-1'$ 之间加电流源 i_{S1} 时，在 $2-2'$ 之间的开路电压为 u_2，如图 3.22(a)所示；当在 $2-2'$ 之间加电流源 i_{S2} 时，在 $1-1'$ 之间的开路电压为 u_1，如图 3.22(b)所示，则有

$$\frac{u_2}{i_{S1}} = \frac{u_1}{i_{S2}} \tag{3.21}$$

当 $i_{S2} = i_{S1}$ 时，$u_1 = u_2$。

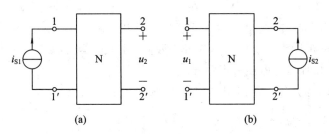

图 3.22　互易定理二

互易定理二表明：对于不含受控源的单一激励的线性电阻电路，将激励(电流源)与响应(电压)的位置互换，其响应与激励的比值仍然保持不变。当激励 $i_{S2} = i_{S1}$ 时，$u_1 = u_2$。

值得指出的是，在应用互易定理时，应注意实际电路有关电压、电流参考方向与上述每种情况下电路中所设电压、电流参考方向的对应关系。

[例 3.15]　已知图 3.23(a)中 $u_{S1} = 1$ V，$i_2 = 2$ A；图 3.23(b)中 $u_{S2} = -2$ V，求电流 i_1。

解　图 3.23(a)的端子 1、2 均为正极性端，而图 3.23(b)的端子 1、2 为反极性端。根据互易定理一知：

$$\frac{i_2}{u_{S1}} = \frac{-i_1}{u_{S2}}$$

所以

$$i_1 = -\frac{u_{S2}}{u_{S1}} i_2 = -\frac{-2}{1} \times 2 = 4 \text{ A}$$

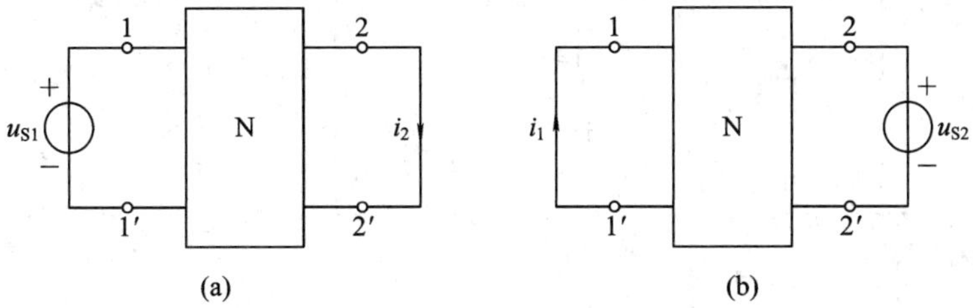

图 3.23　例 3.15 电路图

[例 3.16]　已知在图 3.24(a)所示的电路中，N 为有源线性电阻电路。已知 $I_S = 0$ A

时，$U_1 = 2$ V，$I_2 = 1$ A；$I_S = 4$ A 时，$I_2 = 3$ A。现将电流源 I_S 与 R_2 并联，如图 3.24(b)所示，且 $I_S = 2$ A，求此时 U_1 为多少。

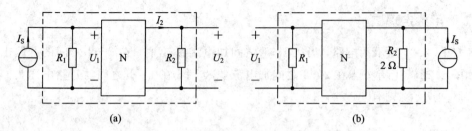

图 3.24　例 3.16 电路图

解　用叠加定理和互易定理求解。在图 3.24(a)电路中，由题意知：

当 N 中的电源单独作用时，在 R_1 两端产生的电压为：$U_1' = 2$ V。

当 $I_{S1} = 4$ A 的电流源单独作用时，在 R_2 两端产生的电压为：$U_2'' = (3-1)$ A $\times 2$ Ω $= 4$ V。

在图 3.24(b)电路中，由互易定理知：

当 $I_{S2} = 2$ A 的电流源单独作用时，在 R_1 两端产生的电压为

$$\frac{U_2''}{I_{S1}} = \frac{U_1''}{I_{S2}} \Rightarrow U_1'' = \frac{I_{S2}}{I_{S1}} \times U_2'' = \frac{2}{4} \times U_2'' = \frac{2}{4} \times 4 = 2 \text{ V}$$

于是 R_1 两端电压为：

$$U_1 = U_1' + U_1'' = 2 + 2 = 4 \text{ V}$$

注意：由例 3.16 可知，对于含独立源的线性时不变网络，当网络中的独立源不作用时，可以视为不含独立源，从而采用互易定理进行求解。

3.7　计算机辅助电路分析

第 1 章中介绍了 Multisim 辅助电路分析的方法。Multisim 不仅可以对含有独立电源和电阻的电路进行辅助电路分析（见例 1.7），也可以分析含有受控源的电路（见例 3.2）。

现以含有受控源电路的例题 3.2 为例说明 Multisim 仿真软件在电路定理中的应用。

图 3.25 为例 3.2 运用叠加定理计算电流的电路图。

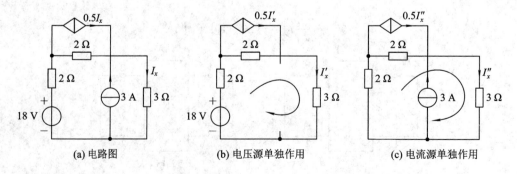

图 3.25　例 3.2 含受控源电路图

图 3.26 为图 3.25(a)总电路的计算机仿真图，其中电流表读数为：$I = 5$ A。

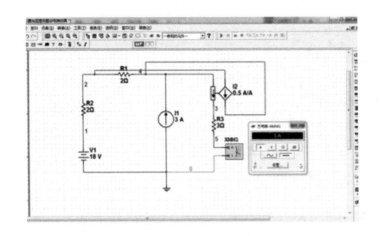

图 3.26 例 3.2 原电路的计算机仿真图   第 3 章例 3.2 计算机仿真.wmv

图 3.27(a)是图 3.25(b)电压源单独作用时的电路仿真分析图,电流表读数为 3 A。图 3.27(a)中电流控制的电流源 $0.5I_x$ 与 2 Ω 电阻的并联等效变换为电流控制的电压源 $2\times 0.5I_x=1I_x$ 与 2 Ω 电阻的串联电路,如图 3.27(b)所示。仿真的电路图为图 3.3(b)所示的电路图,电流表读数为 3 A。图 3.27(a)、(b)电流表的读数均为 3 A,说明受控源的等效变换对外是等效的。

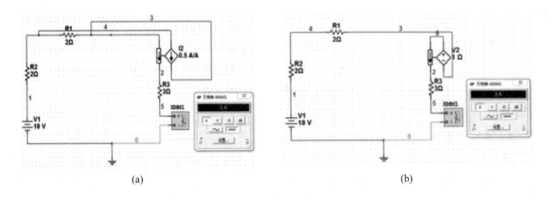

(a)   (b)

图 3.27 例 3.2 电压源单独作用电路时计算机仿真图

图 3.28(a)是图 3.25(c)电流源单独作用时的电路仿真分析图,电流表读数为 2 A。图 3.28(a)中电流控制的电流源 $0.5I_x$ 与 2 Ω 电阻的并联等效变换为电流控制的电压源 $1I_x$ 与 2 Ω 电阻的串联电路,如图 3.28(b)所示。仿真的电路图为图 3.3(c)所示的电路图,电流表读数也为 2 A。

图 3.27 和图 3.28 为总电路的电压源单独作用和电流源单独作用的分电路,得到的电流读数分别为 3 A 和 2 A,因此,$I=I'+I''=3+2=5$ A,与图 3.26 总电路电流表读数相同,也分别与例 3.2 中电路理论计算结果相同。

经过以上的分析,说明 Multisim 仿真软件可以分析含受控源电路、电源等效变换电路及证明叠加定理。可见,Multisim 仿真软件在电路辅助分析中应用得非常广泛。

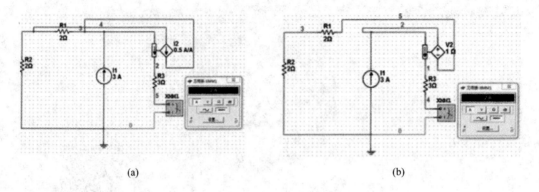

(a)   (b)

图 3.28　例 3.2 电流源单独作用电路的计算机仿真图

3.8　本 章 小 结

1. 叠加定理

在多个电源作用的线性电路中，任一支路的电压、电流响应等于电路中每个独立源单独作用于电路产生响应的代数和。所谓每一个电源单独作用，是指其他独立源变为零（电压源短路，电流源开路）。

2. 齐次性定理

当所有独立电源都增大（或减小）为原来的 k 倍时，各支路的电流或电压响应也同时增大（或减小）为原来的 k 倍；如果只是其中一个独立电源增大为原来的 k 倍，则只是由它产生的电流分量或电压分量增大为原来的 k 倍。当电路只有一个独立源作用时，响应与激励成正比。

3. 替代定理

具有唯一解的电路中，若知某支路 k 的电压为 u_k，电流为 i_k，且该支路与电路中其他支路无耦合，则无论该支路是由什么元件组成的，都可用电压等于 u_k 的理想电压源、电流等于 i_k 的理想电流源或阻值为 u_k/i_k 的电阻去替代，替代后不会影响电路各支路的电流和电压的数值。

4. 戴维南定理

一个含独立电源、线性电阻和受控源的单口网络，对外电路来说，可以用一个电压源和电阻的串联组合等效置换，此电压源的电压等于单口网络的开路电压 u_{oc}，电阻等于单口网络内的全部独立电源置零后的等效电阻 R_{eq}。

5. 诺顿定理

含独立源的线性电阻单口网络，对外电路来说，可以等效为一个电流源和电阻的并联。电流源的电流等于单口网络端口短路时的端口短路电流 i_{sc}；电阻等于单口网络内全部独立源为零值时所得网络的等效电阻 R_{eq}。

6. 最大功率传输定理

含源线性电阻单口网络（$R_{eq}>0$）向可变电阻负载 R_L 传输最大功率的条件是：负载电

阻 R_L 与单口网络的输入电阻 R_{eq} 相等。其中最大输出功率 $P_{Lmax} = \dfrac{u_{oc}^2}{4R_{eq}}$。当有源单口网络等效为诺顿电源时,单口网络传输给负载的最大功率 $P_{Lmax} = \dfrac{1}{4} R_{eq} i_{sc}^2$。

7. 特勒根定理

特勒根定理是基于 KCL、KVL 推导出来的,也就是说特勒根定理与基尔霍夫定律一样,无论电路是否是线性的,只要是集总参数电路,它就是适用的。特勒根定理有两种形式:

(1)特勒根定理一:对于一个具有 n 个节点、b 条支路的网络,假设各支路电压(u_k)和支路电流(i_k)取关联方向,则有:$\displaystyle\sum_{k=1}^{b} u_k i_k = 0$。

(2)特勒根定理二:具有同一拓扑图的两个网络 N 和 N′,它们的支路电压分别为 u_k 和 u'_k,支路电流分别为 i_k 和 i'_k(均取关联参考方向),则对任意时刻 t,有

$$\sum_{k=1}^{b} u_k(t) i'_k(t) = 0 \quad 或 \quad \sum_{k=1}^{b} u'_k(t) i_k(t) = 0$$

8. 互易定理

互易定理是电路分析中的重要定理,互易性是线性电路的重要性质之一。并非所有的线性网络都具有互易性,一般只有那些不含有受控源、独立电源的线性非时变网络才具有这种性质,因此互易定理使用的范围较窄。互易定理有两种形式:

(1)互易定理一:对于不含受控源的单一激励的线性电阻电路,互易激励(电压源)与响应(电流)的位置,其响应与激励的比值仍然保持不变。

(2)互易定理二:对于不含受控源的单一激励的线性电阻电路,互易激励(电流源)与响应(电压)的位置,其响应与激励的比值仍然保持不变。

习 题 3

3.1 判断题

(1)应用叠加定理时,不作用的电压源用开路替代,不作用的电流源用短路替代。
( )

(2)应用叠加定理时,各个响应分量在进行叠加时,只是在数值上进行相加,不必考虑各个响应分量的参考方向。 ( )

(3)在应用齐次定理时,所讲的激励是指独立源,不包括受控源。 ( )

(4)已知某支路电流为零,则该支路可以用电阻 $R \to \infty$ 的开路替代。 ( )

(5)已知某支路电流为零,则该支路可以用电阻 $R = 0$ 的短路替代。 ( )

(6)当有源二端网络内含有受控源时,求戴维南等效电阻,可将受控源置零。 ( )

3.2 填空题

(1)叠加定理可表述为:线性电路中任一条支路的电流(电压)为电路中各独立电源单独存在时在该支路上产生电流(电压)的_____。其电源置零指电压源_____,电流源_____。

(2)叠加定理是对_____和_____的叠加,对_____不能进行叠加。

（3）已知某含源单口网络的端口伏安关系为 $U=20-4I$，那么该单口网络的戴维南等效电路中的开路电压 $U_{OC}=$ _____ V，等效电阻 $R_{eq}=$ _____ Ω。

（4）已知某含源单口网络的端口伏安关系为 $I=5-\dfrac{1}{2}U$，那么该单口网络的诺顿等效电路中的短路电流 $I_{sc}=$ _____ A，等效电阻 $R_{eq}=$ _____ Ω。

（5）已知某电路的戴维南等效电路中的 $U_{OC}=6$ V，等效电阻 $R_{eq}=3$ Ω，当负载 $R_L=$ _____ Ω 时满足最大功率匹配条件，R_L 上可获得的最大功率为 _____ W。

（6）已知某电路的诺顿等效电路中的 $I_{sc}=4$ A，等效电阻 $R_{eq}=6$ Ω，当负载 $R_L=$ _____ Ω 时满足最大功率匹配条件，R_L 上可获得的最大功率为 _____ W。

（7）特勒根定理是基于 _____ 推导出来的，也就是说只要是集总参数电路，特勒根定理就是适用的。特勒根定理有两种形式。

3.3 选择题

（1）关于叠加定理的应用，下列叙述中正确的是（　　）。

A. 不适用于非线性电路，只适用于线性电路

B. 在线性电路中，能用其计算各分电路的功率进行叠加得到原电路的功率

C. 对于不作用的电压源可用断路替代

D. 对于不作用的电流源可用短路替代

（2）关于齐次定理的应用，下列叙述中错误的是（　　）。

A. 齐次定理仅适用于线性电路的计算

B. 在应用齐次定理时，电路的某个激励增大 K 倍，电路的总响应同样增大 K 倍

C. 在应用齐次定理时，激励是指独立源，不包括受控源

D. 齐次定理不仅适用于直流输入的线性电路，而且适用于交流输入的线性电路

（3）关于特勒根定理的应用，下列叙述中错误的是（　　）。

A. 特勒根定理不仅可以应用于线性电路中，而且还可以应用于非线性电路中

B. 特勒根定理一的表达式是电路功率守恒的具体表现

C. 特勒根定理二的表达式具有功率的量纲，即表示支路功率大小的物理意义

D. 特勒根定理一是特勒根定理二当电路 N 和 N′为同一电路、同一时刻的特例

（4）在题 3.3-4 图所示电路中，3 A 理想电流源产生的功率 $P_S=$（　　）。

A. 0　　　　　B. 12 W　　　　C. −21 W　　　D. 21 W

（5）在题 3.3-5 图所示电路中，电压 $U=$（　　）。

A. 10 V　　　B. 40 V　　　C. 20 V　　　　D. 30 V

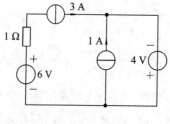

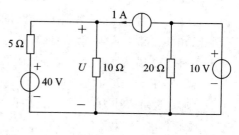

题 3.3-4 图　　　　　　　　　　　　题 3.3-5 图

(6) 在题 3.3 - 6 图所示电路中,电流 I=(　　)。

A. 1 A 　　　B. −3 A 　　　C. 2 A 　　　D. −1 A

(7) 在题 3.3 - 7 图所示电路中,电压 U=(　　)。

A. 1 V 　　　B. 3 V 　　　C. 6 V 　　　D. −1 V

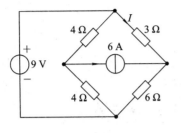

题 3.3 - 6 图

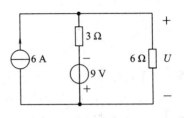

题 3.3 - 7 图

(8) 某含源二端网络的开路电压为 10 V,如在网络两端接以 10 Ω 的电阻,二端网络端电压为 8 V,此网络的戴维南等效电路的 R_{eq}=(　　)Ω。

A. 2.5 　　　B. 5 　　　C. 10 　　　D. 2

(9) 在题 3.3 - 9 所示电路中,a、b 端的戴维南等效电路中的开路电压 U_{OC}=(　　)。

A. 10 V 　　　B. 15 V 　　　C. 20 V 　　　D. 30 V

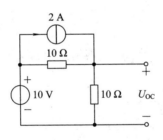

题 3.3 - 9 图

3.4　在题 3.4 图所示电路中,应用叠加定理求电流 I。

3.5　在题 3.5 图所示电路中,应用叠加定理求电流 I。

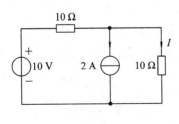

题 3.4 图

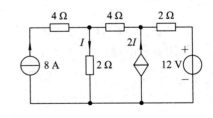

题 3.5 图

3.6　题 3.6 图所示电路中,N 为无独立源二端口网络。(1) 当 I_{S1}=2 A、I_{S2}=0 A 时,I_{S1} 输出功率为 28 W,且 U_2=8 V;(2) 当 I_{S1}=0 A、I_{S2}=3 A 时,I_{S2} 输出功率为 54 W,且 U_1=12 V。求当 I_{S1}=2 A、I_{S2}=3 A 共同作用时每个电流源的输出功率。

3.7　用叠加定理求题 3.7 图所示电路的 i 和 u。

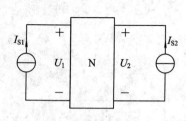

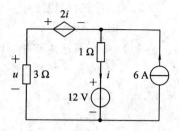

题 3.6 图　　　　　　　　　　　题 3.7 图

3.8　用叠加定理求题 3.8 图所示电路中的 I、U。

3.9　题 3.9 图所示电路中，当 $I_S = 2$ A 时，$I = -1$ A；当 $I_S = 4$ A 时，$I = 0$。若要使 $I = 1$ A，I_S 应为多少？

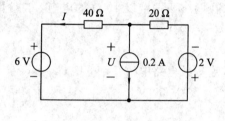

题 3.8 图　　　　　　　　　　　题 3.9 图

3.10　求题 3.10 图(a)、(b)所示单口网络的戴维南等效电路。

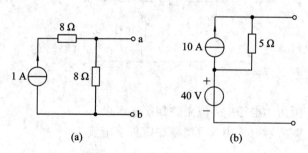

(a)　　　　　　　　　　　　　(b)

题 3.10 图

3.11　能否求出题 3.11 图所示单口网络的戴维南等效电路？为什么？

3.12　能否求出题 3.12 图所示单口网络的诺顿等效电路？为什么？

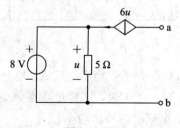

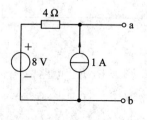

题 3.11 图　　　　　　　　　　　题 3.12 图

3.13 能否求出题 3.13 图所示单口网络的诺顿等效电路？为什么？

3.14 题 3.14 图所示电路中，已知 $I=0.5$ A，求电阻 R。

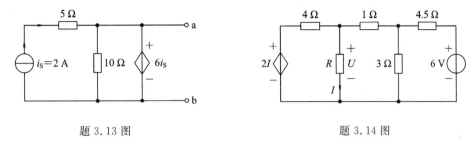

题 3.13 图   题 3.14 图

3.15 求题 3.15 图所示电路从 a、b 端口看进去的戴维南电路。

3.16 用戴维南定理求题 3.16 图所示电路中的电流 I。

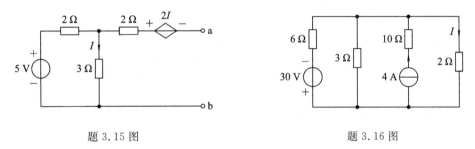

题 3.15 图   题 3.16 图

3.17 求题 3.17 图所示电路的戴维南等效电路和诺顿等效电路。

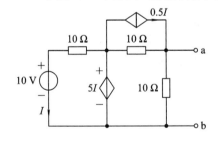

题 3.17 图

第 3 章习题 3.17 解答.wmv

3.18 求题 3.18 图所示含受控源电路的戴维南与诺顿等效电路。

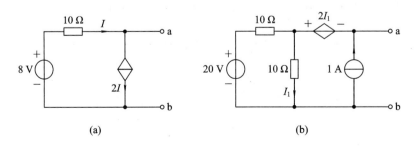

(a)   (b)

题 3.18 图

3.19 题 3.19 图(a)、(b)所示电路中，负载电阻 R_L 可以任意改变，问 R_L 为多少时可以获得最大功率 P_{Lmax}，此时 P_{Lmax} 的值是多少？

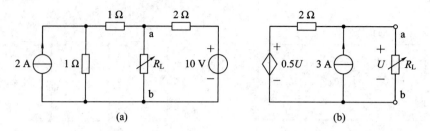

(a)   (b)

题 3.19 图

3.20 题 3.20 图中 N 为含独立源电阻网络，开关断开时量得电压 $U=13$ V，接通时量得电流 $I=3.9$ A。求网络 N 的最简等效电路。

3.21 已知题 3.21 图所示电路中 $R=10$ Ω 时，其消耗的功率为 22.5 W；$R=20$ Ω 时，其消耗的功率为 20 W。求 $R=30$ Ω 时它所消耗的功率。

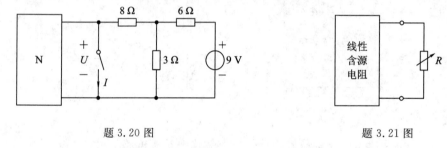

题 3.20 图   题 3.21 图

3.22 N 网络由线性电阻组成。已知电路如题 3.22 图所示，$U_1=8$ V、$R_2=4$ Ω 时，测得 $I_1=2$ A，$U_2=4$ V；$U_1=12$ V、$R_2=6$ Ω 时，测得 $I_1=3$ A，求此时 U_2 的值。

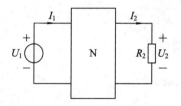

题 3.22 图

3.23 已知在题 3.23 图所示的电路中，图(a)电路在电压源 u_{S1} 的作用下，电阻 R_2 上的电压为 u_2。求图(b)电路在电流源 i_{S2} 的作用下，电流 i_1 的值。

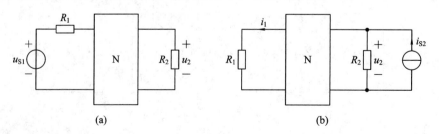

(a)   (b)

题 3.23 图

3.24 题 3.24 图中，N 为线性有源二端网络，假定电压表内阻无穷大，当开关 S 处于位置 1 时，电压表的读数为 12 V，当开关 S 处于位置 2 时，电流表读数为 6 mA。若当开关 S 处于位置 3 时，试问电压表与电流表的读数各为多少。

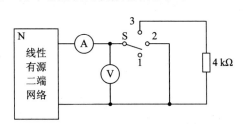

题 3.24 图

第4章 正弦稳态交流电路相量模型及分析

第 4 章的知识点.wmv

【内容提要及要求】 本章首先介绍正弦交流电的基本概念，然后介绍简化分析正弦稳态电路的相量模型方法、两类约束的相量形式以及阻抗和导纳的定义，重点讨论网孔法、节点法及戴维南定理等方法在正弦稳态电路的应用。

首先要掌握如何建立相量模型，掌握电路 KCL、KVL 及元件 VCR 的相量形式；熟练运用相量法计算交流电路的阻抗、电压及电流；熟练地将学过的直流电阻电路的分析方法如网孔法、节点法及戴维南定理等，应用于正弦稳态电路；熟练求解正弦稳态响应；会利用相量图法和计算机软件进行辅助电路分析。

【重点】 相量模型、阻抗和导纳、相量图；运用相量模型形式的网孔法、节点法、电源变换及戴维南定理以及相量图，分析正弦稳态电路的电压和电流。

【难点】 复杂正弦稳态交流电路的分析和计算，利用相量图分析正弦电路的电压和电流。

4.1 正弦交流电的基本概念

交流电路是指电路中的激励是交流电，即它的大小和方向随时间做周期性变化，而正弦交流电在工农业生产和生活中应用最广泛。在正弦交流电路中，电路达到稳定状态时，电路的响应是与激励同频率的正弦电压(或电流)，电路处于这种工作状态时就称为正弦交流稳态电路。

正弦交流电的变化规律由振幅、角频率和初相确定，故称这三个量为正弦交流电的三要素。

4.1.1 正弦交流电的三要素

正弦交流电是指大小和方向随时间按正弦规律作周期性变化的电流或电压等物理量，统称为正弦量。在分析中可以使用 sin 函数或 cos 函数来描述正弦量，本书采用 sin 函数代表正弦量。

电力系统中的交流电是由交流发电机产生的，在实验室中正弦交流电可由正弦信号发生器提供。以正弦电压为例，其数学表达式为

$$u(t) = U_m \sin(\omega t + \varphi_u) \tag{4.1}$$

式(4.1)也称为正弦量的瞬时值表达式，瞬时值用小写字母 $u(t)$ 表示，式中有三个常

量：U_m 称为最大值，ω 称为角频率，φ_u 称为初相位。波形图如图 4.1 所示。

下面分析式(4.1)。

1. 振幅(最大值)

式(4.1)的正弦量瞬时值中的最大值为 U_m，称为**振幅**(amplitude)，一般用大写字母带下标"m"表示，如 U_m、I_m 等，反映正弦量变化幅度的大小。

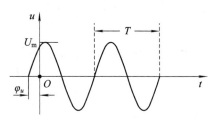

图 4.1　正弦交流电压波形图

2. 角频率 ω

式(4.1)中 ω 称为**角频率**(angular frequency)，表示正弦量在单位时间内变化的弧度数(单位为 rad/s 或 1/s)，即

$$\omega = \frac{2\pi}{T} = 2\pi f$$

式中，T 表示正弦量变化一周所需的时间，称为周期(period)，单位为秒(s)。f 表示正弦量每秒钟变化的周数，称为频率(frequency)，单位为赫兹(Hz)。周期和频率互为倒数，即

$$f = \frac{1}{T}$$

我国电力网所供给的交流电的标准频率(简称工频)是 $f=50$ Hz，它的周期是 $T=1/f=0.02$ s。美国电力网频率为 60 Hz，日本电力网频率同时存在 50 Hz 和 60 Hz。

3. 初相

式(4.1)中，$\omega t + \varphi_u$ 称为相位角；$t=0$ 时，相位为 φ_u，称其为正弦量的初相位(角)，简称初相(initial phase)。通常规定初相角的取值在 $-\pi \sim \pi$ 范围内。

正弦量的特征表现在变化的大小、快慢和初始值三个方面，是由它的振幅(最大值)、角频率(频率或周期)和初相决定的，也就是说知道了这三项就能确定该信号的数学表达式或波形图。U_m、ω、φ_u 与正弦量具有一一对应的关系，**所以将振幅(最大值)、角频率(频率或周期)和初相这三个参数称为正弦量的三要素。**

4.1.2　正弦交流电的有效值

交流电的瞬时值表达式描述的只是某一瞬间的数值，实际测量瞬时值的大小不方便，在电路中需要研究它们的平均效果。因此，引入有效值的概念。

正弦交流电的有效值(effective value)定义为：让正弦交流电流 i 和一直流电流 I 在同一个周期 T 内通过相同电阻 R，如果所产生的热量相等，那么这个直流电流 I 的数值就称作交流电流 i 的有效值。

由此定义得出

$$I^2RT = \int_0^T i^2 R \, \mathrm{d}t$$

交流电流的有效值为

$$I = \sqrt{\frac{1}{T}\int_0^T i^2 \, \mathrm{d}t} \tag{4.2}$$

正弦交流电流 $i(t) = I_m \sin(\omega t + \varphi_i)$，将其代入式(4.2)中，有效值为

$$I = \sqrt{\frac{1}{T}\int_0^T I_m^2 \sin^2(\omega t + \varphi_i)\,\mathrm{d}t}$$

由此得出有效值和最大值的关系：

$$I = \sqrt{\frac{1}{T}I_m^2 \cdot \frac{T}{2}} = \frac{I_m}{\sqrt{2}} = 0.707 I_m \quad \text{或} \quad I_m = \sqrt{2}I \tag{4.3}$$

同理，有

$$U = \frac{U_m}{\sqrt{2}} = 0.707 U_m$$

正弦量的最大值与有效值之间存在着 $\sqrt{2}$ 的关系。有效值都用大写字母表示，如 I、U。大部分使用的交流测量电表测量的值为有效值。

工程上说的设备铭牌额定值、电网的电压等级等一般指有效值。例如，在我国日常生活中用的电压 220 V，是指有效值，其振幅（最大值）为 $220\sqrt{2}$ V＝311 V。但绝缘水平、耐压值指的是最大值。因此，在考虑电气设备的耐压水平时应按最大值考虑。

4.1.3　正弦交流电的相位差

相位差(phase difference)指两个同频率正弦量的相位之差。

两个同频率的正弦量如果为

$$u(t) = U_m \sin(\omega t + \varphi_u), \quad i(t) = I_m \sin(\omega t + \varphi_i)$$

则相位差为

$$\varphi = (\omega t + \varphi_u) - (\omega t + \varphi_i) = \varphi_u - \varphi_i \tag{4.4}$$

式(4.4)表明：对于同频率的正弦量而言，相位差就是初相之差，且为定值。相位差和初相均在 $-\pi \sim \pi$ 范围内取值。

相位差用来描述两个同频率正弦量的超前、滞后关系，即谁先到达最大值，谁后到达最大值，相差多少角度。

同频率正弦量的几种相位关系：

(1) 超前关系：若 $\varphi = \varphi_u - \varphi_i > 0$ 且 $|\varphi| \leqslant \pi$ 弧度，如图 4.2(a)所示，则电压 u 超前 i，即 u 比 i 先到达正最大值；

(2) 滞后关系：若 $\varphi = \varphi_i - \varphi_u < 0$，如图 4.2(a)所示，也可以称电流 i 滞后电压 u。

(3) 同相关系：若 $\varphi = \varphi_u - \varphi_i = 0$，称电压与电流这两个正弦量同相，如图 4.2(b)所示。

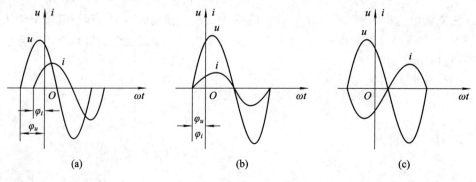

(a)　　　　　　　　　　(b)　　　　　　　　　　(c)

图 4.2　正弦量的相位差

（4）反相关系：若 $\varphi=\varphi_u-\varphi_i=\pi$，称电压与电流这两个正弦量反相，如图4.2(c)所示。

4.2 正弦交流电的相量表示法

在线性交流电路中，经常遇到正弦信号的代数运算和微分、积分运算。利用正弦三角函数关系进行计算，显得比较繁杂。为了简化交流电路的分析，常利用相量法来计算，相量法的实质就是用复数来表示正弦量。本节先复习复数的知识，然后介绍正弦交流电的相量表示法。

4.2.1 复数及复数运算

1. 复数及其表示形式

一个复数是由实部和虚部组成的。以复数 $P=a+\mathrm{j}b$ 为例（在数学中用 i 表示虚数的单位，在电路分析中用 j 表示虚数单位），如图4.3所示，P 对应实轴的长度为 a，对应虚轴的长度为 b，对应复平面的点 $P(a,b)$，在原点与 P 之间连接一直线，直线长度记为复数的模，在线段 P 端加上箭头，这个有向线段与实轴的夹角为 φ，也是复数 P 的辐角。复数可表示为：

（1）代数形式：$P=a+\mathrm{j}b$；

（2）三角函数形式：$P=r(\cos\varphi+\mathrm{j}\sin\varphi)$；

（3）指数形式：$P=r\mathrm{e}^{\mathrm{j}\varphi}$；

（4）极坐标形式：$P=r\angle\varphi$。

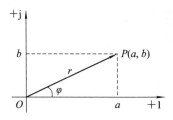

图4.3 复数 P 的矢量图

上面四种复数表示形式可以互相转换，相互关系是

$$r=\sqrt{a^2+b^2}, \qquad \varphi=\arctan\left(\frac{b}{a}\right) \qquad (4.5)$$

$$a=r\cos\varphi, \quad b=r\sin\varphi \qquad (4.6)$$

在以后的运算中，代数式和极坐标式是常用的，应掌握它们之间的转换。

[**例4.1**] （1）写出复数 $P_1=3-\mathrm{j}4$ 的极坐标形式；（2）将 $P_2=13\angle112.6°$ 极坐标式转换为代数式。

解 （1）利用式(4.5)，模为

$$r=\sqrt{3^2+(-4)^2}=5$$

幅角为

$$\varphi=\arctan\left(\frac{-4}{3}\right)=-53.1°（在第四象限）$$

第4章复数知识.wmv

极坐标形式为

$$P_1=5\angle(-53.1°)$$

（2）利用式(4.6)：

$$a=r\cos\varphi=13\cos112.6°=-5$$

$$b=r\sin\varphi=13\sin112.6°=12$$

代数形式为

$$P_2 = a + jb = -5 + j12$$

2. 复数运算

设有两个复数：

$$P_1 = a_1 + jb_1 = r_1 e^{j\varphi_1} = r_1 \angle \varphi_1$$

$$P_2 = a_2 + jb_2 = r_2 e^{j\varphi_2} = r_2 \angle \varphi_2$$

（1）复数的加、减法。

复数的加减运算应用代数形式较为方便，就是把它们的实部和虚部分别相加或相减：

$$P_1 \pm P_2 = (a_1 + jb_1) \pm (a_2 + jb_2) = (a_1 \pm a_2) + j(b_1 \pm b_2)$$

（2）复数的乘、除法。

一般来讲，复数的乘、除法运算用复数的极坐标形式较为简便。

$$P = P_1 P_2 = r_1 e^{j\varphi_1} r_2 e^{j\varphi_2} = r_1 r_2 e^{j(\varphi_1 + \varphi_2)} = r_1 r_2 \angle (\varphi_1 + \varphi_2)$$

$$P = \frac{P_1}{P_2} = \frac{r_1 \angle \varphi_1}{r_2 \angle \varphi_2} = \frac{r_1}{r_2} \angle (\varphi_1 - \varphi_2)$$

特殊的复数

$$j = 1 \angle 90°$$

$$\frac{1}{j} = -j = 1 \angle (-90)°$$

所以当一个复数乘上 j 时，模不变，辐角增大 90°；一个复数除以 j 时，模不变，辐角减小 90°。

4.2.2 正弦量的相量表示法

因为由振幅（有效值）、角频率和初相可以确定一个正弦交流电，而在线性电路中，当施加的电源（激励）都是同频率的正弦电量时，电路的各支路电压、电流为相同频率的正弦量。这样就可以将电源的角频率这一个要素作为已知量。因此求解交流电路的各支路电压、电流时，主要是求各支路电压、电流的有效值和初相位。一个复数具有模和辐角，若用复数的模表示正弦量的有效值，复数的辐角表示初相角，这个复数就可以用来表示正弦量，**表示正弦量的复数称为相量**（phasor）。

假设某正弦电压为

$$u(t) = 220\sqrt{2}\,\sin(\omega t + 60°)\ \text{V}$$

其有效值相量为

$$\dot{U} = U \angle \varphi_u = 220 \angle 60°\ \text{V}$$

相量（phasor）**是复数**，为了与一般复数区别，利用它代表一个正弦量时，在表示相量的大写字母上端需加一点，如 $\dot{U}$、$\dot{I}$。式（4.7）为电流有效值相量：

$$\boxed{\dot{I} = I \angle \varphi_i} \tag{4.7}$$

需要注意的是，复数只能用来表示一个正弦量，而不等同正弦量，即

$$u(t) = 220\sqrt{2}\,\sin(\omega t + 60°)\ \text{V} \neq 220 \angle 60°$$

相量与正弦量是一一对应的关系：

$$i \xrightarrow{\text{一一对应}} \dot{I}_m = \sqrt{2}I\angle\varphi_i \xrightarrow{\text{一一对应}} \dot{I} = I\angle\varphi_i$$

$$u \xrightarrow{\text{一一对应}} \dot{U}_m = \sqrt{2}U\angle\varphi_u \xrightarrow{\text{一一对应}} \dot{U} = I\angle\varphi_u$$

$$(4.8)$$

可以将相量画在复平面中，用有向线段表示，所得的图形称为相量图（phasor diagram），如图 4.4 所示。

[**例 4.2**] 已知同频率的正弦电压和正弦电流分别为 $u(t) = 5\sqrt{2}\cos(314t + 150°)\text{V}$，$i(t) = 10\sqrt{2}\sin(314t + 30°)\text{A}$。试写出 u 和 i 的相量，画出相量图，并说明它们的相位关系。

解
$$u(t) = 5\sqrt{2}\cos(314t + 150°) = 5\sqrt{2}\sin(314t + 90° + 150°)$$
$$= 5\sqrt{2}\sin(314t + 240°) = 5\sqrt{2}\sin(314t - 120°)$$

$\dot{U}_m = 5\sqrt{2}\angle(-120°)\text{V}$（最大值相量），　$\dot{U} = 5\angle(-120°)\text{V}$（有效值相量）

$\dot{I}_m = 10\sqrt{2}\angle 30°\text{A}$（最大值相量），　$\dot{I} = 10\angle 30°\text{A}$（有效值相量）

画出相量图如图 4.5 所示，可知电流超前电压 150°。

注意：本书是以正弦函数 sin 为标准的，因此，应先将以 cos 函数表示的正弦电压变换为以 sin 函数表示，然后再写相量。同频率的相量可画在同一相量图中。

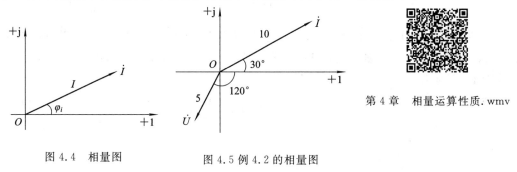

图 4.4　相量图　　　　图 4.5 例 4.2 的相量图　　　第 4 章　相量运算性质.wmv

4.3　两类约束的相量形式

在分析直流电路时，利用两类约束即 KCL、KVL 和元件的伏安关系（VCR）可以列出求解支路电压或电流所需的方程组。在正弦电路中基本的无源元件是电阻、电感和电容，如果建立起元件的伏安关系及 KCL、KVL 方程的相量形式，就可以把直流电阻电路的分析方法推广应用于分析正弦稳态电路。本节重点掌握 KCL、KVL 方程的相量形式及元件的伏安关系（VCR）的相量形式。

4.3.1　基尔霍夫定律的相量形式

1. 基尔霍夫电流定律（KCL）的相量形式

在时域分析中，KCL 的瞬时值表达式为

$$\sum i = 0$$

以图 4.6 为例：

$$\sum i = i_1 - i_2 + i_3 = 0$$

由于

$$i \xrightarrow{\text{一一对应}} \dot{I} = I\angle\varphi_i$$

则有

$$\sum \dot{I} = \dot{I}_1 - \dot{I}_2 + \dot{I}_3 = 0$$

$$\boxed{\sum \dot{I} = 0} \qquad (4.9)$$

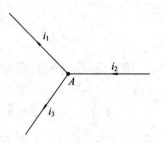

图 4.6　A 节点的电流

式(4.9)是 KCL 定律的相量形式：对于具有相同频率的正弦电路中的任一节点，在任意时刻，流出该节点的全部支路电流相量的代数和等于零。

2. 基尔霍夫电压定律(KVL)的相量形式

在时域分析中，KVL 的瞬时值表达式为

$$\sum u = 0$$

同理可得 KVL 的相量形式为

$$\boxed{\sum \dot{U} = 0} \qquad (4.10)$$

式(4.10)是 KVL 定律的相量形式：对于具有相同频率的正弦电流电路中的任一回路，沿该回路全部支路电压相量的代数和等于零。即任一回路所有支路电压用相量表示时仍满足 KVL。

[**例 4.3**]　如图 4.7 所示，已知 $u_1(t) = 8\sqrt{2}\sin(314t + 90°)\text{V}$，$u_2(t) = 6\sqrt{2}\sin314t\ \text{V}$，求：$V_3$ 表的读数。

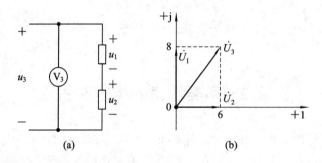

图 4.7　例 4.3 的电路图

解　由 KVL 方程知：

$$u_3 = u_1 + u_2$$

方法一：求 V_3 表的读数，即求 u_3 的有效值。

已知

$$\dot{U}_1 = 8\angle90° = 8\text{j}, \quad \dot{U}_2 = 6\angle0° = 6$$

KVL 的相量形式为

$$\dot{U}_3 = \dot{U}_1 + \dot{U}_2$$

$$\dot{U}_3 = \dot{U}_1 + \dot{U}_2 = \text{j}8 + 6 = 6 + \text{j}8 = \sqrt{6^2 + 8^2}\ \arctan\frac{8}{6} = 10\angle53.1°\ \text{V}$$

$\dot{U}_3$ 的有效值为 10，所以 V_3 表的读数为 10 V。

方法二：相量图法。

将 $\dot{U}_1$、$\dot{U}_2$ 相量用相量图表示，如图 4.3(b)所示。利用平行四边形法则，有

$$U_3 = \sqrt{U_1^2 + U_2^2} = \sqrt{8^2 + 6^2} \text{ V} = 10 \text{ V}$$

可知：$U_3 = 10 \text{ V} \neq U_1 + U_2 = 8 + 6 = 14 \text{ V}$，即

$$\sum_{k=1}^{n} U_k \neq 0$$

注意： 沿任一回路全部支路电压振幅（或有效值）的代数和并不一定等于零，即一般来说

$$\sum_{k=1}^{n} U_{mk} \neq 0 , \qquad \sum_{k=1}^{n} U_k \neq 0$$

同理有

$$\sum_{k=1}^{n} I_{mk} \neq 0 , \qquad \sum_{k=1}^{n} I_k \neq 0$$

4.3.2 电阻元件 VCR 的相量形式

1. 电阻的电压与电流的关系

在任一时刻，假设电阻 R 两端的电压与电流采用关联参考方向，如图 4.8(a)所示。根据欧姆定律，电阻上的电压和电流瞬时值的关系为

$$u_R(t) = Ri(t)$$

设通过电阻的正弦电流为

$$i_R(t) = I_{Rm} \sin(\omega t + \varphi_i)$$

则有

$$u_R(t) = Ri_k(t) = RI_{Rm} \sin(\omega t + \varphi_i) = U_{Rm} \sin(\omega t + \varphi_u) \tag{4.11}$$

式(4.11)中 $U_m = RI_m$ 是电压的幅值。由式(4.11)可知，**在电阻元件的正弦交流电路中，电流和电压是同频率同相位的正弦量。**

(1) 电压与电流的大小关系。

由式(4.11)，电阻端电压幅值等于电阻值与电流幅值的乘积：

$$U_{Rm} = RI_{Rm} , \quad U_R = RI_R \tag{4.12}$$

即电阻元件的正弦量的最大值和有效值都满足欧姆定律。

(2) 电压与电流的相位关系。

由式(4.11)，电压 $u_R(t)$ 与电流 $i(t)$ 的初相位相等，即电压、电流同相位（如图 4.8(d)所示）：

$$\angle \varphi_u = \angle \varphi_i \tag{4.13}$$

(3) 电压与电流的相量关系。

若用相量形式表示式(4.11)，则有电阻元件上伏安关系的相量形式为

$$\left. \begin{array}{l} \dot{U}_{Rm} = R\dot{I}_{Rm} \\ \dot{U}_R = R\dot{I}_R \end{array} \right\} \tag{4.14}$$

式(4.14)为电阻元件 VCR 的振幅相量形式和有效值相量形式，它们均符合欧姆定律。

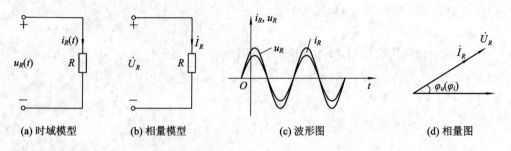

(a) 时域模型　　**(b) 相量模型**　　**(c) 波形图**　　**(d) 相量图**

图 4.8　电阻元件的时域模型、相量模型

（4）电阻的相量模型、波形图及相量图。

将电阻上的两端电压 $u_R \xrightarrow{\text{表示为}} \dot{U}_R$，$i_R \xrightarrow{\text{表示为}} \dot{I}_R$，$R$ 不变，如图 4.8(b)所示，称为电阻元件的**相量模型**。

电阻上的电压与电流的波形、相量图分别如图 4.8(c)、(d)所示，电压与电流波形是同频率、同相位的。

4.3.3　电感元件 VCR 的相量形式

1. 电感的电压与电流的关系

如图 4.9(a)所示，电感电流与电感电压取关联参考方向，假设通过电感的电流为

$$i_L(t) = I_{Lm} \sin(\omega t + \varphi_i) = \sqrt{2} I_L \sin(\omega t + \varphi_i)$$

电感元件上的电压与电流的时域关系为

$$u_L(t) = L \frac{\mathrm{d} i_L(t)}{\mathrm{d} t} \tag{4.15}$$

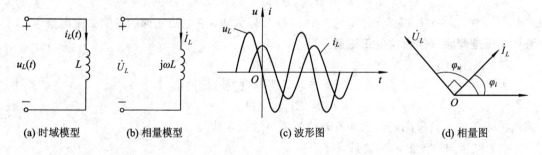

(a) 时域模型　　**(b) 相量模型**　　**(c) 波形图**　　**(d) 相量图**

图 4.9　电感元件的时域模型、相量模型

则

$$u_L(t) = L \frac{\mathrm{d} I_{Lm} \sin(\omega t + \varphi_i)}{\mathrm{d} t} = \omega L I_{Lm} \cos(\omega t + \varphi_i) = \omega L I_{Lm} \sin(\omega t + \varphi_i + 90°)$$

即

$$u_L(t) = \omega L I_{Lm} \sin(\omega t + \varphi_i + 90°) = U_{Lm} \sin(\omega t + \varphi_u) \tag{4.16}$$

（1）电压与电流的大小关系。

分析式(4.16)有

$$U_{Lm} = \omega L I_{Lm}$$

利用有效值表示即

$$U_L = \omega L I_L = X_L I_L \tag{4.17}$$

式(4.17)中的 $X_L = \omega L$ 称为感抗(inductive reactance)，单位为欧姆(Ω)。感抗是表示限制电流的能力大小的一个物理量，它与 L 和 ω 成正比。频率越高，感抗越大，即电感对高频电流呈现的阻力越大。在实际电路中，电感线圈常作为高频扼流线圈，可以有效阻止高频电流的通过。在直流时，$\omega = 0$ 即 $f = 0$，故 $X_L = 0$，电感相当于短路。

(2) 电压与电流的相位关系。

电流的初相位为 φ_i，式(4.16)表明电感电压初相位 $\varphi_u = \varphi_i + 90°$。所以电感的电压相位超前于电流的角度为 $90°$，电感的电压超前电流的波形图、相量图分别如图 4.9(c)、(d)所示。

(3) 电压与电流的相量关系。

用相量形式表示式(4.16)：
$$\dot{U}_L = U_L \angle \varphi_u = \omega L I_L \angle(\varphi_i + 90°) = j\omega L I_L \angle \varphi_i = j\omega L \dot{I}_L \tag{4.18}$$

由式(4.18)可得
$$\dot{U}_L = j\omega L \dot{I}_L = j X_L \dot{I}_L \tag{4.19}$$

式(4.19)为电感元件的伏安关系的相量形式。

(4) 电感的相量模型、波形图及相量图。

将电感上的两端电压 $u_L \xrightarrow{\text{表示为}} \dot{U}_L$，$i \xrightarrow{\text{表示为}} \dot{I}_L$，电感 $L \rightarrow j\omega L$，得到的图 4.9(b)，称**为电感的相量模型**。

电感上的电压与电流的波形图、相量图分别如图 4.9(c)、图 4.9(d)所示，电感电压与电流波形为同频率，电感的电压相位要比电流的相位超前 $90°$。

[**例 4.4**]　正弦稳态电路中，$L = 0.2$H 的电感(电阻为 0)接在电压为 220 V 的工频电源上，电源初相角为 $30°$，试求：(1) 电感的感抗；(2) 电感上电流的有效值及 i_L。

解　(1) 感抗：
$$X_L = \omega L = 2\pi f L = 2 \times 3.14 \times 50 \times 0.2 = 62.8 \ \Omega$$

(2) 电流的有效值利用公式(4.17)求得：
$$I_L = \frac{U}{X_L} = \frac{220}{62.8} = 3.5 \ \text{A}$$

利用公式(4.19)有
$$\dot{I}_L = \frac{\dot{U}}{j X_L} = \frac{220\angle 30°}{j62.8} = 3.5\angle(-60°)\text{A}$$

$$i_L = 3.5\sqrt{2}\sin(314t - 60°)\text{A}$$

4.3.4　电容元件 VCR 的相量形式

1. 电容的电压与电流的关系

如图 4.10(a)所示，电容的电压、电流取关联参考方向，设外加电容的电压为
$$u_C(t) = U_{Cm}\sin(\omega t + \varphi_u) = \sqrt{2}U_C\sin(\omega t + \varphi_u)$$

电容元件上的电压与电流的时域关系为

$$i_C(t) = C \frac{\mathrm{d}u_C(t)}{\mathrm{d}t} \tag{4.20}$$

则

$$i_C(t) = C \frac{\mathrm{d}U_{Cm} \sin(\omega t + \varphi_u)}{\mathrm{d}t} = \omega C U_{Cm} \cos(\omega t + \varphi_u) = \omega C U_{Cm} \sin(\omega t + \varphi_u + 90°)$$

即

$$i_C(t) = \omega C U_{Cm} \sin(\omega t + \varphi_u + 90°) = I_{Cm} \sin(\omega t + \varphi_i) \tag{4.21}$$

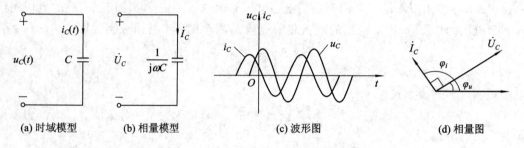

(a) 时域模型　　**(b)** 相量模型　　　　　**(c)** 波形图　　　　　　**(d)** 相量图

图 4.10　电容元件的时域模型、相量模型

1）电压与电流的大小关系

分析式（4.21）有

$$I_{Cm} = \omega C U_{Cm}$$

利用有效值表示即为

$$\boxed{U_C = \frac{I_C}{\omega C} = X_C I_C} \tag{4.22}$$

将式（4.22）中 $X_C = \dfrac{U_C}{I_C} = \dfrac{1}{\omega C}$ 称为**容抗**（capacitive reactance）（Ω）。

容抗与感抗相似，容抗随频率的变化而变化。当 $f = 0$（直流电）时，$X_C = \dfrac{1}{\omega C} \to \infty$，电容相当于开路，电路中将没有电流通过。电容具有"通高频、阻低频"的特性。在电子线路中，电容常起到隔直、旁路、滤波作用。

2）电压与电流的相位关系

电压的初相位为 φ_u，式（4.21）表明电容的电流初相位 $\varphi_i = \varphi_u + 90°$。所以电容的电流相位超前于电压相位 90°，电容的电流超前电压的波形图、相量图分别如图 4.10（c）、（d）所示。

3）电压与电流的相量关系

用相量形式表示式（4.21）：
$$\dot{I}_C = I_C \angle \varphi_i = \omega C U_C \angle (\varphi_u + 90°) = \mathrm{j}\omega C U_C \angle \varphi_u = \mathrm{j}\omega C \dot{U}_C \tag{4.23}$$
由式（4.23）可得

$$\boxed{\dot{U}_C = \frac{\dot{I}_C}{\mathrm{j}\omega C} = -\mathrm{j}X_C \dot{I}_C} \tag{4.24}$$

式（4.24）为电容元件的伏安关系的相量形式。

4）电容的相量模型、波形图及相量图

依据电容的电压与电流 VCR 的相量形式，在频域中电容上的两端电压 $u_C \xrightarrow{\text{表示为}} \dot{U}_C$，

$i_C \xrightarrow{\text{表示为}} \dot{I}_C$，电容 $C \xrightarrow{\text{表示为}} \dfrac{1}{j\omega C}$，得到的图 4.10(b) 为电容的相量模型。电容上的电压与电流的波形图、相量图分别如图 4.10(c)、(d)所示，电压与电流波形同频率，电容的电流相位超前电压 90°。

[**例 4.5**] 电路如图 4.11(a) 所示，已知 $R = 4\ \Omega$，$C = 0.1\ \text{F}$，$u_S(t) = 10\sqrt{2}\ \sin 5t\ \text{V}$，求：(1) 电容的容抗；(2) $i_1(t)$、$i_2(t)$、$i(t)$ 及其有效值相量。

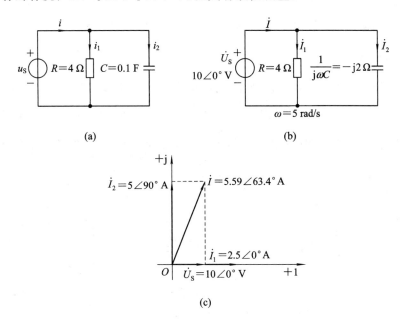

(a)   (b)

(c)

图 4.11　例 4.5 电路图

解　已知电压源相量为 $\dot{U}_S = 10\angle 0°\ \text{V}$。

(1) 电容的容抗为

$$X_C = \frac{1}{\omega C} = \frac{1}{5 \times 0.1} = 2\ \Omega$$

电路的相量模型如图 4.11(b)所示。

(2) 根据 RLC 元件相量形式的 VCR 方程求电流：

$$\dot{I}_1 = \frac{\dot{U}_S}{R} = \frac{10\angle 0°}{4} = 2.5\angle 0°\ \text{A} = 2.5\ \text{A}$$

$$\dot{I}_2 = j\omega C \dot{U}_S = j5 \times 0.1 \times 10\angle 0° = j5 = 5\angle 90°\ \text{A}$$

利用 KCL 的相量形式，得到

$$\dot{I} = \dot{I}_1 + \dot{I}_2 = 2.5 + j5 = 5.59\angle 63.4°\ \text{A}$$

时域表达式为

$$i_1(t) = 2.5\sqrt{2}\ \sin 5t\ \text{A}$$

$$i_2(t) = 5\sqrt{2}\ \sin(5t + 90°)\text{A}$$

$$i(t) = 5.59\sqrt{2}\ \sin(5t + 63.4°)\text{A}$$

图 4.11(c) 为电流的相量图。$I = 5.59 \neq I_1 + I_2 = 2.5 + 5$，即 $\displaystyle\sum_{k=1}^{n} I_k \neq 0$。

4.4 相量模型、阻抗和导纳

相量模型是一种运用相量分析方法方便地对正弦稳态电路进行分析、计算的假想模型，建立相量模型是分析正弦稳态电路的重要步骤。

对于含有多个元件但不含独立电源的单口网络，可以求得端口的电压相量与电流相量的比值，从而得到阻抗的概念。导纳为阻抗的倒数，阻抗和导纳可以进行等效变换。

4.4.1 相量模型

R、L、C 串联电路如图 4.12(a)所示，图 4.12(b)为其**相量模型**：$R \rightarrow R$，$L \rightarrow j\omega L$，$C \rightarrow \frac{1}{j\omega C}$。该模型中电压、电流都使用相量，$u \rightarrow \dot{U}$，$i \rightarrow \dot{I}$，$u_R \rightarrow \dot{U}_R$，$u_L \rightarrow \dot{U}_L$，$u_C \rightarrow \dot{U}_C$，其参考方向不变。这样的模型是一种假想的模型，是分析正弦交流电路的工具，称为相量模型（phasor model）。

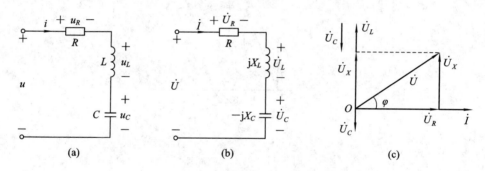

图 4.12 R、L、C 串联电路、相量模型、相量图

4.4.2 阻抗

1. 阻抗

定义阻抗（impedance）**为端口处电压相量与电流相量的比值**，即

$$Z = \frac{\dot{U}}{\dot{I}} = \frac{U \angle \varphi_u}{I \angle \varphi_i} = \frac{U}{I} \angle (\varphi_u - \varphi_i) = |Z| \angle \varphi_Z \tag{4.25}$$

式中，Z 为阻抗；$|Z|$ 称为阻抗的模，其大小为端口电压与电流有效值之比；φ_Z 为阻抗角，$\varphi_Z = \angle (\varphi_u - \varphi_i)$。

阻抗 Z 是复数（也称复数阻抗），也常称为输入阻抗、等效阻抗。阻抗 Z 的 SI 单位是欧姆（Ω）。

分析式（4.25）可得

$$U = |Z| I$$

$$\boxed{\dot{U} = Z\dot{I}} \tag{4.26}$$

式（4.26）称为相量形式的**交流电路欧姆定律**。

分析图 4.12(b)所示 R、L、C 串联电路，利用 KVL 定律的相量形式，有

$$\dot{U} = \dot{U}_R + \dot{U}_L + \dot{U}_C = R\dot{I} + j\omega L\dot{I} + \frac{1}{j\omega C}\dot{I} = \left(R + j\omega L + \frac{1}{j\omega C}\right)\dot{I}$$

$$= \left[R + j\left(\omega L - \frac{1}{\omega C}\right)\right]\dot{I} = [R + j(X_L - X_C)]\dot{I}$$

端口阻抗为

$$Z = \frac{\dot{U}}{\dot{I}} = R + j\left(\omega L - \frac{1}{\omega C}\right) = R + jX = |Z| \angle \varphi_Z \qquad (4.27)$$

式(4.27)中 Z 的实部是 R，虚部为 X，是电抗：

$$X = \omega L - \frac{1}{\omega C} = X_L - X_C \qquad (4.28)$$

式(4.27)中阻抗模为

$$|Z| = \sqrt{R^2 + X^2} = \sqrt{R^2 + \left(\omega L - \frac{1}{\omega C}\right)^2} \qquad (4.29)$$

式(4.27)中阻抗角为

$$\varphi_Z = \arctan \frac{X}{R} \qquad (4.30)$$

R、L、C 串联电路的阻抗既可以利用端口电压相量与电流相量的比值求出，也可以利用各元件的相量模型的串联关系仿照电阻串联形式直接求得，如式(4.27)所示。

2. 电路的性质

分析式(4.27)得到 R、L、C 串联电路有以下**三种不同性质**：

(1) 当 $X > 0$，$\varphi_Z > 0$，即 $X_L > X_C$ 时，电路呈感性，电压超前电流。

(2) 当 $X < 0$，$\varphi_Z < 0$，即 $X_L < X_C$ 时，电路呈容性，电压滞后电流。

(3) 当 $X = 0$，$\varphi_Z = 0$，即 $X_L = X_C$ 时，电路呈电阻性，电压与电流同相位。

[**例 4.6**] 如图 4.13(a)所示，已知端口电压 $u(t) = 20\sqrt{2}\sin(100t + 53.1°)$V，$i(t) = 2\sqrt{2}\sin100t$ A，求：该网络的等效阻抗、等效电路及电路的性质。

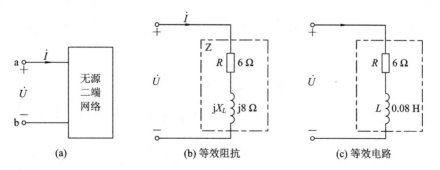

图 4.13 例 4.6 图

解 由题可得电压与电流相量为

$$\dot{U} = 20\angle 53.1° \text{ V}, \quad \dot{I} = 2\angle 0° \text{ A}$$

$$Z = \frac{\dot{U}}{\dot{I}} = R + jX = \frac{20\angle 53.1°}{2} = 10\angle 53.1° = (6 + j8)\,\Omega$$

因 $X = 8\ \Omega > 0$，所以电路呈感性，等效电路为 $R = 6\ \Omega$ 的电阻与一个感抗 $X_L = 8\ \Omega$ 的电感元件串联，等效阻抗如图 4.13(b)所示，其等效电感为

$$L = \frac{X_L}{\omega} = \frac{8}{100} = 0.08 \text{ H}$$

等效电路如图 4.13(c)所示。

3. 阻抗三角形与电压三角形

式(4.29)和式(4.30)分别为

$$|Z| = \sqrt{R^2 + X^2}, \qquad \varphi_Z = \arctan \frac{X}{R}$$

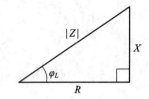

图 4.14 阻抗三角形

由式(4.29)知，R、X、$|Z|$ 构成一个直角三角形，称为**阻抗三角形**，如图 4.14 所示。

画相量图时，常选择一个相量画在实轴上作为参考相量（参考相量的辐角设为零），其他相量以它为基准。**串联电路中常以电流为参考相量**。根据上节得到的各元件与电流的相位关系，画出 $\dot{U}_R$、$\dot{U}_L$（超前电流 90°）和 $\dot{U}_C$（滞后电流 90°），三者相量相加就得到总电压 $\dot{U}$，如图 4.12(c)所示，为 R、L、C 串联电路呈感性时的相量图。可以看出 $\dot{U}$、$\dot{U}_R$ 及 $\dot{U}_X$（$\dot{U}_X = \dot{U}_L - \dot{U}_C$）构成一个直角三角形，如图 4.15 所示，称为**电压三角形**。从图中可得 $U = \sqrt{U_R^2 + U_X^2} = \sqrt{U_R^2 + (U_L - U_C)^2}$。

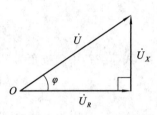

图 4.15 电压三角形

图 4.15 中将电压三角形的各边长除以电流 I，即可以得到阻抗三角形，所以电压三角形和阻抗三角形是相似三角形。图 4.14 中阻抗角为总电压与电流的相位差角 $\varphi_Z = \varphi_u - \varphi_i = \varphi$。

在正弦交流电路中应用相量模型后，直流电路的分析方法都可以在正弦交流电路中采用，只是将电阻、电压、电流改为阻抗、电压相量和电流相量，这就是正弦交流电路的计算方法。阻抗串联后，等效阻抗和电阻串联相似，但计算时需使用复数运算的方法。

4.4.3 导纳

将端口电流相量与电压相量的比值称为导纳（admittance），常用 Y 表示，单位为西门子(S)，即

$$Y = \frac{\dot{I}}{\dot{U}} \tag{4.31}$$

导纳为复数，也称为等效导纳。它的表示形式有代数形式，还有极坐标指数形式，二者可以相互转换：

$$Y = \frac{I \angle \varphi_i}{U \angle \varphi_u} = \frac{I}{U} \angle (\varphi_i - \varphi_u) = G + jB = \sqrt{G^2 + B^2} \angle \arctan \frac{B}{G} = |Y| \angle \varphi_Y = |Y| e^{j\varphi_Y} \tag{4.32}$$

式中，G 是导纳的实部，称为电导；B 是导纳的虚部，称为电纳；$|Y|$ 称为导纳的模，φ_Y 称为导纳角。导纳也是阻抗的倒数。从式(4.32)可得

$$|Y| = \sqrt{G^2 + B^2}, \qquad \varphi_Y = \arctan \frac{B}{G} \tag{4.33}$$

G、B、$|Y|$ 关系构成一个三角形，称为**导纳三角形**，如图 4.16 所示。

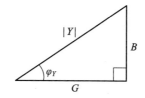

图 4.16　导纳三角形

并联电路常用导纳进行分析计算。分析导纳 Y，电路有以下**三种不同性质**：

(1) 当 $\omega C > \dfrac{1}{\omega L}$ 时，$B>0$，$\varphi_Y>0$，电流超前电压，电路呈容性；

(2) 当 $\omega C < \dfrac{1}{\omega L}$ 时，$B<0$，$\varphi_Y<0$，电流滞后电压，电路呈感性；

(3) 当 $\omega C = \dfrac{1}{\omega L}$ 时，$B=0$，$\varphi_Y=0$，电流与电压同相位，电路为电阻性。

[例 4.7]　图 4.17(a)所示为 R、L、C 并联电路。(1) 求总电流 $\dot I$、电路的导纳及性质；
(2) 画出电流相量图。

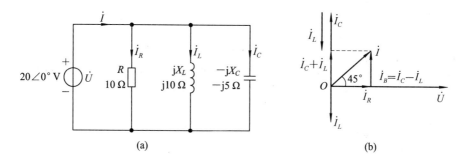

图 4.17　例 4.7 电路图

解　三个元件为并联连接，各元件电压相同，均为 $\dot U = 20\angle 0° \text{ V}$。

(1) 利用 KCL 的相量形式可有

$$\dot I = \dot I_R + \dot I_L + \dot I_C = \frac{\dot U}{R} + \frac{\dot U}{jX_L} + \frac{\dot U}{-jX_C} \tag{4.34}$$

总电流可以由式(4.34)求得

$$\dot I = \frac{20\angle 0°}{10} + \frac{20\angle 0°}{j10} + \frac{20\angle 0°}{-j5} = 2 - j2 + j4 = 2 + j2 = 2\sqrt{2}\angle 45° \text{ A}$$

$$Y = \frac{\dot I}{\dot U} = \frac{2\sqrt{2}\angle 45°}{20\angle 0°} = 0.1\sqrt{2}\angle 45° = (0.1 + j0.1)\text{S}$$

因 $B>0$，$\varphi_Y=45°>0$，所以电流超前电压，电路呈容性。

还可先求并联电路的总导纳或总阻抗，再利用 $\dot I = Y\dot U$ 或 $\dot I = \dfrac{\dot U}{Z}$ 求得总电流。读者可自行练习。

(2) 利用相量图，由几何关系也可求得总电流。**并联电路做图时常选择电压相量作为参考相量，画在实轴上**，其他相量以它为基准。电流相量图如图 4.17(b)所示。该电路为容性的相量图，从图中可以看出 $\dot I$、$\dot I_R$（即 $\dot I_G$）及 $\dot I_B$ 构成一个直角三角形，称为**电流三角形**。

有 $I=\sqrt{I_G^2+I_B^2}=\sqrt{I_G^2+(I_C-I_L)^2}$。

[**例 4.8**] 电路如图 4.18(a)所示，已知 $\omega=10\ \text{rad/s}$，试求含受控源电路的输入阻抗。

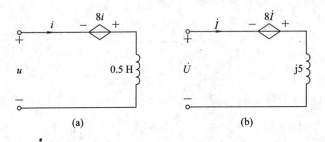

图 4.18 例 4.8 电路图

解 做出相量模型如图 4.18(b)所示。

设端电压、端电流分别为 $\dot{U}$、$\dot{I}$，利用 KVL 的相量形式，有

$$\dot{U}=-8\dot{I}+\text{j}5\dot{I},\quad Z=\frac{\dot{U}}{\dot{I}}=-8+\text{j}5=9.4\angle148°\ \Omega$$

根据输入阻抗的值，含受控源的等效电路可以视为一个负电阻和电感的串联，其阻抗角大于 $90°$。

4.4.4 阻抗与导纳的关系

任意复杂的无源二端网络，可以用 Z 或 Y 等效。等效阻抗的最简单的电路模型，为电阻与电抗串联；等效导纳的简单电路模型，为电导与电纳并联。

当端口电压与电流取关联参考方向时，等效阻抗 $Z=\dfrac{\dot{U}}{\dot{I}}$，等效导纳 $Y=\dfrac{\dot{I}}{\dot{U}}$，二端网络的等效阻抗和等效导纳互为倒数，即

$$Y=\frac{1}{Z}\quad\text{或}\quad Z=\frac{1}{Y}\tag{4.35}$$

若已知阻抗 $Z=R+\text{j}X=|Z|\angle\varphi_Z$，利用式(4.35)求出 Y：

$$Y=\frac{1}{Z}=\frac{1}{R+\text{j}X}=\frac{R-\text{j}X}{R^2+X^2}=\frac{R}{R^2+X^2}-\text{j}\frac{X}{R^2+X^2}=G+\text{j}B$$

上式中

$$G=\frac{R}{R^2+X^2},\quad B=-\frac{X}{R^2+X^2}\tag{4.36}$$

或 $Y=\dfrac{1}{|Z|\angle\varphi_Z}=|Y|\angle\varphi_Y$，可得到 $|Y|=\dfrac{1}{|Z|}$，$\varphi_Y=-\varphi_Z$。

第 4 章阻抗与导纳的例题.docx

注意：一般情况下，$G\neq\dfrac{1}{R}$（G 并非是 R 的倒数），$B\neq$

$\dfrac{1}{X}$，应根据 $Y=\dfrac{1}{Z}$ 来推导。

式(4.36)中的 R、G、X、B 等均为 ω 的函数。所以等效相量模型只能用来计算某一指定频率下的正弦稳态响应。

4.5 正弦稳态电路的相量分析法

正弦稳态电路相量分析法，就是首先建立相量模型，然后运用电阻电路分析所用的方法，如网孔电流法、节点电压法及戴维南定理等进行分析，不同的是电流、电压要用相量表示，电阻用阻抗表示，计算用复数来计算，也可借助相量图来分析。

4.5.1 网孔法的应用

[**例 4.9**] 电路如图 4.19(a)所示，已知 $\dot{I}_S = 2\angle 0° A$，利用网孔电流法求电流 $\dot{I}_1$ 和 $\dot{I}_2$。

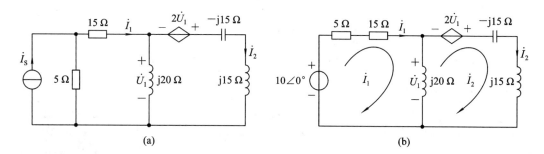

图 4.19 例 4.9 电路图

解 因为图 4.19(a)电路中电流源 $\dot{I}_S$ 与 5 Ω 电阻并联，利用电源等效法可将其等效为 $10\angle 0°$ V 电压源与 5 Ω 电阻串联，如图 4.19(b)所示。两个网孔电流为 $\dot{I}_1$、$\dot{I}_2$，列写网孔方程

$$\begin{cases} (5+15+j20)\dot{I}_1 - j20\dot{I}_2 = 10\angle 0° \\ -j20\dot{I}_1 + (j20-j15+j15)\dot{I}_2 = 2\dot{U}_1 \end{cases}$$

补充受控电压源的控制量与网孔电流之间关系的辅助方程：

$$\dot{U}_1 = j20(\dot{I}_1 - \dot{I}_2)$$

解方程组，可求得

$$\dot{I}_1 = \dot{I}_2 = \frac{1}{2}\angle 0° \ A$$

4.5.2 节点法的应用

[**例 4.10**] 电路如图 4.20(a)所示，已知：$u_S = 3\sqrt{2}\sin(10^3 t)$ V，$i_S = 2.5\sqrt{2}\sin(10^3 t)$ A。试用节点分析法求电路中的电压 u_C 和电流 i_L。

解 先做出图 4.20(a)电路的相量模型，如图 4.20(b)所示。注意列节点电压方程时，与电流源串联的阻抗元件不出现在节点方程中，列方程时用自导纳和互导纳，节点方程为

$$\begin{cases} \dot{U}_1 = 3\angle 0° \\ -\frac{1}{2}\dot{U}_1 + \left(\frac{1}{2} + \frac{1}{j2} + \frac{1}{-j1}\right)\dot{U}_2 - \frac{1}{-j1}\dot{U}_3 = 0 \\ -\frac{1}{-j1}\dot{U}_2 + \left(\frac{1}{-j1} + \frac{1}{4}\right)\dot{U}_3 = 2.5\angle 0° \end{cases}$$

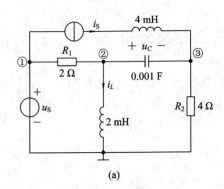 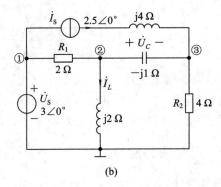

图 4.20　例 4.10 电路图

解方程，得

$$\dot{U}_2 = 4.53\angle40°\ \text{V}, \qquad \dot{U}_3 = 3.4\angle21°\ \text{V}$$

$$\dot{U}_C = \dot{U}_2 - \dot{U}_3 = 1.72\angle80°\ \text{V}, \qquad \dot{I}_L = \frac{\dot{U}_2}{\text{j}2} = 2.27\angle(-50°)\text{A}$$

将相量还原成正弦量得

$$u_C = 1.72\sqrt{2}\ \sin(10^3t + 80°)\text{V}, \qquad i_L = 2.27\sqrt{2}\ \sin(10^3t - 50°)\text{A}$$

例 4.10 对应的图 4.20 电路也可以利用叠加定理的方法求解，读者可自行练习。

4.5.3　戴维南定理的应用

第 4 章　叠加定理
应用例题. ppt

直流电路中的电源模型等效变换同样适用于正弦稳态电路的分析。如图 4.19 所示电流源与电阻并联可等效为电压源与电阻串联。同样，一个有源二端网络，也可以等效为戴维南电路或诺顿电路。

　　[例 4.11]　电路如图 4.21(a)所示，利用戴维南定理求：(1) 开路电压 $\dot{U}_\text{OC}$；(2) 等效内阻抗 Z_eq；(3) $\dot{U}_\text{ab}$ 和电流 $\dot{I}_\text{ab}$。

　　解　(1) 求开路电压 $\dot{U}_\text{OC}$。

　　将 a、b 端断开，电路如图 4.21(b)所示，因为 $\dot{I}=0$，所以电容 $-\text{j}15\ \Omega$ 上无电压。

$$\dot{U}_\text{OC} = 2\dot{U}_1 + \dot{U}_1 = 3\dot{U}_1$$

利用分压公式有

$$\dot{U}_1 = \frac{\text{j}20}{20 + \text{j}20} \times 10\angle0° = 5\sqrt{2}\angle45°\ \text{V}$$

$$\dot{U}_\text{OC} = 3\dot{U}_1 = 3 \times 5\sqrt{2}\angle45° = 15\sqrt{2}\angle45°\ \text{V}$$

　　(2) 求等效内阻抗 Z_eq。

　　因为网络有受控源，不能利用阻抗的串、并联公式求 Z_eq。利用外加电压源法，将内部的独立源置零后得到等效电路如图 4.21(c)所示，由阻抗定义 $Z_\text{eq} = \dfrac{\dot{U}}{\dot{I}}$，对端口利用 KVL，有

$$\dot{U} = -\text{j}15\dot{I} + 3\dot{U}_1$$

而

$$\dot{U}_1 = \frac{20 \times (\text{j}20)}{20 + \text{j}20}\dot{I} = (10 + \text{j}10)\dot{I}$$

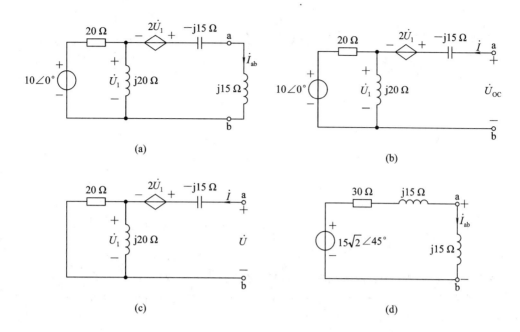

图 4.21　例 4.11 电路图

$$\dot{U} = -j15\dot{I} + 3(10 + j10)\dot{I} = (30 + j15)\dot{I}$$

所以
$$Z_{eq} = \frac{\dot{U}}{\dot{I}} = (30 + j15)\Omega$$

（3）求 $\dot{U}_{ab}$ 和电流 $\dot{I}_{ab}$。等效电路如图 4.21(d)所示。

$$\dot{I}_{ab} = \frac{\dot{U}_{OC}}{Z_{eq} + Z} = \frac{15\sqrt{2}\angle 45°}{30 + j15 + j15} = \frac{15 + j15}{30 + j30} = \frac{1}{2}\ A$$

$$\dot{U}_{ab} = \dot{I}_{ab} \times 15j = \frac{15}{2}j = 7.5\angle 90°\ V$$

4.5.4　相量图法的应用

在电工、电子技术中往往会遇到只需计算有效值的问题和只需计算相位差的问题，求解这类问题时可以利用相量图法，即先定性地画出相量图，然后根据图形的特征解决问题。

［例 4.12］　在如图 4.22(a)所示正弦稳态电路中，电流表 A、A_1、A_2 的指示均为有效值，若 A 为 10 A，A_1 为 8 A，求电流表 A_2 的读数。

解　在解题时，初学者往往容易发生这样的错误：认为电流表 A_2 的读数是 10 A－8 A＝2 A。实际上汇集在节点处电流的有效值一般是不满足 KCL 定律的，即 $I \neq I_1 + I_2$；满足 KCL 定律的是电流有效值相量，即 $\dot{I} = \dot{I}_1 + \dot{I}_2$。

方法一：相量图法。电路相量模型见图 4.22(b)。因为是并联电路，所以以电压为参考相量。设电压 $\dot{U} = U\angle 0°$，在水平方向作 $\dot{U}$ 相量。因电阻的电压、电流同相，故相量 $\dot{I}_1$ 与 $\dot{U}$ 同相；因电感的电流滞后电压 90°，故画相量 $\dot{I}_2$ 垂直 $\dot{U}$ 且滞后 $\dot{U}$ 90°，如图 4.22(c)所示。相量 $\dot{I}_1$、$\dot{I}_2$ 所构成的平行四边形的对角线为 $\dot{I}$，是图 4.22(c)中直角三角形的斜边，所以未知电流 $\dot{I}_2$ 的有效值 $I_2 = \sqrt{I^2 - I_1^2} = \sqrt{10^2 - 8^2} = 6$ A，故电流表 A_2 的读数为 6 A。

方法二：此题也可以用相量解析法计算，作为读者的课后练习。

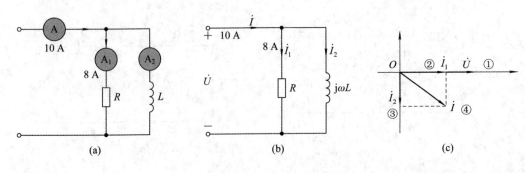

图 4.22　例 4.12 电路图

4.6　实际应用

在电子仪器与测量中，常常利用交流电桥电路测量电感或电容。

交流电桥电路如图 4.23(a)所示。电桥平衡条件与电阻电桥电路相似，所以当 $\dot{I}=0$ 时，交流电桥平衡，即

$$Z_2 Z_4 - Z_1 Z_3 = 0 \Rightarrow Z_2 Z_4 = Z_1 Z_3 \tag{4.37}$$

可以利用式(4.37)测量电感或电容。如图 4.23(b)所示，已知 C、R_3 的大小，R_1 为可调电阻，并可知其阻值，未知电感为 L_x。调电阻 R_1 的大小，使电流表的读数为零。那么有

$$R_1 R_3 = Z_2 Z_4 = j\omega L_x \cdot \frac{1}{j\omega C}$$

$$L_x = R_1 R_3 C$$

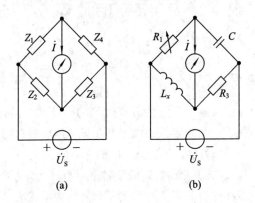

(a)　　　　(b)

图 4.23　交流电桥电路

利用该方法也可以测量电容。

在实验室里可以利用三电压表法来测定未知交流电路的参数。

[**例 4.13**]　在图 4.24(a)所示电路中，为测定某电感线圈的参数 L_2 和 R_2，将待测元件与已知的电阻元件 R_1 串联，并接在正弦交流电源两端。用交流电压表测电源两端电压为 220 V，电阻 R_1 和线圈两端的电压分别为 110 V、176 V。并且知道电阻 $R_1 = 55$ Ω，电源的工频 $f = 50$ Hz，试求线圈的参数 L_2 和 R_2。

解　交流电压表的读数都是有效值，因为是串联电路，所以以电流相量 $\dot{I}$ 为参考相量。

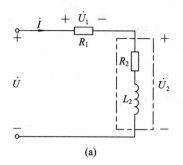 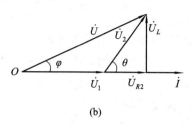

(a)　　　　　　　　　(b)

图 4.24　例 4.13 电路图

方法一：此题利用相量代数法解比较简便。I 为电流的有效值，$I = U_1/R_1 = 110/55 = 2$ A。令 $\dot{I} = 2\angle 0°$，端电压相量 $\dot{U} = U\angle\varphi = 220\angle\varphi$，电感线圈两端电压相量 $\dot{U}_2 = U_2\angle\theta = 176\angle\theta$，列方程：

$$\dot{I}[R_1 + (R_2 + j\omega L_2)] = 220\angle\varphi$$
$$\dot{I}(R_2 + j\omega L_2) = 176\angle\theta$$

由 $U = |Z|I$ 得

$$2\sqrt{(R_1 + R_2)^2 + (\omega L_2)^2} = 220$$
$$2\sqrt{R_2^2 + (\omega L_2)^2} = 176$$

联立以上两式，可解得 R_2 和 L_2：

$$R_2 = 12.1\ \Omega, \quad L_2 = 277.6\ \text{mH}$$

方法二：画相量图进行分析。以电流 $\dot{I}$ 为参考相量，绘相量图。电阻 R_1 的电压 $\dot{U}_1$ 与电流同相，电阻 R_2 的电压 $\dot{U}_{R2}$ 也与电流同相，电感 L_2 的电压 $\dot{U}_L$ 超前电流 $90°$，$\dot{U}_{R2}$ 和 $\dot{U}_L$ 之和为 $\dot{U}_2$，长度为 176，见图 4.24(b)；电阻 R_1 的电压 $\dot{U}_1$ 与 $\dot{U}_2$ 之和为 $\dot{U}$。

由余弦定理可以求得

$$U^2 = U_1^2 + U_2^2 - 2U_1 U_2 \cos(180° - \theta) = U_1^2 + U_2^2 + 2U_1 U_2 \cos\theta$$
$$\cos\theta = 0.1376$$
$$\theta = 82.1°$$
$$I = U_1/R_1 = 110/55 = 2\ \text{A}$$
$$|Z_2| = U_2/I = 176/2 = 88\ \Omega$$

利用阻抗三角形，可求得

$$R_2 = |Z_2|\cos\theta = 12.1\ \Omega$$
$$X_2 = |Z_2|\sin\theta = 87.16\ \Omega$$
$$L_2 = X_2/(2\pi f) = 277.6\ \text{mH}$$

正弦稳态分析具有广泛的理论及实际意义。在生活和工程实践中，许多电气设备的性能指标是按正弦稳态来考虑的：交流发电机产生的是正弦电压，电力系统中大多数是正弦稳态电路；无线电通信以及电视广播中的载波也是正弦波；自控和计算机中常遇到的非正弦周期波，也可以借助傅里叶级数分解为一系列不同频率的正弦波。因此正弦稳态分析具有实际意义。

4.7 计算机辅助电路分析

利用 Multisim 软件分析交流电路,需要利用交流电压表、电流表测电压和电流的有效值,利用波特图仪得到电路的相频特性,测出电路的电压相量。

[例 4.14] 在图 4.25(a)所示电路中,已知 $u=100\sqrt{2}\sin(5000t)\,\mathrm{V}$,$R=15\,\Omega$,$L=12\,\mathrm{mH}$,$C=5\,\mu\mathrm{F}$,求电路中的 $\dot{I}$、$\dot{U}_R$、$\dot{U}_L$、$\dot{U}_C$。

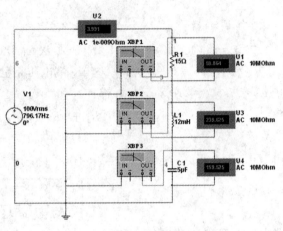

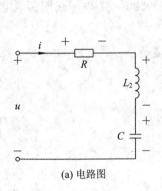

(a) 电路图

(b) 用仪表测电压电流有效值及相位

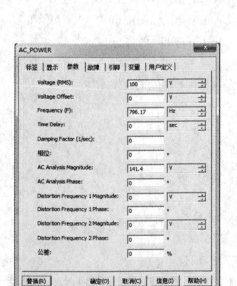

(c) 对交流电压源进行设置

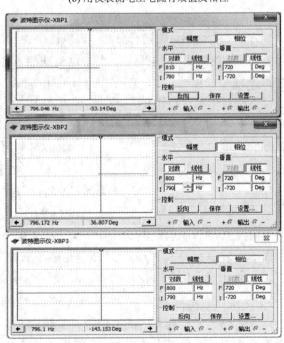

(d) 用波特仪测得三个电压的相位

图 4.25 例 4.14 电路图

解 图 4.25(a)电路的阻抗为

$$Z = R + \mathrm{j}\omega L - \mathrm{j}\frac{1}{\omega C}$$

代入已知数据，求得

$$Z = 15 + \mathrm{j}60 - \mathrm{j}40 = 15 + \mathrm{j}20 = 25\angle 53.1° \ \Omega$$

电路中的电流相量为

$$\dot{I} = \frac{\dot{U}}{Z} = \frac{100\angle 0°}{25\angle 53.1°} = 4\angle(-53.1°)\,\mathrm{A}$$

第 4 章例题 4.14 计算机
软件仿真.wmv

各元件上电压相量分别为

$$\dot{U}_R = R\dot{I} = 60\angle -53.1° \ \mathrm{V}, \quad \dot{U}_L = 240\angle 36.9° \ \mathrm{V}, \quad \dot{U}_C = 160\angle -143.1° \ \mathrm{V}$$

利用 Multisim 软件中仪表测量交流电路如图 4.25(b)所示。用电压电流表的 AC 挡测出电压电流的有效值，在测量前首先要对交流电源 AC – POWER 进行设置，如图 4.25(c)所示，设置有效值为 100 V，频率为 5000/6.28，初相位为 0°。用波特图仪测量各电压的初相位，仿真运行后双击图 4.25(b)中的波特图仪，出现图 4.25(d)所示窗口，点击"相位"，设置开始频率和终止频率，调节游标位置为输入电压的频率"796.17Hz"，垂直位置为所求电压在该频率下的相位值。

测得：

$$\dot{U}_R = 59.9\angle(-53.1°)\,\mathrm{V}, \quad \dot{U}_L = 239.6\angle 36.8° \ \mathrm{V}, \quad \dot{U}_C = 159.5\angle(-143.1°)\,\mathrm{V}$$

$$\dot{I} = 3.99\angle(-53.1°)\,\mathrm{A}$$

与计算值基本相同。

4.8 本 章 小 结

1. 正弦量的三要素及其相量表示

正弦量的解析表达式为

$$i(t) = I_{\mathrm{m}}\sin(\omega t + \varphi_i) = \sqrt{2}I\sin(\omega t + \varphi_i)$$

振幅 I_{m}（有效值 I）、角频率 ω（或频率 f 及周期 T）、初相 φ_i 是正弦量的三要素。$\dot{I}_{\mathrm{m}} = \sqrt{2}I\angle\varphi_i(\dot{I} = I\angle\varphi_i)$ 称为电流振幅相量（有效值相量）。正弦量与其相量有着一一对应的关系：$i \xrightarrow{\text{一一对应}} \dot{I}_{\mathrm{m}} = \sqrt{2}I\angle\varphi_i \xrightarrow{\text{一一对应}} \dot{I} = I\angle\varphi$。

2. 两类约束的相量形式

1) 基尔霍夫定律的相量形式

KCL 和 KVL 的相量形式为

$$\sum \dot{I} = 0 \quad \text{和} \quad \sum \dot{U} = 0$$

2) R、L、C 的 VCR 的相量形式

电阻、电感和电容元件上电压与电流之间的相量关系见表 4 – 1，应该很好地理解和掌握。

元件名称	相量关系	有效值关系	相位关系	相量图
电阻 R	$\dot{U}_R = R\dot{I}$	$U_R = RI$	$\varphi_u = \varphi_i$	$\dot{I}_R \quad\quad \dot{U}_R$
电感 L	$\dot{U}_L = jX_L\dot{I}$	$U_L = X_L I$	$\varphi_u = \varphi_i + 90°$	$\dot{U}_L \quad\quad \dot{I}_L$
电容 C	$\dot{U}_C = -jX_C\dot{I}$	$U_C = X_C I$	$\varphi_u = \varphi_i - 90°$	$\dot{I}_C \quad\quad \dot{U}_C$

3. 阻抗、导纳、相量模型

1）阻抗和导纳

无源二端网络：$Z = \dfrac{\dot{U}}{\dot{I}} = |Z| \angle \varphi_Z$ 称为阻抗；$Y = \dfrac{\dot{I}}{\dot{U}} = |Y| \angle \varphi_Y$ 称为导纳。Z 和 Y 满足互为倒数关系。当 $\varphi_Z > 0$ 或 $\varphi_Y < 0$ 时，电路呈电感性；当 $\varphi_Z < 0$ 或 $\varphi_Y > 0$ 时，电路呈电容性；当 $\varphi_Z = \varphi_Y = 0$ 时，电路呈电阻性。

2）阻抗和导纳的转换

$$Z = R + jX$$

则

$$Y = \frac{1}{Z} = \frac{1}{R + jX} = \frac{1}{R^2 + X^2} + j\left(\frac{-X}{R^2 + X^2}\right) = G + jB$$

表明一个由电阻 R 和电抗 X 相串联的阻抗可等效成一个由电导 G 和电纳 B 相并联的导纳。

3）相量模型

在正弦稳态情况下，将时域模型中的正弦量表示为相量，无源元件参数表示为阻抗或导纳，这样得到的模型称为电路的相量模型。相量模型与时域模型具有相同的电路结构，其中 $R \to R$，$L \to j\omega L$，$C \to \dfrac{1}{j\omega C}$；该模型中电压、电流都使用正弦量，$u \to \dot{U}$，$i \to \dot{I}$，$u_R \to \dot{U}_R$，$u_L \to \dot{U}_L$，$u_C \to \dot{U}_C$，其参考方向不变。

4. 正弦稳态电路的相量分析法

1）网孔分析法

主要以网孔电流相量为求解变量列方程组来求解，列方程时方法同电阻电路，不同的是要利用自阻抗、互阻抗和电流的相量。

2）节点分析法

以节点电压相量为求解变量列方程组求解，列方程的方法同电阻电路，不同的是要利用自电导、互电导和电压相量。

3）电源变换及戴维南定理的应用

一个电压源与一个阻抗串联的电路可以等效为一个电流源与一个阻抗并联的电路。

含源二端网络的等效电路为戴维南等效电路，即等效为开路电压 $\dot{U}_{OC}$ 和等效阻抗 Z_{eq} 串联；也可等效为短路电流 $\dot{I}_{sc}$ 和等效阻抗 Z_{eq} 并联，即为诺顿等效电路。

4）相量图法

相量图法是通过作电流、电压的相量图求得未知相量的。画相量图时要选择参考相量，令该相量的初相为零。通常，对于串联电路，选择电流相量作为参考相量；对于并联电路，选择电压相量作为参考相量。从参考相量出发，利用元件 VCR 及 KCL、KVL 确定有关电流、电压间的相量关系，定性画出相量图。再利用相量图表示的几何关系，求得所需的电流、电压相量。

习　题　4

4.1　判断题

(1) 因为正弦量可以用相量来表示，所以说相量就是正弦量。　　　　　　　　(　　)

(2) 一电容器耐压是 300 V，可以将其接到有效值为 220 V 的正弦交流电流上使用。

　　　　　　　　　　　　　　　　　　　　　　　　　　　　　　　　　　　(　　)

(3) 工频电压有效值和初始值都为 220 V，则该电压的瞬时值表达式为 $u=311\sin(314t+45°)$ V。　　　　　　　　　　　　　　　　　　　　　　　　　　　　　　(　　)

(4) 正弦交流电流 $i=I_m\sin(314t+70°)$ A，电压 $u=U_m\sin(618t+30°)$ V，则电流超前电压。　　　　　　　　　　　　　　　　　　　　　　　　　　　　　　　　　(　　)

(5) R、L、C 并联电路中复数导纳虚部大于零，电路的性质呈现为感性。　　(　　)

(6) 某电路的阻抗为 $Z=(5+j8)\Omega$，则导纳 $Y=\left(\dfrac{1}{5}+j\dfrac{1}{8}\right)$ S。　　　　　　(　　)

(7) 某同学做日光灯电路实验时，测得灯管两端电压为 110 V，镇流器两端电压为 190 V，两电压之和大于电源电压 220 V，说明该同学测量数据错误。　　　　　　(　　)

4.2　填空题

(1) 有两个正弦交流电流 $i_1=70.7\sin(314t-30°)$ A，$i_2=60\sin(314t+60°)$ A，则两电流的有效相量 $\dot{I}_1=$ _____ A(极坐标形式)，$\dot{I}_2=$ _____ A(指数形式)。

(2) 某元件两端电压和通过的电流分别为：$u=5\sin(200t+90°)$ V，$i=2\cos200t$ A，则该元件代表的是_____元件。

(3) 在纯电容电路中，已知 $u=10\sqrt{2}\sin(100t+30°)$ V，$C=20\ \mu$F，则该电容元件的容抗 $X_C=$ _____ Ω，流经电容元件的电流 $I=$ _____ A。

(4) 已知某交流电路，电源电压 $u=100\sqrt{2}\sin(\omega t-30°)$ V，电路中通过的电流 $i=\sqrt{2}\sin(\omega t-90°)$ A，则电压和电流之间的相位差是_____，电路的性质为_____。

(5) 题 4.2-5 中，各电压表指示为有效值，电压表 V_2 的读数为_____。

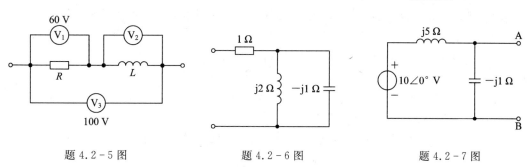

题 4.2-5 图　　　　　　题 4.2-6 图　　　　　　题 4.2-7 图

(6) 题 4.2-6 中，等效输入阻抗 $Z=$ _____，输入导纳 $Y=$ _____。

(7) 题 4.2-7 中，a、b 端的诺顿等效短路电流是 _____。

4.3 选择题

(1) 通常用交流仪表测量的是交流电源、电压的（　　　　）。

A. 幅值　　　　　B. 平均值　　　　　C. 有效值　　　　　D. 瞬时值

(2) R、L、C 三个理想元件串联，若 $X_L > X_C$，则电路中的电压、电流关系是（　　　　）。

A. u 超前 i　　　B. i 超前 u　　　C. 同相　　　D. 反相

(3) 下列表达式中，仅有（　　　　）式正确。

A. $\dfrac{u}{i}=x_L$　　　B. $\dfrac{u}{i}=R$　　　C. $\dfrac{\dot U}{\dot I}=-\mathrm{j}\dfrac{1}{\omega C}$　　　D. $\dot I=\mathrm{j}\dfrac{\dot U}{\omega C}$

(4) 下列表达式中，错误的是（　　　　）。

A. $u_L=L\dfrac{\mathrm{d}i_L}{\mathrm{d}t}$　　　B. $\dot I=-\mathrm{j}\dfrac{\dot U}{\omega L}$　　　C. $\dot U=\mathrm{j}\omega L\dot I$　　　D. $\dot U=X_L\dot I$

(5) 已知无源二端网络输入端的电压和电流分别为 $u(t)=110\sqrt{2}\,\sin(314t+10°)\,\mathrm{V}$，$i(t)=22\sqrt{2}\,\sin(314t+70°)\,\mathrm{A}$，题 4.3-5 图中二端网络的等效电路为（　　　　）。

A. R 与 L 串联　　B. R 与 C 串联　　C. L 与 C 串联　　D. L 与 C 并联

(6) 如题 4.3-6 图所示，若感抗 $X_L=5\ \Omega$ 的电感元件上的电压为相量图所示的 $\dot U$，则通过该元件的电流相量 $\dot I=$（　　　　）

A. $5\angle-60°\ \mathrm{A}$　　B. $50\angle120°\ \mathrm{A}$　　C. $2\angle-60°\ \mathrm{A}$　　D. $2\angle30°\ \mathrm{A}$

(7) 题 4.3-7 图中，已知 $I_1=3\ \mathrm{A}$，$I_2=4\ \mathrm{A}$，$I_3=8\ \mathrm{A}$，则 I 等于（　　　　）。

A. $1\ \mathrm{A}$　　　B. $15\ \mathrm{A}$　　　C. $9\ \mathrm{A}$　　　D. $5\ \mathrm{A}$

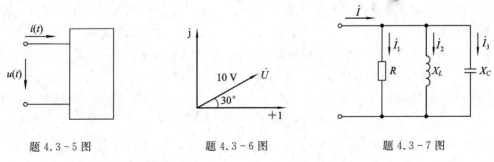

题 4.3-5 图　　　　　题 4.3-6 图　　　　　题 4.3-7 图

4.4 已知正弦电压 $u(t)=311\sin(628t-30°)\,\mathrm{V}$，试求其最大值、有效值、频率、角频率、周期、初相位，并画出其波形图。

4.5 画出下列电压、电流的相量图，并分别写出其对应相量的正弦量的瞬时值表达式。

(1) $\dot U_1=6\mathrm{j}\ \mathrm{V}$；(2) $\dot U_2=10\angle(-40°)\ \mathrm{V}$；(3) $\dot I_3=4\mathrm{e}^{-\mathrm{j}45°}\ \mathrm{A}$；(4) $\dot I_4=(-5-\mathrm{j}5)\ \mathrm{A}$。

4.6 已知 $\dot I_1=6\angle30°\ \mathrm{A}$，$\dot I_2=8\angle120°\ \mathrm{A}$，$\dot U_1=5\angle(-30°)\ \mathrm{V}$，$\dot U_2=5\angle(60°)\ \mathrm{V}$，试用相量图求：

(1) $\dot I=\dot I_1+\dot I_2$，并写出电流 i 的瞬时表达式。

(2) $\dot U=\dot U_1-\dot U_2$，并写出电压的瞬时值表达式。

4.7 某一端口的电压、电流为关联方向，其值分别是下面两种情况时，它可能是什么元件？

$$(1) \begin{cases} u(t)=10 \sin(100t) \text{V} \\ i(t)=2 \cos(100t) \text{A} \end{cases} \qquad (2) \begin{cases} u(t)=10\sqrt{2} \sin(314t+45°) \text{V} \\ i(t)=\sqrt{2} \sin(314t) \text{A} \end{cases}$$

4.8 在串联交流电路中，下列三种情况下电路中的 R 和 X 各为多少？指出电路的性质和电压对电流的相位差。

(1) $Z=(8+j6)$ Ω；(2) $\dot{U}=90\angle 20°$ V，$\dot{I}=3\angle 20°$ A；(3) $\dot{U}=100\angle(-20°)$ V，$\dot{I}=5\angle 25°$ A。

4.9 电路如题 4.9 图所示，试确定方框内最简单串联组合的元件值。

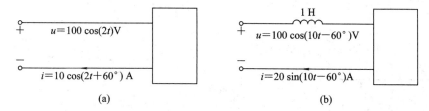

(a)   (b)

题 4.9 图

4.10 题 4.10 图所示电路中，已知 $U=10$ V，$R=3$ Ω，$X_L=4$ Ω。求：

(1) X_C 为何值时（$X_C \neq 0$），开关 S 闭合前后，电流 I 的有效值不变，这时的电流是多少？

(2) X_C 为何值时，开关闭合前电流最大，这时电流为多少？

4.11 题 4.11 图中：

(1) 如果已知 $\dot{U}_S=10\angle 0°$ V，$Z_1=2$ Ω，$Z_2=(2+j3)$ Ω，求电路中的电流 $\dot{I}$、$\dot{U}_1$、$\dot{U}_2$；

(2) 如果已知 $U_1=6$ V，$U_2=8$ V，$Z_2=jX_L$，Z_1 为何种元件时，U 最大，最大值是多少？Z_1 为何种元件时，U 最小，最小值是多少？

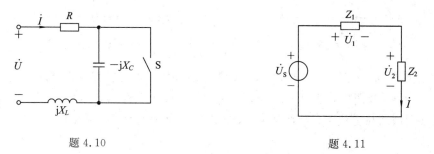

题 4.10   题 4.11

4.12 试求题 4.12 图中，各电路的输入阻抗 Z 和输入导纳 Y。

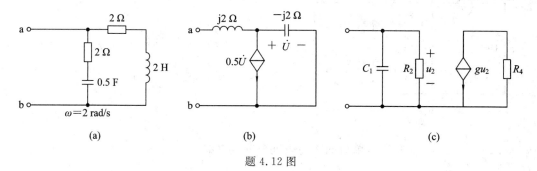

(a)   (b)   (c)

题 4.12 图

4.13 题 4.13 图中，已知 $\dot{I}_1 = 10$ A，试求：$\dot{U}$、$\dot{I}_2$ 及 $\dot{I}$，并做出它们的相量图。

4.14 题 4.14 图中，已知 $i_{S1} = \sqrt{2}\,\sin(\omega t + 30°)$ A，$u_{S1} = 10\sqrt{2}\,\sin\omega t$ V，$u_{S2} = 15\sqrt{2}\,\sin(\omega t + 45°)$V，$\omega = 10^3$ rad/s，试分别用网孔法和节点法求电流 $i_2(t)$。

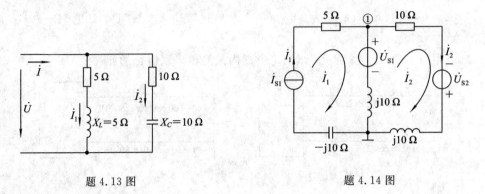

题 4.13 图　　　　　　　　　题 4.14 图

4.15 如题 4.15 图所示，试列写其相量形式的网孔电流方程和节点电压方程。

4.16 试列出题 4.16 图的网孔电流方程。

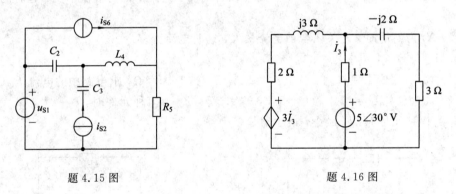

题 4.15 图　　　　　　　　　题 4.16 图

4.17 如题 4.17 图所示，已知 $u_S(t) = 20\sqrt{2}\,\sin(2t)$V，试用节点分析法求电流 $i_x(t)$。

4.18 题 4.18 图中，已知 $\dot{U}_{S1} = 8\angle 0°$ V，$\dot{I}_S = 4\angle 90°$ A，$Z_1 = j4$ Ω，$Z_2 = j3$ Ω，$Z_3 = j3$ Ω，试分别用网孔电流法、节点电压法、叠加定理及戴维南定理求电流 $\dot{I}$、电压 $\dot{U}$。

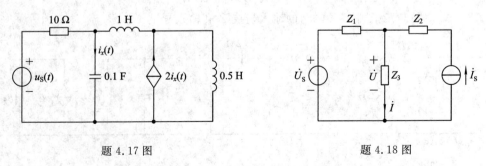

题 4.17 图　　　　　　　　　题 4.18 图

4.19 求题 4.19 图所示单口网络的戴维南等效电路。

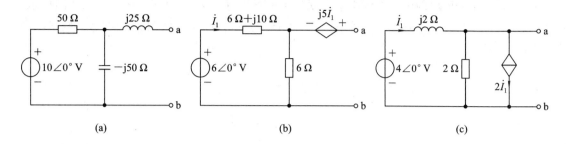

(a)   (b)   (c)

题 4.19 图

4.20　题 4.20 图中，已知 $u_S(t)=\sqrt{2}\sin(2t-45°)$ V，要使流过 R_0 上的稳态电流最大，则 C_0 为何值？

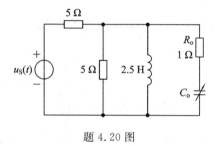

题 4.20 图

4.21　在题 4.21 图中，求未知安培表或伏特表的读数。

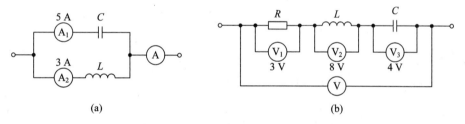

(a)   (b)

题 4.21 图

4.22　已知日光灯电源电压为 220 V，灯管相当于 300 Ω 的电阻，与灯管串联的镇流器相当于感抗为 500 Ω 的电感（内阻忽略不计），试求：日光灯电路的电流 I，灯管两端的电压 U。

4.23　题 4.23 图中，已知：$u=311\sin314t$ V，$i_1=22\sin(314t-45°)$ A，$i_2(t)=11\sqrt{2}\sin(314t+90°)$ A。试求各仪表的读数及电路参数 R、L 和 C。

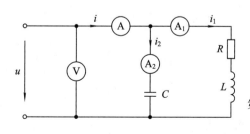

题 4.23 图

第 4 章习题 4.23 解答.wmv

4.24 在电风扇的电动机绕组中串联一个电感进行调速，等效电路如题 4.24 图所示，图中 $R=190\ \Omega$、$X_L=240\ \Omega$，电源电压为 220 V，$f=50$ Hz，要使 $U_{RL}=180$ V，则串联的电感应为多大？

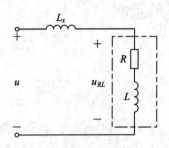

题 4.24 图

4.25 求题 4.25 图所示晶体管电路的诺顿等效电路。

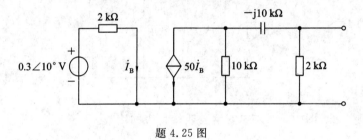

题 4.25 图

第5章 正弦稳态交流电路的功率

第 5 章的知识点.wmv

【内容提要及要求】 本章在分析正弦稳态交流电路的瞬时功率基础上，介绍和讨论有功功率、无功功率、视在功率、复功率及功率因数的概念及计算公式，以及提高功率因数的意义和方法，重点分析了最大功率传输定理；并介绍利用计算机软件对电路进行功率分析的方法。

需理解有功功率、无功功率、视在功率及功率因数的物理意义，熟练掌握它们的计算方法；掌握提高功率因数的方法；熟练掌握交流稳态电路中可变负载获得最大功率的条件及最大功率计算；会利用计算机软件对交流电路进行功率分析。

【重点】 有功功率、无功功率、视在功率及功率因数的物理意义和计算方法；提高功率因数的方法，最大功率传输定理。

【难点】 最大功率传输定理，提高功率因数的方法推导。

5.1 正弦稳态单口网络的功率

正弦稳态电路是由电阻、电感及电容等元件组成的，由于储能元件的作用，正弦稳态电路存在能量消耗和能量交换的情况。本节将从单口网络的瞬时功率出发，给出单口网络的有功功率、无功功率、视在功率(表观功率)、功率因数的概念，并讨论它们的物理意义、相互关系及计算方法。

5.1.1 正弦单口网络的瞬时功率

设正弦稳态交流单口网络 N 的端口电流和电压为关联参考方向，如图 5.1(a)所示，分别为

$$i = \sqrt{2}I \sin\omega t, \quad u = \sqrt{2}U \sin(\omega t + \varphi)$$

单口网络的瞬时功率(instantaneous power)为

$$p = ui = \sqrt{2}U \sin(\omega t + \varphi) \cdot \sqrt{2}I \sin\omega t = 2UI \sin(\omega t + \varphi) \cdot \sin\omega t$$

根据 $\sin\alpha \cdot \sin\beta = \dfrac{1}{2}[\cos(\alpha - \beta) - \cos(\alpha + \beta)]$，上式可写为

$$p = 2UI \cdot \frac{1}{2}[\cos(\omega t + \varphi - \omega t) - \cos(\omega t + \omega t + \varphi)]$$

$$= UI[\cos\varphi - \cos(2\omega t + \varphi)] \tag{5.1}$$

分析式(5.1)，瞬时功率是由两个分量组成的：第一个分量 $UI \cos\varphi$，是与时间无关的

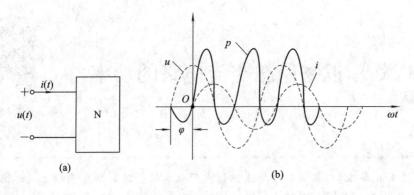

图 5.1 正弦单口网络及瞬时功率波形

恒定分量，第二个分量为正弦分量 $UI\cos(2\omega t+\varphi)$，其频率为电压或电流频率的 2 倍。瞬时功率波形图如图 5.1(b)所示。

式(5.1)还可以利用三角函数 $\cos(\alpha+\beta)=\cos\alpha\cos\beta-\sin\alpha\cdot\sin\beta$ 写为

$$
\begin{aligned}
p &= UI[\cos\varphi-\cos(2\omega t+\varphi)] \\
&= UI\cos\varphi-UI[\cos(2\omega t)\cos\varphi-\sin(2\omega t)\sin\varphi] \\
&= UI\cos\varphi[1-\cos(2\omega t)]+UI\sin\varphi\sin(2\omega t)
\end{aligned}
\tag{5.2}
$$

分析式(5.2)组成：第一部分总是为正，平均值为 $UI\cos\varphi$；第二部分则以角频率 2ω 在横轴上下波动，平均值为零，振幅为 $UI\sin\varphi$。

5.1.2 有功功率和无功功率

1. 有功功率

单口网络的有功功率(active power)也称为平均功率，是瞬时功率在一个周期内的平均值，反映了单口网络消耗能量的速率，用 P 表示为

$$
\begin{aligned}
P &= \frac{1}{T}\int_0^T p\,\mathrm{d}t = \frac{1}{T}\int_0^T UI[\cos\varphi-\cos(2\omega t+\varphi)]\,\mathrm{d}t \\
&= \frac{1}{T}\int_0^T (UI\cos\varphi)\mathrm{d}t - \frac{1}{T}\int_0^T[UI\cos(2\omega t+\varphi)]\mathrm{d}t
\end{aligned}
$$

上式中第二项积分为零，因此单口网络的平均功率也是有功功率为

$$
\boxed{P = UI\cos\varphi}
\tag{5.3}
$$

式(5.3)表明单口网络的有功功率等于端口电压、电流有效值之积，再乘以电压、电流相位差的余弦。其中 $\varphi=\varphi_u-\varphi_i$ 是电压与电流的相位差角。有功功率的单位是瓦(W)。

如果单口网络中不含独立源，φ 是单口网络的阻抗角 φ_Z，则式(5.3)可以写为

$$
\boxed{P = UI\cos\varphi_Z = I^2|Z|\cos\varphi_Z = I^2\mathrm{Re}[Z]}
\tag{5.4}
$$

以及

$$
\boxed{P = UI\cos\varphi_Z = \frac{U^2}{|Z|}\cos\varphi_Z = U^2|Y|\cos(-\varphi_Y) = U^2\mathrm{Re}[Y]}
\tag{5.5}
$$

2. 无功功率

式(5.2)中，第二项中的 $UI\sin\varphi$ 反映单口网络中等效阻抗与外部电路进行能量交换的最大速率，定义为单口网络的无功功率(reactive power)，表示为 Q，即

$$Q = UI \sin\varphi \tag{5.6}$$

无功功率 Q 的单位为乏（var）。

如果单口网络中不含独立源，则 φ 即为单口网络的阻抗角 φ_Z，式（5.6）可以写为

$$Q = UI \sin\varphi_Z = I^2 |Z| \sin\varphi_Z = I^2 \operatorname{Im}[Z] \tag{5.7}$$

以及

$$Q = UI \sin\varphi_Z = \frac{U^2}{|Z|} \sin\varphi_Z = U^2 |Y| \sin(-\varphi_Y) = -U^2 \operatorname{Im}[Y] \tag{5.8}$$

如果单口网络分别只由单个元件 R、L、C 构成，那么单个元件的有功功率和无功功率分别是：

电阻 R：$\varphi = \varphi_u - \varphi_i = 0$，$P_R = UI \cos0° = UI = I^2 R = \dfrac{U^2}{R}$，$Q_R = UI \sin0° = 0$；

电感 L：$\varphi = \varphi_u - \varphi_i = 90°$，$P_L = UI \cos90° = 0$，$Q_L = UI \sin90° = UI = I^2 X_L = \dfrac{U^2}{X_L}$；

电容 C：$\varphi = \varphi_u - \varphi_i = -90°$，$P_C = UI \cos(-90°) = 0$，$Q_C = UI \sin(-90°) = -UI = -I^2 X_C = -\dfrac{U^2}{X_C}$。

可见，电感和电容元件的有功功率都等于零，表明它们都不消耗功率。由 R、L 和 C 多个元件构成的单口网络，其有功功率等于所有电阻消耗的功率之和，即

$P =$ 端口处所接电源提供的平均功率

$=$ 网络内部各电阻消耗的平均功率总和

用公式表示就是

$$P = \sum P_k \tag{5.9}$$

式中，P_k 为第 k 个元件的平均功率。无源单口网络的**有功功率（平均功率）是守恒的。**

由 R、L 和 C 构成的无源单口网络的无功功率也可以利用功率守恒法来计算，即等于网络中所有电抗无功功率之和：

$$Q = Q_L + Q_C \tag{5.10}$$

$$Q = \sum Q_k \tag{5.11}$$

式中，Q_k 为第 k 个元件的无功功率。无源单口网络的无功功率也是守恒的。

5.1.3 视在功率和功率因数

1. 视在功率

在工程中，**视在功率**（apparent power）**定义为端口电压与电流的乘积，用 S 表示，即**

$$S = UI \tag{5.12}$$

视在功率也称为表观功率，其单位为伏安（V·A），工程上也常用千伏安（kV·A）。

视在功率 S 是有功功率的最大值，反映设备的容量。电源设备（如发电机、变压器等）的铭牌上所标的功率通常是指额定视在功率或额定容量，也就是设备的额定电压和额定电流的乘积，即 $S_N = U_N I_N$。额定电压和额定电流的大小是由设备的材料、发热程度及机械强度等因素决定的。

2. 功率因数

有功功率 P 与视在功率 S 的比值定义为功率因数(power factor),用 λ 表示,即

$$\lambda = \frac{P}{S} = \cos\varphi \tag{5.13}$$

功率因数 λ 代表有功功率占视在功率的份额,即电源的利用率。用电设备一般是利用有功功率来进行能量转换的,功率因数越大,有功功率越大,电能利用率越高。

φ 是电压与电流的相位差角,又称功率因数角。由于不论 $\varphi > 0$(感性)还是 $\varphi < 0$(容性),$\cos\varphi$ 的值均为正,不能反映电路是感性还是容性,所以在给出 λ 值的同时,常常说明是滞后还是超前。例如:$\lambda = 0.7$(滞后)表示电流滞后于电压,是感性电路;$\lambda = 0.85$(超前)表示电流超前电压,是容性电路。

5.1.4 功率三角形和复功率

1. 功率三角形

通过有功功率、无功功率、视在功率的定义,由式(5.3)、式(5.6)及式(5.12)可以得到

$$\begin{cases} S = UI = \sqrt{P^2 + Q^2} \\ P = S\cos\varphi \\ Q = S\sin\varphi \\ \lambda = \cos\varphi = \frac{P}{S} \\ \varphi = \arctan\frac{Q}{P} \end{cases} \tag{5.14}$$

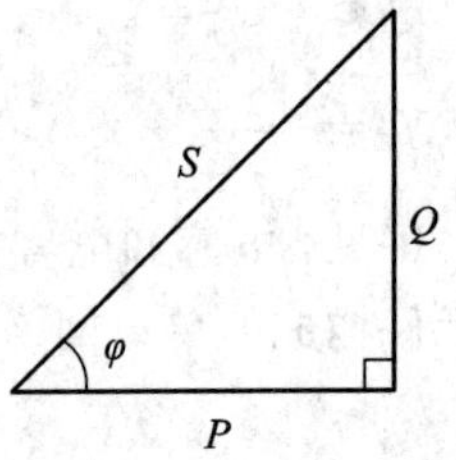

图 5.2 功率三角形

可见,有功功率 P、无功功率 Q 和视在功率 S 构成一个直角三角形,称为功率三角形,如图 5.2 所示。

2. 复功率

设单口网络的端口电压、电流相量分别为

$$\dot{U} = U\angle\varphi_u, \quad \dot{I} = I\angle\varphi_i$$

电流相量的共轭复数为

$$\dot{I}^* = I\angle(-\varphi_i)$$

那么定义复功率为

$$\begin{aligned} \widetilde{S} = \dot{U}\dot{I}^* &= UI\angle(\varphi_u - \varphi_i) = UI\angle\varphi \\ &= UI\cos\varphi + \mathrm{j}UI\sin\varphi \\ &= P + \mathrm{j}Q \\ &= \sqrt{P^2 + Q^2}\angle\arctan\frac{Q}{P} \end{aligned} \tag{5.15}$$

式(5.15)的实部 $P = UI\cos\varphi$ 是有功功率,它是单口网络内各电阻元件所消耗的平均功率的总和;虚部 $Q = UI\sin\varphi$ 是无功功率,它等于单口网络内各动态元件无功功率的代数和。

复功率的代数形式表明复功率是守恒的:

$$\widetilde{S} = \sum \widetilde{S}_k \qquad (5.16)$$

式(5.15)复功率的极坐标形式中,模为视在功率 $S = \sqrt{P^2 + Q^2}$,视在功率是不守恒的。

[**例5.1**] 电路如图 5.3 所示,已知 $\dot{U} = 4\sqrt{2}\angle 0°$ V,求输出电压 $\dot{U}_2$、电路的有功功率、无功功率、视在功率和功率因数。

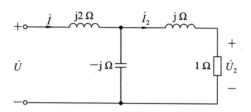

图 5.3　例 5.1 电路图

解　先求电压 $\dot{U}_2$。

电路的阻抗为

$$Z = j2 + \frac{(1+j) \times (-j)}{(1+j) + (-j)} = j2 + 1 - j = 1 + j = \sqrt{2}\angle 45° \ \Omega$$

$$\dot{I} = \frac{\dot{U}}{Z} = \frac{4\sqrt{2}\angle 0°}{\sqrt{2}\angle 45°} = 4\angle(-45°) \ A$$

利用分流公式得

$$\dot{I}_2 = \frac{-j}{1+j-j}\dot{I} = -j \times 4\angle(-45°) = 4\angle(-135°) \ A$$

$$\dot{U}_2 = \dot{I}_2 \times 1 = 4\angle(-135°) V$$

可以利用式(5.3)、式(5.4)、式(5.6)、式(5.7)或式(5.9)等多种方法求有功功率、无功功率。

方法一:利用式(5.3)、式(5.6)、式(5.12)及式(5.13)计算,得

$$P = UI \cos\varphi_Z = 4\sqrt{2} \times 4 \cos45° = 16 \ W$$

$$Q = UI \sin\varphi_Z = 4\sqrt{2} \times 4 \sin45° = 16 \ var$$

$$S = UI = 4\sqrt{2} \times 4 = 16\sqrt{2} = 22.6 \ V \cdot A$$

$$\lambda = \cos\varphi_Z = \cos45° = 0.707 \ (滞后)$$

方法二:利用式(5.4)、式(5.7)计算有功功率、无功功率,利用式(5.14)计算视在功率,即

$$P = I^2 \operatorname{Re}[Z] = 4^2 \times 1 = 16 \ W$$

$$Q = I^2 \operatorname{Im}[Z] = 4^2 \times 1 = 16 \ var$$

$$S = \sqrt{P^2 + Q^2} = 16\sqrt{2} = 22.6 \ V \cdot A$$

方法三:利用功率守恒,即利用式(5.9)、式(5.11)计算,有

$$P = P_R = I_2^2 R = \frac{U_2^2}{R} = 4^2 \times 1 = 16 \ W$$

电感与电容的无功功率为

$$Q_{L1} = I^2 \times X_{L1} = 4^2 \times 2 = 32 \text{ var}$$

$$Q_{L2} = I_2^2 \times X_{L2} = 4^2 \times 1 = 16 \text{ var}$$

$$Q_C = -I_C^2 \times X_C, \quad \dot{I}_C = \dot{I} - \dot{I}_2 = 4\sqrt{2}$$

所以
$$Q_C = -(4\sqrt{2})^2 \times 1 = -32 \text{ var}$$

$$Q = \sum Q_k = Q_{L1} + Q_{L2} + Q_C = 32 + 16 - 32 = 16 \text{ var}$$

方法四：利用复功率计算，即

$$\dot{I} = 4\angle(-45°) = 4\left(\frac{\sqrt{2}}{2} - \frac{\sqrt{2}}{2}\text{j}\right)\text{A}$$

$$\dot{I}^* = 4\left(\frac{\sqrt{2}}{2} + \frac{\sqrt{2}}{2}\text{j}\right) = 4\angle45°$$

则复功率

第 5 章例题 5.1 讲解
视频.wmv

$$\tilde{S} = \dot{U}\dot{I}^* = 4\sqrt{2}\angle0° \times 4\angle45° = 16\sqrt{2}\angle45° = 16 + \text{j}16$$

所以

$$P = 16 \text{ W}, \quad Q = 16 \text{ var}, \quad S = 16\sqrt{2} = 22.6 \text{ V} \cdot \text{A}, \quad \lambda = \cos45° = 0.707 \text{（滞后）}$$

方法五：利用式(5.5)、式(5.8)计算有功功率、无功功率。读者可自行练习。

[例 5.2]　三个负载并联接到正弦电源上，电阻性负载 A 消耗的功率为 5 kW；用仪表测得感性负载 B 的数据为 12 kvar 和 15 kV·A；容性负载 C 的视在功率为 8 kV·A，功率因数为 0.8。求整个电路的总有功功率、无功功率、视在功率及功率因数。

解　对于电阻性负载 A，有

$$P_A = 5 \text{ kW}, \quad Q_A = 0 \text{ kvar}$$

对于感性负载 B，有

$$S_B = 15 \text{ kV} \cdot \text{A}, \quad Q_B = 12 \text{ kvar（感性）}$$

$$P_B = \sqrt{S_B^2 - Q_B^2} = \sqrt{15^2 - 12^2} \text{ kW} = 9 \text{ kW}$$

对于容性负载 C，已知视在功率为

$$P_C = S_C \cos\varphi = 8 \times 0.8 = 6.4 \text{ kW}$$

由功率三角形有

$$Q_C = P_C \tan(\arccos0.8) = 4.8 \text{ kvar（容性）}$$

整个电路的总有功功率为

$$P = P_A + P_B + P_C = 5 \text{ kW} + 9 \text{ kW} + 6.4 \text{ kW} = 20.4 \text{ kW}$$

整个电路的总无功功率为

$$Q = Q_A + Q_B + Q_C = 0 \text{ kvar} + 12 \text{ kvar} - 4.8 \text{ kvar} = 7.2 \text{ kvar（感性）}$$

整个电路的视在功率为

$$S = \sqrt{P^2 + Q^2} = 21.6 \text{ kV} \cdot \text{A}$$

注意：*视在功率不满足守恒定律，即 $S \neq S_1 + S_2 + S_3$。*

整个电路的功率因数为

$$\lambda = \frac{P}{S} = \frac{20.4}{21.6} = 0.94 \text{（感性）}$$

5.2 应用——功率因数的提高

在实际生产和生活中,大多数电气设备均为感性负载,它们的功率因数 λ 都较低,这就不能充分利用电源设备的容量,并且增加了输电线路上的损耗,因此需要提高功率因数 λ,常用的方法是在感性负载两端并联电容器。

5.2.1 提高功率因数的实际意义

电路的功率因数 λ 取决于电路的参数。实际生产和生活中大多数电气设备是感性负载,比如日光灯需串联镇流器,其功率因数在 0.5 左右,交流电焊机的功率因数只有 $0.3 \sim 0.4$。功率因数一般不高,因此提高功率因数具有实际意义。

1. 提高电源设备的利用率

电源设备(如发电机)的容量(视在功率)为 $S_N = U_N I_N$,表示电源设备允许发出的最大功率。假设功率因数 $\lambda = \cos\varphi = 0.5$,那么电源所能传输的有功功率 $P = \lambda S$,仅为电源设备的一半,说明发电设备的能量没有被充分利用,其中一部分在发电设备与负载之间进行交换,能量交换的规模为无功功率。若提高功率因数,使 $\lambda = 0.95$,则输出功率 $P = 0.95S$,提高了电源设备的利用率。

2. 降低线路损耗和线路压降

当供电电源的电压设备向负载传输一定的有功功率时,电路中的电流与功率因数成反比,即

$$I \uparrow = \frac{P}{U \cos\varphi \downarrow}$$

功率因数 $\lambda = \cos\varphi$ 越低,电路中的电流 I 越大,线路上电压以及功率损耗会增大,从而影响负载的正常工作。提高负载的功率因数可以使线路电流减小,降低传输线的损耗,节约铜材,提高供电质量,进而提高经济效益。

5.2.2 提高功率因数的方法

提高功率因数的原则:必须保证原负载的工作状态不变,即加至负载上的电压 U 和负载的有功功率 P 不变。

提高功率因数的常用方法:在感性负载两端并联电容器。并联电容器后,利用电容的无功功率与电感的无功功率之间的相互交换,减少负载与发电设备之间的能量交换,从而提高功率因数,并使线路上的电流减小,降低线路的损耗。

在图 5.4(a)中,用 RL 支路代表感性负载,其两端的电压为 $\dot{U}$,并联电容 C 后电路的电压 $\dot{U}$ 不变。

图 5.4(a)的相量图如图 5.4(b)所示,以电压为参考变量,RL 感性负载上的电流滞后电压 φ_L,电流为 $\dot{I}_{RL}$;并联电容的电流 $\dot{I}_C$ 超前电压 90°,因此电路的总电流为 $\dot{I} = \dot{I}_{RL} + \dot{I}_C$,显然 $\dot{I}$ 的模 I 减小了,功率因数角为 φ,$\varphi < \varphi_L$,那么则有功率因数 $\cos\varphi > \cos\varphi_L$。可见整个电路的功率因数提高了,而感性负载的工作状态并未改变。并联电容后整个电路的电流减

小了，线路的损耗也降低了。

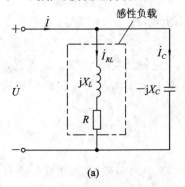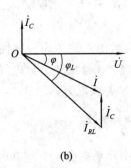

第 5 章提高功率因数
方法推导.wmv

(a)　　　　　　　　(b)

图 5.4　感性负载并联电容及相量图

并联多大的电容合适？选择合适的电容会使功率因数 $\cos\varphi=1(\varphi=0)$，但如果并联的电容过大，线路的电流会超前电压，出现过补偿。

分析相量图如图 5.4(b)所示，电容电流 I_C 为

$$I_C = I_{RL}\,\sin\varphi_L - I\,\sin\varphi \tag{5.17}$$

电路的有功功率不变：$P=UI_{RL}\cos\varphi_L$，所以

$$I_{RL} = \frac{P}{U\,\cos\varphi_L}$$

并联电容后的有功功率：$P=UI\cos\varphi$，所以

$$I = \frac{P}{U\,\cos\varphi}$$

电容两端的电压不变：$U=I_CX_C$，所以

$$I_C = \frac{U}{X_C} = \omega CU$$

代入式(5.17)，则有

$$\omega CU = \frac{P}{U\,\cos\varphi_L}\sin\varphi_L - \frac{P}{U\,\cos\varphi}\sin\varphi$$

即

$$\boxed{C = \frac{P}{\omega U^2}(\tan\varphi_L - \tan\varphi)} \tag{5.18}$$

式中，P 为感性负载的有功功率，U 是感性负载的端电压，φ_L 和 φ 分别是并联电容前和并联电容后的功率因数角。利用式(5.18)可以计算所需并联的电容。

［例 5.3］ 日光灯接于 220 V 工频电源上。当灯管亮后，整个电路相当于一个电阻(灯管)与一个电感(镇流器)的串联电路，如图 5.5 所示。此时电流表的读数为 0.4 A，功率表的读数为 40 W。求电阻 R、电感 L 及电路的功率因数、无功功率。

解 这个电路中功率表测的功率为日光灯电路的有功功率。功率表 W 中有两个线圈：一个是电流线圈，要串联在被测电路中；另一个为电压线圈，要并联在被测电路中。

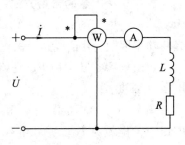

图 5.5　例 5.3 电路图

两个线圈连接在一起的端子用"＊"号标记。

(1) 求 R：

$$P = I^2 R \Rightarrow R = \frac{P}{I^2} = \frac{40}{0.4^2} = 250 \ \Omega$$

(2) 求 L：

$$|Z| = \frac{U}{I} = \frac{220}{0.4} = 550 \ \Omega$$

因为

$$Z = R + j\omega L$$

所以

$$|Z| = \sqrt{R^2 + (\omega L)^2}$$

则

$$X_L = \omega L = \sqrt{|Z|^2 - R^2} = \sqrt{(550)^2 - 250^2} = 490 \ \Omega$$

而

$$\omega = 2\pi f = 2 \times 3.14 \times 50 = 314 \quad （工频 \ f = 50 \ Hz）$$

所以

$$L = \frac{490}{314} = 1.56 \ H$$

(3) 求 λ、Q：

$$P = UI \cos\varphi = UI\lambda$$

$$\lambda = \frac{P}{UI} = \frac{40}{220 \times 0.4} = 0.45 \ （滞后）$$

$$Q = UI \sin\varphi = UI \sqrt{1 - \cos^2\varphi} = 220 \times 0.4 \times 0.89 \ var = 78.6 \ var$$

[例 5.4] 在例 5.3 中，功率因数 λ 为 0.45，已知工频电压 $U = 220$ V，有功功率 $P = 40$ W。

(1) 若要将功率因数提高到 0.9，需要并联多大的电容？

(2) 并联电容后电源提供的电流和电路的无功功率各是多少？

解 (1) $\cos\varphi_L = 0.45 \Rightarrow \varphi_L = \arccos 0.45 = 63.26°$

$\cos\varphi = 0.9 \Rightarrow \varphi = \arccos 0.9 = 25.84°$

利用式(5.18)，有

$$C = \frac{P}{\omega U^2}(\tan\varphi_L - \tan\varphi) = \frac{40}{314 \times 220^2}(\tan 63.26° - \tan 25.84°) = 3.95 \ \mu F$$

(2) 并联电容后电流为

$$I = \frac{P}{U \cos\varphi} = \frac{40}{220 \times 0.9} = 0.202 \ A$$

并联电容后的无功功率为

$$Q = UI \sin\varphi = 220 \times 0.202 \times \sin 25.84° = 19.37 \ var$$

从例 5.3 可知并联电容前电流为 0.4 A，$Q_{前} = 78.6$ var，显然并联电容后的电流、无功功率减小，电源与负载之间的电能交换减少了。

5.3 正弦稳态电路最大功率传输定理

在直流电路中讨论过负载电阻获得最大功率的条件，当含源线性单口网络的可变负载

R_L 等于戴维南等效电阻,即 $R_L = R_{eq}$ 时,可变负载 R_L 可以获得最大功率。本节讨论的是在正弦稳态电路中,负载阻抗等于多少时,负载可获最大平均功率,即最大功率传输定理及其应用。

5.3.1 最大功率传输定理分析

图 5.6(a)所示含源网络 N_S 可以用戴维南等效定理化简为图 5.6(b)。

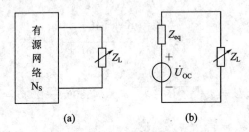

图 5.6 最大功率传输定理分析电路

设电源等效内阻抗为 $Z_{eq} = R_{eq} + jX_{eq}$,负载阻抗为 $Z_L = R_L + jX_L = |Z_L| \angle \varphi_L$。

当电源和其等效阻抗 Z_{eq} 一定时,负载阻抗获得功率的具体情况取决于负载阻抗。负载阻抗常见的变化情况可分为两种:一种是负载阻抗的电阻 R_L 和电抗 X_L 均可以独立变化;另一种情况是负载阻抗角 φ_L 固定而模 $|Z_L|$ 可改变。

1. 第一种情况:负载阻抗的电阻 R_L 和电抗 X_L 均可独立变化时获得最大功率的条件

由图 5.6(b)可知,电路中的电流为

$$\dot{I} = \frac{\dot{U}_{OC}}{Z_{eq} + Z_L} = \frac{U_{OC} \angle 0°}{(R_{eq} + jX_{eq}) + (R_L + jX_L)}$$

$$= \frac{U_{OC} \angle 0°}{(R_{eq} + R_L) + j(X_{eq} + X_L)}$$

电流的有效值为

$$I = \frac{U_{OC}}{\sqrt{(R_{eq} + R_L)^2 + (X_{eq} + X_L)^2}}$$

$$P_L = I^2 R_L = \frac{U_{OC}^2}{(R_{eq} + R_L)^2 + (X_{eq} + X_L)^2} R_L \tag{5.19}$$

对于式(5.19),任务是求 P_L 为最大值时变量 R_L 和 X_L 的值。

先求可变负载电抗 X_L。由于 X_L 只出现在分母中,显然,当 $X_L = -X_{eq}$,分母中 $(X_{eq} + X_L)^2$ 为零时,整个分母值最小,此时 P_L 最大,即 $X_L = -X_{eq}$ 为所求的值。

再求可变负载电阻 R_L 的值。将 $X_L = -X_{eq}$ 代入式(5.19)中,有

$$P_L = \frac{U_{OC}^2 R_L}{(R_{eq} + R_L)^2}$$

上式对 R_L 求导数,并令其为零:

$$\frac{dP_L}{dR_L} = U_{OC}^2 \frac{(R_L + R_{eq})^2 - 2(R_L + R_{eq})R_L}{(R_L + R_{eq})^4} = 0$$

最后可以得到

$$R_L = R_{eq} \tag{5.20}$$

由上面的讨论可知,如果负载的 R_L 和 X_L 均可变,负载阻抗获得最大功率的条件为

$$\begin{cases} R_{\mathrm{L}} = R_{\mathrm{eq}} \\ X_{\mathrm{L}} = - X_{\mathrm{eq}} \end{cases} \Rightarrow \boxed{Z_{\mathrm{L}} = R_{\mathrm{eq}} - \mathrm{j}X_{\mathrm{eq}} = Z_{\mathrm{eq}}^{*}} \tag{5.21}$$

即负载阻抗等于含源网络的戴维南等效阻抗的共扼复数时，负载阻抗将获得最大功率，我们称为最大功率"匹配"或共轭匹配(conjugate match)，也称为最大功率传输定理(Maximum Power Transfer Theorem)。

此时最大功率为

$$P_{\mathrm{Lmax}} = \frac{U_{\mathrm{OC}}^{2}}{4R_{\mathrm{eq}}} \tag{5.22}$$

2. 第二种情况：负载 $Z_{\mathrm{L}} = |Z_{\mathrm{L}}| \angle \varphi_{\mathrm{L}}$, $|Z_{\mathrm{L}}|$ 可调节，而 φ_{L} 保持不变，负载获得最大功率的条件

将电源等效阻抗和负载阻抗分别改写为

$$Z_{\mathrm{eq}} = |Z_{\mathrm{eq}}| \angle \varphi_{\mathrm{eq}} = |Z_{\mathrm{eq}}| \cos\varphi_{\mathrm{eq}} + \mathrm{j} |Z_{\mathrm{eq}}| \sin\varphi_{\mathrm{eq}}$$

$$Z_{\mathrm{L}} = |Z_{\mathrm{L}}| \angle \varphi_{\mathrm{L}} = |Z_{\mathrm{L}}| \cos\varphi_{\mathrm{L}} + \mathrm{j} |Z_{\mathrm{L}}| \sin\varphi_{\mathrm{L}}$$

$$P_{\mathrm{L}}' = \frac{U_{\mathrm{OC}}^{2} |Z_{\mathrm{L}}| \cos\varphi_{\mathrm{L}}}{(|Z_{\mathrm{eq}}| \cos\varphi_{\mathrm{eq}} + |Z_{\mathrm{L}}| \cos\varphi_{\mathrm{L}})^{2} + (|Z_{\mathrm{eq}}| \sin\varphi_{\mathrm{eq}} + |Z_{\mathrm{L}}| \sin\varphi_{\mathrm{L}})^{2}} \tag{5.23}$$

式(5.23)是 $|Z_{\mathrm{L}}|$ 的函数，要使 P_{L}' 为最大，必须使 $\dfrac{\mathrm{d}P_{\mathrm{L}}'}{\mathrm{d}|Z_{\mathrm{L}}|} = 0$。可以求得 $\dfrac{\mathrm{d}P_{\mathrm{L}}'}{\mathrm{d}|Z_{\mathrm{L}}|} = 0$ 的条件是

$$|Z_{\mathrm{L}}| = |Z_{\mathrm{eq}}| \tag{5.24}$$

此时负载获得最大功率，称此种匹配为**"模匹配"**(modulus match)。

当负载是可变纯电阻时就是第二种情况，此时负载 $|Z_{\mathrm{L}}| = R_{\mathrm{L}}$ 可变，$\varphi_{\mathrm{L}} = 0°$ 固定，获得最大功率的条件是 $R_{\mathrm{L}} = \sqrt{R_{\mathrm{eq}}^{2} + X_{\mathrm{eq}}^{2}}$。这里应注意不是 $R_{\mathrm{L}} = R_{\mathrm{eq}}$。可先计算负载电阻上的电流，负载电阻的功率为

$$P = I_{R_{\mathrm{L}}}^{2} R_{\mathrm{L}} \tag{5.25}$$

应当注意：这时负载电阻所获得的功率要比共轭匹配时的最大功率小些，并非最大值。

例 5.5 为最大功率传输定理的例题. 它分别计算负载为两种不同情况时的功率。

[**例 5.5**] 电路如图 5.7(a)所示。已知 $\dot{U}_{\mathrm{S}} = 20\sqrt{2}\angle 0°$ V。

(1) 若负载的实部、虚部均能变动，Z_{L} 为何值时才能获得最大功率？最大功率是多少？

(2) 若负载为纯电阻，电阻值为何值才能获得最大功率？功率为多少？

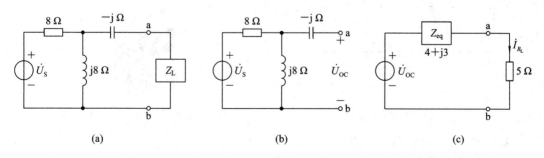

图 5.7　例 5.5 电路图

解 利用戴维南定理求出 ab 左端的等效电路，先求开路电压 $\dot{U}_{OC}$，如图 5.7(b)所示，电容上电压为零。

$$\dot{U}_{OC} = \frac{j8}{8+j8}\dot{U}_S = \frac{j}{1+j} \cdot 20\sqrt{2} = \frac{1+j}{2} \cdot 20\sqrt{2} = 20\angle 45° \text{ V}$$

求 Z_{eq}，令电压源 $\dot{U}_S$ 为零，即电压源短路，则有

$$Z_{eq} = \frac{8 \times j8}{8+j8} - j = 4 + j4 - j = (4+j3) \ \Omega$$

(1) 若负载的实部、虚部均能变动，要获得最大功率，Z_L 应与 Z_{eq} 共轭匹配，即 $Z_L = Z_{eq}^*$。所以当 $Z_L = 4 - j3 \ \Omega$ 时，功率为最大：

$$P_{Lmax} = \frac{U_{OC}^2}{4R_{eq}} = \frac{20^2}{4 \times 4} = 25 \text{ W}$$

(2) 若负载为纯电阻，要获得较大功率，R_L 应与 Z_{eq} 模匹配，即 $R_L = |Z_{eq}|$：

$$R_L = |4+j3| = 5 \ \Omega$$

要求此时的功率，先要求得 R_L 电流，电路如图 5.7(c)所示：

$$\dot{I}_{R_L} = \frac{\dot{U}_{OC}}{Z_{eq}+R_L} = \frac{20\angle 45°}{4+j3+5} = \frac{20\angle 45°}{9.49\angle 18.43°} = 2.11\angle 26.7° \text{ A}$$

$$P = I_{R_L}^2 R_L = (2.11)^2 \times 5 = 22.26 \text{ W}$$

可见，当负载阻抗与戴维南等效电路的等效阻抗为共轭匹配时，功率为最大。

[**例 5.6**] 电路如图 5.8(a)所示，负载 Z_L 为何值时能获得最大功率？最大功率 P_{Lmax} 是多少？

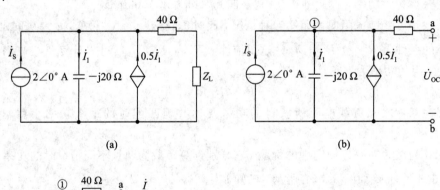

(a)　　　　　　　　　　　　　　(b)

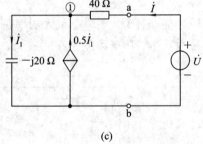

(c)

图 5.8　例 5.6 电路图

第 5 章例题 5.6 讲解的视频.wmv

解 求左端戴维南等效电路。

(1) 求 $\dot{U}_{OC}$：首先将 Z_L 断开，如图 5.8(b)所示，则有

$$\dot{U}_{OC} = -j20 \cdot \dot{I}_1$$

图 5.8(b)电路中①节点的 KCL 为

$$\dot{I}_{\mathrm{S}} + 0.5\dot{I}_1 = \dot{I}_1$$

则

$$\dot{I}_1 = 2\dot{I}_{\mathrm{S}} = 4\angle 0°$$

$$\dot{U}_{\mathrm{OC}} = -\mathrm{j}20 \cdot \dot{I}_1 = 80\angle(-90°) \text{ V}$$

(2) 利用外加电源法求 Z_{eq}。令电流源 $\dot{I}_{\mathrm{S}}$ 为零,电路如图 5.8(c)所示。列大回路 KVL 方程得

$$\dot{U} = 40 \cdot \dot{I} - \mathrm{j}20 \cdot \dot{I}_1$$

图 5.8(c)电路中①节点的 KCL 方程为

$$\dot{I} + 0.5\dot{I}_1 = \dot{I}_1 \Rightarrow \dot{I}_1 = 2\dot{I}$$

代入上式有

$$Z_{\mathrm{eq}} = \frac{\dot{U}}{\dot{I}} = (40 - \mathrm{j}40)\ \Omega$$

(3) 当 $Z_{\mathrm{L}} = Z_{\mathrm{eq}}^* = (40 + \mathrm{j}40)\ \Omega$ 时,能获得最大功率,且

$$P_{\mathrm{Lmax}} = \frac{U_{\mathrm{OC}}^2}{4R_{\mathrm{eq}}} = \frac{80^2}{4 \times 40} = 40\text{ W}$$

5.3.2　最大功率传输定理在工程中的应用

最大功率传输定理在工程中应用较广,在通信系统或电子电路中,研究负载获得最大功率的情况时,比如扬声器的阻抗匹配、电视天线的阻抗匹配等情况时,在负载阻抗和信号源都固定的情况下,为使负载获得最大功率,常在信号源和负载之间插入一定的双口匹配网络,以使负载和信号源匹配,从而获得最大功率。例如,插入无损耗 LC 网络可以实现共轭匹配;插入理想变压器可以实现模匹配。

[**例 5.7**]　某正弦信号源内阻 $R_{\mathrm{S}} = 600\ \Omega$,$\omega = 10^5$ rad/s,负载 $Z_{\mathrm{L}} = (16 + \mathrm{j}16)\Omega$。为使负载获得最大功率,在信号源与负载之间插入了 LC 网络,见图 5.9,求 L、C 的值。

解　在信号源与负载之间插入了 LC 网络,该 LC 网络与负载一起组成新的负载。为使新负载获得最大功率(LC 网络不消耗有功功率),应使 a、b 右侧部分端口的等效导纳 $Y_{\mathrm{ab}} = \dfrac{1}{Z_{\mathrm{ab}}}$ 与电源内导纳 $\dfrac{1}{R_{\mathrm{S}}}$ 达到共轭匹配,即

$$\mathrm{j}\omega C + \frac{1}{\mathrm{j}\omega L + Z_{\mathrm{L}}} = \frac{1}{R_{\mathrm{S}}}$$

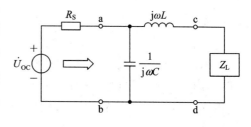

图 5.9　例 5.7 电路图

代入数据

$$\mathrm{j}\omega C + \frac{1}{\mathrm{j}\omega L + 16 + \mathrm{j}16} = \frac{1}{600}$$

并令实部与实部相等、虚部与虚部相等,整理得

$$\begin{cases} \mathrm{j}\omega C = \dfrac{(\omega L + 16)\mathrm{j}}{(\omega L + 16)^2 + 16^2} \\[3mm] \dfrac{16}{(\omega L + 16)^2 + 16^2} = \dfrac{1}{600} \end{cases}$$

解方程，可求得 $L=0.8066\ \mathrm{mH}$，$C=0.1007\ \mu\mathrm{F}$。利用 LC 网络实现共轭匹配求得的电感 L 和电容 C 的元件值与电源的工作频率有关。

5.4 计算机辅助电路分析

利用 Multisim 软件的功率表可以分析正弦交流电路的有功功率和功率因数。

[例 5.8] 在图 5.10(a) 所示电路中，已知 $u=100\sqrt{2}\ \sin(5000t)\,\mathrm{V}$，$R=15\ \Omega$，$L=12\ \mathrm{mH}$，$C=5\ \mu\mathrm{F}$，求电路中的 P、Q 和 S。

解 第一种方法：用功率表法测有功功率和功率因数。

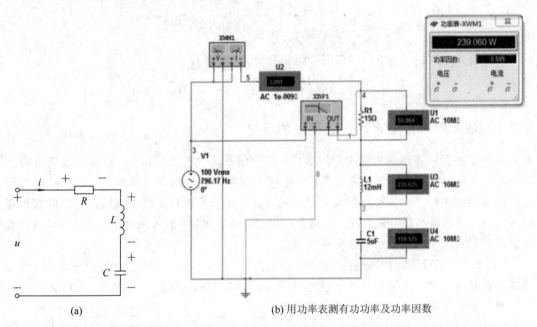

(a)	(b) 用功率表测有功功率及功率因数

图 5.10 例 5.8 电路图

利用 Multisim 软件中的功率表测量有功功率，其连接电路如图 5.10(b) 所示。仿真运行后双击功率表，可得有功功率 $P=239\ \mathrm{W}$，功率因数 $\cos\varphi=0.599$，$\dot{U}$ 与 $\dot{I}$ 之间的相位差 $\varphi=53.1°$。所以 $S=\dfrac{P}{\cos\varphi}=\dfrac{239}{0.599}=399\ \mathrm{V\cdot A}$，$Q=S\sin\varphi=399\times0.8=319.2\ \mathrm{var}$。因为电压已知，电流可以测得为 $3.99\ \mathrm{A}$。$\dot{U}$ 与 $\dot{I}$ 之间的相位差可用波特仪测得。上述结果也可以用公式 $P=UI\ \cos\varphi$，$Q=UI\ \sin\varphi$，$S=UI$ 得到。读者可以自行计算理论值，与以上数据进行比较并计算误差。

第 5 章例 5.8 的计算机仿真.wmv

第二种方法：用交流单一频率分析法。

Multisim 软件不断升级，Multisim 12 版本有单一频率交流分析功能，可用来分析电路在某一频率下响应的幅值和相位。画好电路后，从 Simulate/Analyses 中选择 Single Frequency AC Analysis，如图 5.11(a) 所示。设置检测频率为 $796.17\ \mathrm{Hz}$，在输出参数窗口选择要求的电压、电流及功率，单击 Simulate 按钮运行，分析结果显示如图 5.11(b) 所示。

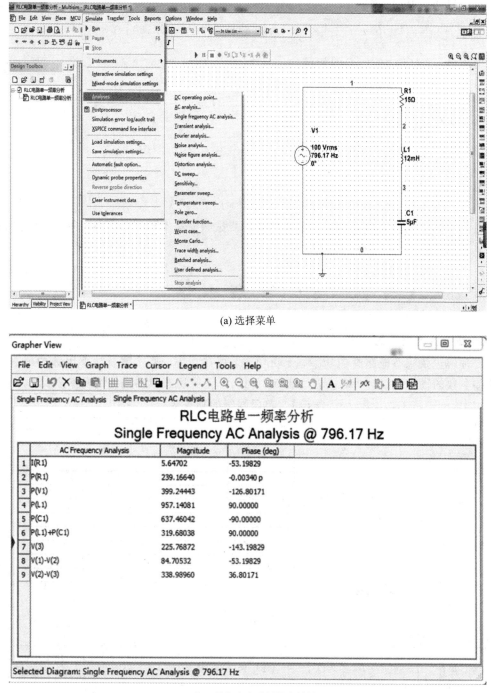

(a) 选择菜单

(b) 单一频率交流分析仿真结果

图 5.11　例 5.8 电路图单一频率交流分析法

由图 5.11(b)可看到，电路的有功功率 P(R1)为 239.2 W，电路的无功功率(P(L1)＋P(C1))即 Q＝319.7 var，电路的视在功率(P(V1))即 S＝399.2 V·A。与第一种方法的结果基本相同。

电流(I(R1))的相量为

$$\dot{I} = \frac{5.647}{\sqrt{2}} \angle (-53.2)° = 3.99 \angle (-53.2)° \text{ A}$$

电阻电压(V(1)−V(2))的相量为

$$\dot{U}_R = \frac{84.7}{\sqrt{2}} \angle (-53.2)° = 59.9 \angle (-53.2)° \text{V}$$

电感电压相量为

$$\dot{U}_L = \frac{339}{\sqrt{2}} \angle 36.8° = 239.7 \angle 36.8° \text{ V}$$

电容电压相量为

$$\dot{U}_C = 159.7 \angle (-143.2)° \text{ V}$$

电压与电流值与第4章4.7节利用仪表法测量的值基本相同,而单一频率交流分析法更简单些。

5.5 本 章 小 结

1. 正弦稳态电路的功率

要理解正弦稳态电路有功功率、无功功率、视在功率、复功率及功率因数的概念,掌握这些参数的物理意义和计算方法。表5.1列出了正弦稳态单口网络的功率表。

表 5.1 单口网络的功率表

符号	名称	公 式	备 注
p	瞬时功率	$p = ui = 2UI \sin(\omega t + \varphi) \cdot \sin\omega t = UI[\cos\varphi - \cos(2\omega t + \varphi)]$	
P	有功功率	$P = UI \cos\varphi_Z = I^2 \text{Re}[Z] = U^2 \text{Re}[Y] = \text{Re}[\dot{U}\dot{I}^*]$ $P = \sum P_k$	单位:瓦(W) $\varphi_Z = \varphi_u - \varphi_i$ 有功功率守恒
Q	无功功率	$Q = UI \sin\varphi_Z = I^2 \text{Im}[Z] = -U^2 \text{Im}[Y] = \text{Im}[\dot{U}\dot{I}^*]$ $= 2\omega(W_L - W_C)$ （其中 $W_L = \frac{1}{2}LI^2$, $W_C = \frac{1}{2}CU^2$） $Q = \sum Q_k$	单位:乏(var) 动态元件瞬时功率的最大值 无功功率守恒
S	视在功率	$S = UI = I^2 |Z| = U^2 |Y| = |\dot{U}\dot{I}^*|$ $S = \sqrt{P^2 + Q^2}$	单位:伏·安(V·A) 反映设备的容量 视在功率不守恒
$\tilde{S}$	复功率	$\tilde{S} = \dot{U}\dot{I}^* = P + jQ = S \angle \varphi$ $\sum \tilde{S}_{吸收} = \sum \tilde{S}_{产生}$	复功率守恒

符号	名称	公　式	备　注
λ	功率因数	$\lambda = \cos\varphi_Z = \dfrac{P}{S} = \dfrac{R}{\lvert Z \rvert} = \dfrac{G}{\lvert Y \rvert}$	φ_Z 为正时，电流滞后
	功率三角形	$S = UI = \sqrt{P^2 + Q^2}$ $P = S\cos\varphi \qquad \varphi = \arctan\dfrac{Q}{P}$ $Q = S\sin\varphi$	

2. 提高功率因数的方法

功率因数 λ 低，不能充分利用电源设备的容量，因此需要提高功率因数 λ，常用的方法是在感性负载两端并联电容器。可以利用下式计算并联的电容器容值：

$$C = \frac{P}{\omega U^2}(\tan\varphi_L - \tan\varphi)$$

3. 最大功率传输定理

（1）第一种情况：负载阻抗的电阻 R_L 和电抗 X_L 均可独立变化时，获得最大功率的条件是 $Z_L = R_{eq} - jX_{eq} = Z_{eq}^*$，即称为共轭匹配，此时最大功率 $P_{Lmax} = \dfrac{U_{OC}^2}{4R_{eq}}$。

（2）第二种情况：负载 $Z_L = \lvert Z_L \rvert \angle \varphi_L$，$\lvert Z_L \rvert$ 可调节，而 φ_L 保持不变，负载获得最大功率的条件为"模匹配"：$\lvert Z_L \rvert = \lvert Z_{eq} \rvert$。当负载是可变纯电阻时，获得最大功率的条件是 $R_L = \sqrt{R_{eq}^2 + X_{eq}^2}$。这时负载电阻所获得的功率要比共轭匹配时的最大功率小些，并非最大值。

习　题　5

5.1　判断题

（1）单个电容和单个电感的有功功率为零。　　　　　　　　　　　　　　　（　）

（2）正弦单口电路的电压有效值和电流有效值的乘积为视在功率，单位为瓦。　（　）

（3）一台电动机接于 220 V 工频电源上，功率因数为 0.7，可以采用串联电容的办法来将功率因数提高到 0.85。　　　　　　　　　　　　　　　　　　　　　　（　）

（4）复功率公式的实部为有功功率，虚部为无功功率，模为视在功率。　　　（　）

（5）正弦交流电路感性负载并联电容后，感性负载上的电流将减小。　　　　（　）

（6）正弦交流电路负载为 R_L，从给定电源 $\dot{U}_s$、$R_s + jX_s$ 获得最大功率的条件是 $R_L = R_s$。　　　　　　　　　　　　　　　　　　　　　　　　　　　　　　（　）

5.2　填空题

（1）在电压为 220 V、频率为 50 Hz 的交流电路中，接入一组白炽灯，总电阻为 11 Ω。

电灯组取用电流的有效值为_____，电灯组消耗的功率为_____。

(2) 单个电容的平均功率为_____。

(3) 已知电压源 $u_S(t)=\sqrt{2}\times 10\ \sin 2t$ V，施加于 5 H 的电感，电感的无功功率为_____。

(4) 视在功率表示可能达到的最大_____，它反映了电气设备的_____。

(5) 某台大型变压器的容量是 10 000 kV·A，当功率因数为_____时，这台变压器输出的有功功率为 9500 kW；当 $\cos\varphi=0.7$ 时，它只能输出_____的有功功率。

(6) 正弦交流电路负载为 Z_L，从给定电源 $\dot{U}_S$、R_S+jX_S 获得最大功率的条件是_____。

5.3 选择题

(1) 无功功率的度量单位是_____。

A. W   B. V·A   C. var   D. Q

(2) 若负载阻抗是 $30-30j\ \Omega$，功率因数是_____。

A. $\angle-45°$ B. -0.707 C. 1   D. 0.707

(3) 一个电源接有负载电风扇 Z_1、电灯 Z_2 和空调 Z_3，下列哪个是错误的_____。

A. $P_1+P_2+P_3$ B. $S_1+S_2+S_3$ C. $Q_1+Q_2+Q_3$ D. $\tilde{S}_1+\tilde{S}_2+\tilde{S}_3$

(4) 能反映给定负载所有功率信息的量是_____。

A. 视在功率   B. 平均功率   C. 功率因数   D. 复功率

(5) 一个网络，从可变负载两端看过去的戴维南阻抗是 $(40+67j)\Omega$，要得到最大的功率传输，其负载的阻抗是_____。

A. $(40-67j)\Omega$ B. $(-40-67j)\Omega$ C. $(40+67j)\Omega$ D. $(-40+67j)\Omega$

(6) 题 5.3-6 图中，$R_L=$_____时可获得最大功率。

A. $(3-4j)\Omega$ B. $5\ \Omega$ C. $(3+4j)\Omega$ D. $7\ \Omega$

(7) 在题 5.3-7 图所示电路中电流源提供的有功功率是_____。

A. 10 W   B. 20 W   C. 5 W   D. $10\sqrt{2}$ W

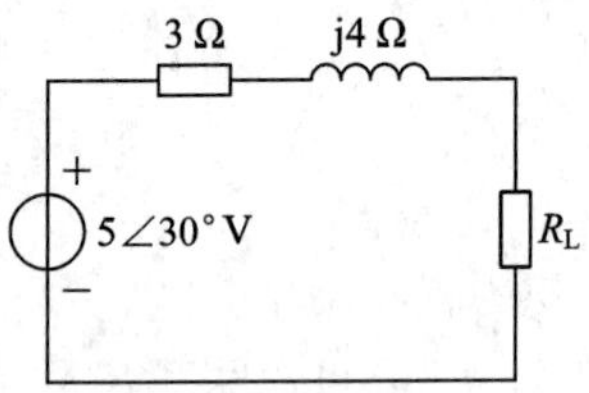

题 5.3-6 图 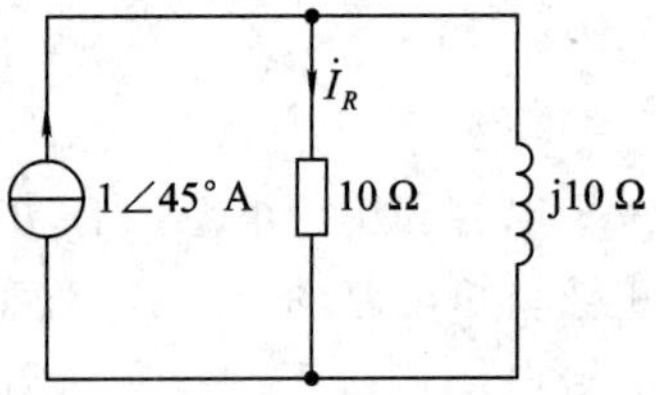   题 5.3-7 图

5.4 在题 5.4 图所示电路中，已知 $u_S(t)=10\sqrt{2}\ \sin 10^3 t$ V，求电阻消耗的功率，电容及电感的无功功率，整个电路的有功功率、无功功率和视在功率。

5.5 如题 5.5 图所示单口网络，计算下列情况下 N 的有功功率、无功功率、视在功率和功率因数。

(1) 已知 $u(t)=100\sqrt{2}\sin(t-30°)$V，电流 $i(t)=5\sqrt{2}\sin(t-90°)$A；

(2) 已知 $i(t)=10\sin(t)$A，N 的导纳为 $Y=(1-j)$S。

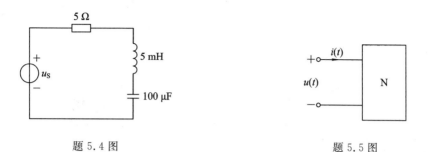

题 5.4 图   题 5.5 图

5.6　如题 5.6 图所示电路，已知 $R_1=6$ Ω，$R_2=16$ Ω，$X_L=8$ Ω，$X_C=12$ Ω，$\dot{U}=20\angle0°$ V，试求该电路的有功功率、无功功率、视在功率和功率因数。

5.7　题 5.7 图所示电路中，已知 $\dot{U}=8$ V，$Z=(1-j2)$Ω，$Z_1=(1+j)$Ω，$Z_2=(1-j)$Ω。试求：(1) 电路中各支路的电流 $\dot{I}$、$\dot{I}_1$、$\dot{I}_2$；(2) 电路的有功功率和无功功率。

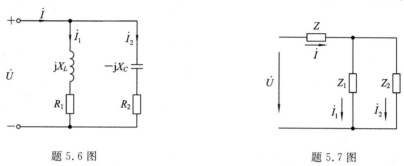

题 5.6 图   题 5.7 图

5.8　题 5.8 图中 N 为线性无源二端口网络，已知电压有效值 $U=U_1=U_2=50$ V，$X_L=10$ Ω。试求 ab 两端的输入复阻抗 Z 以及电源供出的有功功率 P 和无功功率 Q。

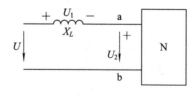

题 5.8 图

5.9　题 5.9 图所示电路中，已知 $R=2$ Ω，$\omega C=2$ S，$\omega L=3$ Ω，$\dot{U}_C=10\angle45°$ V。求各元件上的电压、电流及电源发出的复功率。

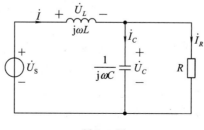

题 5.9 图

5.10　题 5.10 图所示正弦稳态电路中，已知 $I_1=3$ A，$I_2=6$ A，$I_3=2$ A。试求：

(1) $\dot{I}$、$\dot{U}_1$、$\dot{U}_2$、$\dot{U}_S$；(2) 电路消耗的平均功率及功率因数。(提示：利用相量图，且设 $\dot{U}_2 = U_2\angle 0° \text{ V}$。)

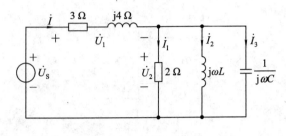

题 5.10 图   第 5 章习题 5.10 的解答. wmv

5.11 题 5.11 图所示电路中，交流电压表 V 的读数为 220 V，电流表 A 的读数为 4.2 A，利用功率表测得电路的功率为 325 W，电源频率为 50 Hz。试求 R、C 之值。

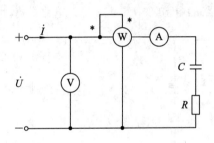

题 5.11 图

5.12 某车间照明电路安装有白炽灯和荧光灯各 10 只。已知白炽灯额定功率为 60 W，荧光灯额定功率为 40 W，功率因数为 0.6，正弦电压为 220 V。求整个照明电路的视在功率 S、功率因数 λ 和流过负载的总电流 I。

5.13 有一个电炉，其额定值为 200 W，110 V，现不得不用在 220 V，50 Hz 的交流电源上，欲使电路电压保持额定值，应串入多大电感？此时的功率因数为多少？

5.14 已知正弦电源电压为 220 V，频率为 50 Hz，将一额定功率为 1.1 kW，功率因数为 0.5 的感性负载接在电源上，试计算：

(1) 若将功率因数提高到 0.8，需并联多大电容？

(2) 若将功率因数提高到 1，需并联多大电容？

5.15 某电源 $S_N = 20 \text{ kV} \cdot \text{A}$，$U_N = 220 \text{ V}$，$f = 50 \text{ Hz}$。试求：

(1) 电源的额定电流 I_N。

(2) 电源若供给 $\cos\varphi = 0.5$，$P = 40 \text{ W}$ 的荧光灯，最多可以点亮多少盏？此时线路的电流是多少？

(3) 若将电路的功率因数提高到 0.9，此时线路中的电流是多少？需并联多大电容？

5.16 题 5.16 图所示的电路测得 N_0（无源线性网络）的数据如下：$U = 220 \text{ V}$，$I = 5 \text{ A}$，$P = 500 \text{ W}$。又知 N_0 网络并联一个适当的电容 C 后，电流表的读数减小，而其他表读数不变。试确定该网络的负载性质、等效参数及功率因数。（$f = 50 \text{ Hz}$。）

5.17 题 5.17 图所示电路中，已知 $u_S(t) = 3\sin t \text{ V}$。

(1) 端口接可变负载 Z_L，Z_L 为何值时可获得最大功率？最大功率是多少？

（2）端口接负载电阻 R，R 为何值时能获最大功率？功率是多少？

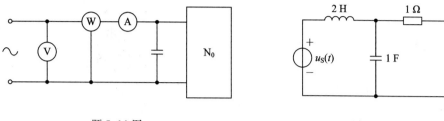

题 5.16 图　　　　　　　　　　　题 5.17 图

5.18　电路如题 5.18 图所示，试求获得最大功率时的负载阻抗 Z_L，并求所获得的功率 P。

5.19　电路如题 5.19 图所示，负载 Z_L 为何值时获得最大功率？最大功率 P 是多少？

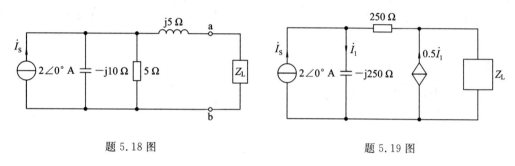

题 5.18 图　　　　　　　　　　　题 5.19 图

5.20　电路如题 5.20 图所示，已知：$u_S(t)=\sqrt{2}\sin(2t-45°)\mathrm{V}$，要使 R_0 上获得最大功率，C_0 为何值？

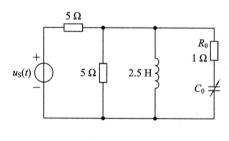

题 5.20 图

5.21　电路如题 5.21 图所示，已知 $u_S(t)=2\sin(0.5t+120°)\mathrm{V}$，试求：负载从该有源单口网络能获得的最大功率是多少？

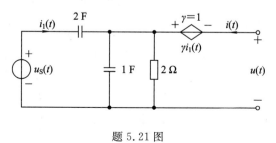

题 5.21 图

5.22 电路如题 5.22 图所示,已知 $\dot{U}_S = 6\angle 0°$,负载 Z_L 为何值时能获得最大功率?最大功率 P_{Lmax} 是多少?

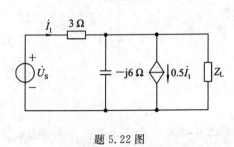

第 5 章习题 5.22 的解答.ppt

题 5.22 图

5.23 待机功率损耗比想象得多。手机充电器连接手机,假设手机充电时消耗功率为 3.68 W,充电器不连接手机,插在插座上消耗功率为 0.26 W,假设每天给手机充电 3 小时,但充电器插在插座上是 24 小时,一个月消耗多少千瓦的电量?每月只给手机充电消耗的功率是多少?

第6章 电路的频率特性与谐振

第6章的知识点.mp4

【内容提要及要求】 本章介绍电路频率特性的分析，即当多频信号加到线性网络的输入端时，输出端将得到怎样的信号，这与网络的频率特性有关。

本章首先介绍网络函数，从而推出频率特性的概念；然后介绍典型网络的频率特性以及非正弦周期性信号的概念、多频正弦电路的稳态分析；最后介绍网络的串联谐振电路及并联谐振电路的特点及分析方法。

要求掌握由网络函数推出频率特性及典型网络的频率特性分析；掌握多频正弦电路的稳态响应；熟练掌握网络的串联谐振和并联谐振，会利用计算机软件进行辅助 *RLC* 串联谐振电路分析。

【重点】 网络的频率特性；串联谐振电路及并联谐振电路的特点及分析方法。

【难点】 多频正弦电路的稳态响应；串联谐振电路及并联谐振电路的频率特性分析。

6.1 电路的频率特性与网络函数

在通信与无线电技术中，需要传输或处理的信号都不是单一频率的正弦信号，如广播电台、电视台、无线电通信等所传输的声音、图像信号，都由许多频率的正弦分量信号所组成。为了能够从这些信号中选出有用的信号，有必要研究电路在不同频率信号作用下响应的变化规律和特点，即电路的频率特性。本节将讨论在不同频率正弦信号激励下电路的传输特性，介绍网络函数的定义、分类，并分析典型网络的频率特性。

6.1.1 网络函数

电路(网络)本身的性能是由电路的结构和参数决定的。电路在单一正弦激励作用下处于稳态时，各部分响应都是同一频率的正弦量，**电路的输出相量与输入相量之比为网络函数**(network function)，用 $H(\mathrm{j}\omega)$ 表示，即

$$H(\mathrm{j}\omega) = \frac{\text{输出相量}}{\text{输入相量}} \tag{6.1}$$

若激励与响应属于同一端口，网络函数称为驱动点函数或策动点函数。若激励是电流，响应是电压，网络函数称为驱动点阻抗；若激励是电压，响应是电流，网络函数称为驱动点导纳。

若激励与响应属于不同端口，网络函数称为转移函数。若激励是电流，响应是电压，网络函数称为转移阻抗；若激励是电压，响应是电流，网络函数称为转移导纳；若激励是

电压,响应是电压,网络函数称为转移电压比;若激励是电流,响应是电流,网络函数称为转移电流比。

最常用的网络函数之一为电压转移函数(传递函数),即

$$H(j\omega) = \frac{\dot{U}_2}{\dot{U}_1} \tag{6.2}$$

网络函数 $H(j\omega)$ 通常为一个复数,可写为

$$H(j\omega) = H(\omega)\angle\varphi(\omega) \tag{6.3}$$

对于它的特性分析往往通过它的振幅、相位与频率的关系进行讨论。

$H(\omega)-\omega$ **关系,称为振幅与频率的特性,简称幅频特性**(amplitude-frequency characteristic),坐标系中我们可以画出它们的关系曲线,这条曲线称为幅频特性曲线。

$\varphi(\omega)-\omega$ **关系,称为相位与频率的特性,简称相频特性**(phase-frequency characteristic),坐标系中我们可以画出它们的关系曲线,这条曲线称为相频特性曲线。

幅频特性与相频特性合称为频率特性。

利用不同网络的幅频特性,可以设计出各种频率滤波器,如低通滤波器、高通滤波器、带通滤波器和带阻滤波器。利用相频特性,可以得到网络对输入正弦信号的相移作用。

6.1.2 典型网络的频率特性分析

1. RC 低通滤波网络

RC 低通滤波电路如图 6.1(a)所示。其网络函数(电压转移函数)为

$$H(j\omega) = \frac{\dot{U}_2}{\dot{U}_1} = \frac{\dfrac{1}{j\omega C}}{R + \dfrac{1}{j\omega C}} = \frac{1}{1 + j\omega CR} = \frac{1}{\sqrt{1 + (\omega CR)^2}}\angle(-\arctan\omega RC)$$

从上式可以得到幅频特性:

$$H(\omega) = \frac{1}{\sqrt{1 + (\omega CR)^2}} \tag{6.4}$$

相频特性:

$$\varphi(\omega) = -\arctan(\omega RC) \tag{6.5}$$

由此可知,当 $\omega = 0$ 时,得

$$H(\omega) = 1, \quad \varphi(\omega) = 0$$

当 $\omega = \dfrac{1}{RC}$ 时,得

$$H(\omega) = \frac{1}{\sqrt{2}}, \quad \varphi(\omega) = -45°$$

当 $\omega = \infty$ 时,得

$$H(\omega) = 0, \quad \varphi(\omega) = -90°$$

根据幅频关系和相频关系可以画出幅频特性曲线和相频特性曲线,见图 6.1(b)和图 6.1(c)。幅频特性曲线表明,对于同样大小的输入电压来说,频率越高,输出电压就越小,在直流时,输出电压最大,恰等于输入电压。因此,低频的正弦信号要比高频的正弦信号更容易通过这一网络,该网络称为 **RC 低通滤波网络**。为了衡量电路对信号的通过能力,

通常定义 $H(\omega)$ 下降到最大值的 $1/\sqrt{2}$ 时所对应的频率为**截止频率**(cut-off frequency)，记为 ω_c。对于上述低通电路，其截止频率为

$$\omega_c = \frac{1}{RC}$$

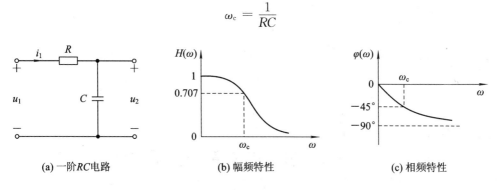

(a) 一阶 RC 电路   (b) 幅频特性   (c) 相频特性

图 6.1　RC 低通网络及其频率特性

$0 \sim \omega_c$ 这一频率范围称为电路的通频带(bandwidth，记为 B_w)；而 $\omega_c \sim \infty$ 这一频率范围称为阻带。

相频特性曲线表明，随着 ω 由零向 ∞ 变化，$\varphi(\omega)$ 单调趋向 $-90°$。$\varphi(\omega)$ 总是负，说明输出电压总是滞后于输入电压，所以 RC 低通电路又称为滞后网络。总之，该网络对输入正弦电压信号有相移作用，相移范围为 $0° \sim -90°$。

例 6.1　试求图 6.2(a)所示 RC 电路的网络函数，绘出电路的频率特性曲线，说明该电路具有何种滤波性质，计算截止频率和电路参数的关系。

解　图 6.2(a)的网络函数为

$$H(j\omega) = \frac{\dot{U}_2}{\dot{U}_1} = \frac{R}{R + \frac{1}{j\omega C}} = \frac{j\omega RC}{1 + j\omega RC} = H(\omega)\angle\varphi(\omega)$$

式中：

$$H(\omega) = \frac{\omega RC}{\sqrt{1 + (\omega RC)^2}}$$

$$\varphi(\omega) = \frac{\pi}{2} - \arctan(\omega RC)$$

由此可知：

当 $\omega = 0$ 时，$H(\omega) = 0$，$\varphi(\omega) = \frac{\pi}{2}$；

当 $\omega = \frac{1}{RC}$ 时，$H(\omega) = \frac{1}{\sqrt{2}}$，$\varphi(\omega) = 45°$；

当 $\omega = \infty$ 时，$H(\omega) = 1$，$\varphi(\omega) = 0$。

该 RC 电路的频率特性可大致画为图 6.2(b)、(c)。由幅频特性曲线可知，该电路对于高频信号有较大输出，但对于低频分量却阻止通过，故该电路具有高通滤波性质。

其截止频率为

$$\omega_c = \frac{1}{RC}$$

第 6 章 6.1 小结.mp4

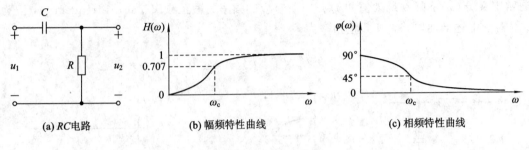

(a) RC电路   (b) 幅频特性曲线   (c) 相频特性曲线

图 6.2 例 6.1 电路图

6.2 多频正弦稳态电路

在工程实践中，电路的输入信号除了正弦信号之外，还有很多非正弦信号。非正弦信号又分为周期信号和非周期信号。本节首先介绍非正弦周期信号利用傅里叶级数展开为多频正弦信号的组合，求得每一频率电路的正弦稳态响应，反变换为时域进行叠加的谐波分析法，并介绍多频电路电压、电流的有效值、平均值和平均功率的计算。

6.2.1 非正弦周期信号

按非正弦规律变化的电压、电流称为非正弦信号。如果这种非正弦信号呈周期变化，则称非正弦周期信号。常见的非正弦周期信号有尖脉冲、矩形脉冲、锯齿波等，如图 6.3 所示。

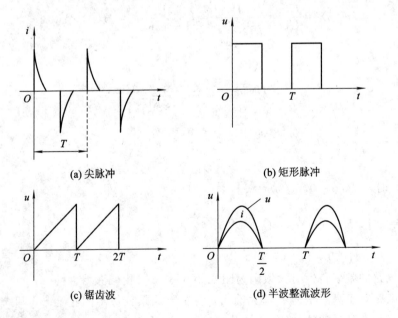

(a) 尖脉冲   (b) 矩形脉冲

(c) 锯齿波   (d) 半波整流波形

图 6.3 几种常见的非正弦周期信号

产生非正弦周期信号的原因通常有以下两种：

（1）电源电压为非正弦电压。如脉冲信号发生器产生的脉冲电压，如图 6.3(a)所示。

（2）电路中存在非线性元件。正弦电压作用于含有非线性元件的电路时，电路中的电流为非正弦的，如图 6.3(d)所示的半波整流波形。

根据数学中傅里叶级数的知识，这类周期信号均可以分解为三角级数形式，即

$$f(t) = A_0 + \sum_{k=1}^{\infty} (A_k \cos k\omega t + B_k \sin k\omega t) \tag{6.6}$$

式中，A_0、A_k、B_k 称为傅里叶系数。A_0 称作直流分量，$A_1 \cos \omega t$ 和 $B_1 \sin \omega t$ 称作基波分量，$A_2 \cos 2\omega t$ 和 $B_2 \sin 2\omega t$ 称作二次谐波分量……

例如锯齿波幅度为 U_m，周期为 T，则其傅里叶级数为

$$f(t) = U_m \left[\frac{1}{2} - \frac{1}{\pi} \left(\sin \omega t + \frac{1}{2} \sin 2\omega t + \frac{1}{3} \sin 3\omega t + \frac{1}{4} \sin 4\omega t + \cdots \right) \right]$$

由上式可知，非正弦周期信号可以分解为多个频率的正弦周期信号。

6.2.2 多频正弦信号的有效值

多频正弦信号的有效值定义与正弦交流电有效值的定义完全相同。正弦交流电的有效值在数值上等于与其在同一电阻上产生的热效应相等的直流电的大小。如用 I 表示该多频正弦信号的有效值电流，I_1、I_2、$\cdots$、I_N 表示各次谐波的有效值，则有

$$I^2 R = I_0^2 R + I_1^2 R + I_2^2 R + \cdots + I_N^2 R$$

因此

$$I = \sqrt{I_0^2 + I_1^2 + I_2^2 + \cdots + I_N^2} \tag{6.7}$$

同理，如用 U 代表周期电压 $u(t)$ 的有效值，则

$$U = \sqrt{U_0^2 + U_1^2 + U_2^2 + \cdots + U_N^2} \tag{6.8}$$

式中，U_0 为直流电压分量的数值，U_1，U_2，$\cdots$，U_N 为各次谐波不同频率正弦电压的有效值。

在用傅里叶级数将非正弦周期波分解为直流分量和各次谐波分量后，可以利用式（6.7）和式（6.8）计算该多频正弦波的有效值。

[例 6.2] 求电流 $i = 2 + 3\sin(t + 30°) + 4\sin(2t - 45°) A$ 的有效值 I。

解 由式（6.7）可得

$$I = \sqrt{2^2 + \left(\frac{3}{\sqrt{2}}\right)^2 + \left(\frac{4}{\sqrt{2}}\right)^2} = \sqrt{4 + 4.5 + 8} \approx 4.06 \text{ A}$$

6.2.3 多频正弦电路的平均功率

多频正弦电路的平均功率仍按其瞬时功率在一个周期内的平均值来定义。设任意一个二端网络的端电压和端电流分别为 $u(t)$、$i(t)$，取关联参考方向，则其平均功率为

$$P = \frac{1}{T} \int_0^T p(t) \, dt = \frac{1}{T} \int_0^T u(t) i(t) \, dt \tag{6.9}$$

式中，对 $u(t) i(t)$ 的积分不为零的项只有 $U_0 I_0$ 和同频率的电压谐波和电流谐波乘积项，即多频电路的平均功率为

$$P = U_0 I_0 + \sum_{k=0}^{n} U_k I_k \cos \varphi_k \quad (k = 1, 2, \cdots, n) \tag{6.10}$$

式(6.10)说明，**多个不同频率的正弦电压或电流所产生的总平均功率等于每个正弦电压（或电流）单独作用时所形成的平均功率之和。**

[例 6.3] 已知流过 5 Ω 电阻的电流为 $i(t) = (5 + 10\sqrt{2}\sin t + 5\sqrt{2}\sin 2t)$ A，试求电阻吸收的平均功率。

解 分别计算各种频率成分的平均功率，再相加，即

$$P = P_0 + P_1 + P_2 = I_0^2 R + I_1^2 R + I_2^2 R = (5^2 \times 5 + 10^2 \times 5 + 5^2 \times 5)\text{W} = 750 \text{ W}$$

或 $P = I^2 R = (\sqrt{150})^2 \times 5 = 750$ W，式中 $I = \sqrt{150}$ A 是多频正弦信号电流的有效值。此种求平均功率的方法只适用于负载是纯电阻的情况。

[例 6.4] 已知有源二端网络中，激励为多频正弦信号：

$$u = [50 + 85\sin(\omega t + 30°) + 56.6\sin(2\omega t + 10°)]\text{V}$$

并已求得电流

$$i = [1 + 0.707\sin(\omega t - 20°) + 0.424\sin(2\omega t + 50°)]\text{A}$$

试求电路的平均功率。

解 平均功率为

$$P = P_0 + P_1 + P_2 = 50 \times 1 + \frac{85 \times 0.707}{2}\cos[30° - (-20°)]$$

$$+ \frac{56.6 \times 0.424}{2}\cos[10° - 50°]$$

$$= 50 + 19.3 + 9.2 = 78.5 \text{ W}$$

特别注意的是， 电路在频率相同的几个正弦信号激励下时，不能用平均功率叠加的方法来计算平均功率。应该先利用叠加定理（相量相加后求时域）计算出总的电压和电流后，再利用公式 $P = UI\cos\varphi$ 来计算平均功率。

6.2.4 多频正弦电路的稳态响应

研究多频正弦信号输入下的电路响应，基本思想是分别计算各正弦分量作用于电路时产生的响应，计算方法与直流电路及正弦交流稳态电路完全相同，然后利用叠加定理，对电路在各正弦分量作用下的相量响应写出对应的瞬时值解析式，再进行叠加，求出多频正弦信号电流（电压）的解析式。但要**注意：各正弦信号分量作用于电路时需分别做不同频率的相量模型，即电感和电容对不同频率的信号有不同的电抗，对于直流分量，电感相当于短路，电容相当于开路。这种方法只适用于线性电路。**

[例 6.5] 如图 6.4 所示电路中，$u_S(t) = 40 + 180\sin\omega t + 60\sin(3\omega t + 45°) + 20\sin(5\omega t + 18°)$V，$f = 50$ Hz，求电流 $i(t)$ 及其有效值 I。

解 首先运用叠加定理，分别计算出输入电压各谐波分量单独作用时的电流分量；然后在时域进行叠加，求出输入电流 $i(t)$；最后按多频正弦电路有效值的计算公式，计算出 $i(t)$ 的有效值 I。

(1) 计算输入电流 $i(t)$。

激励 $u_S(t)$ 表达式右边四项可视为四个串联电压源电压的和。

① 当直流电压分量单独作用时，电容为开路，故输入直流分量电流为

$$I_0 = 0 \text{ A}$$

② 基波电压分量单独作用时，有

$$Z_1 = 10 + \mathrm{j}\left(314 \times 0.05 - \frac{10^6}{314 \times 22.5}\right) \approx 126 \angle -85° \ \Omega$$

$$\dot{I}_{1\mathrm{m}} = \frac{\dot{U}_{1\mathrm{m}}}{Z_1} = \frac{180 \angle 0°}{126 \angle -85°} \approx 1.43 \angle 85° \ \mathrm{A}$$

$$i_1(t) = 1.43 \ \sin(\omega t + 85°) \mathrm{A}$$

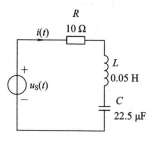

图 6.4　例 6.5 电路图

③ 三次谐波电压分量单独作用时，有

$$Z_3 = 10 + \mathrm{j}\left(3 \times 314 \times 0.05 - \frac{10^6}{3 \times 314 \times 22.5}\right) \approx 10 \angle 0° \ \Omega$$

$$\dot{I}_{3\mathrm{m}} = \frac{\dot{U}_{3\mathrm{m}}}{Z_3} = \frac{60 \angle 45°}{10 \angle 0°} \approx 6 \angle 45° \ \mathrm{A}$$

$$i_3(t) = 6 \ \sin(3\omega t + 45°) \mathrm{A}$$

④ 同理，五次谐波电压分量单独作用时，有

$$Z_5 = 10 + \mathrm{j}\left(5 \times 314 \times 0.05 - \frac{10^6}{5 \times 314 \times 22.5}\right) \approx 51.2 \angle 78.7° \ \Omega$$

$$\dot{I}_{5\mathrm{m}} = \frac{\dot{U}_{5\mathrm{m}}}{Z_5} = \frac{20 \angle 18°}{51.2 \angle 78.7°} \approx 0.39 \angle -60.7° \ \mathrm{A}$$

$$i_5(t) = 0.39 \ \sin(5\omega t - 60.7°) \mathrm{A}$$

第 6 章 6.2 小结.mp4

⑤ 利用叠加定理，求出端口输入电流为

$$i(t) = i_1(t) + i_3(t) + i_5(t)$$

$$= 1.43 \ \sin(\omega t + 85°) + 6 \ \sin(3\omega t + 45°) + 0.39 \ \sin(5\omega t - 60.7°) \mathrm{A}$$

（2）计算电流 $i(t)$ 的有效值为

$$I = \sqrt{\left(\frac{1.43}{\sqrt{2}}\right)^2 + \left(\frac{6}{\sqrt{2}}\right)^2 + \left(\frac{0.39}{\sqrt{2}}\right)^2} \approx 4.37 \ \mathrm{A}$$

6.3　电路的谐振

含有电感、电容和电阻元件的单口网络，在某一工作频率上，出现端口电压和电流的相位相同的情况时，称电路发生谐振。能发生谐振的电路，称为谐振电路（resonant circuit）。谐振是正弦稳态电路的一种特定工作状况，在生产和科研中常会遇到。

本节讨论最基本的 RLC 串联和并联谐振电路谐振时的特性，以及电路的选择性与通频带和品质因数的关系。

6.3.1　RLC 串联谐振

图 6.5 所示 RLC 串联电路，在可变频率的正弦电压源 u_S 激励下，由于电感、电容等动态元件的存在，电路中电流、各元件两端电压等响应也随频率的变化而变化。电路的总阻抗为

$$Z = R + \mathrm{j}\left(\omega L - \frac{1}{\omega C}\right) = |\ Z\ | \ \angle \varphi \qquad (6.11)$$

$$\varphi = \varphi_u - \varphi_i = \arctan \frac{X}{R} = \arctan \frac{\omega L - \dfrac{1}{\omega C}}{R} \qquad (6.12)$$

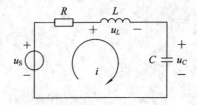

图 6.5 RLC 串联谐振电路

由式(6.11)、式(6.12)可见，当 $X = \omega L - \dfrac{1}{\omega C} = 0$ 时，即有 $\varphi = 0$，即电压 $\dot{U}_S$ 和电流 $\dot{I}$ 同相，电路发生谐振。

1. 谐振条件

$X = 0$，即

$$\omega L = \frac{1}{\omega C}$$

令此时的角频率为 ω_0，解上式得

$$\boxed{\omega_0 = \frac{1}{\sqrt{LC}}} \qquad (6.13)$$

对应的谐振频率

$$\boxed{f_0 = \frac{1}{2\pi \sqrt{LC}}} \qquad (6.14)$$

从式(6.13)和式(6.14)可以看出，RLC 串联电路的谐振频率只有一个，而且仅与电路中 L、C 有关，与电阻 R 无关。所以 $\omega_0(f_0)$ 称为电路的固有频率。

2. RLC 串联电路发生谐振的方式

(1) 当电源频率一定时，可调节电路中的电感 L 或电容 C 的数值，使电路谐振。例如在无线电接收机中，就是用调节电容达到谐振的办法来选择所要接收的信号的。

(2) L、ω 不变，改变 C（调容调谐）。

(3) C、ω 不变，改变 L（调感调谐）。

3. 串联谐振电路的特点

(1) 谐振时，电路总阻抗最小且为纯电阻，即 $Z = R$。图 6.6 为电路阻抗的模 $|Z|$ 的变化曲线，$Z_0 = R$ 为谐振阻抗。

(2) 谐振时，电路的电抗为零，$X = 0$，感抗与容抗相等。

(3) 谐振时，电路中的电流最大，且与电源电压同相。

由于 RLC 串联电路阻抗的模为

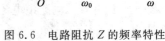

图 6.6 电路阻抗 Z 的频率特性

$$|Z| = \sqrt{R^2 + X^2} = \sqrt{R^2 + \left(\omega L - \frac{1}{\omega C}\right)^2}$$

故电流有效值（为频率的函数）为

$$I(\omega) = \frac{U_s}{\sqrt{R^2 + X^2}} = \frac{U_s}{\sqrt{R^2 + \left(\omega L - \dfrac{1}{\omega C}\right)^2}}$$

由上可知，当电路发生谐振时，电抗 $X = 0$，因而阻抗为极小值，且为电阻性。所以在电压 U_s 为定值的条件下电流为极大值，并且电流与电源电压同相。这时的最大电流为 $I = I_0 = \dfrac{U_s}{R}$。

(4) 谐振时，电感电压与电容电压大小相等，相位相反，其大小为电源电压的 Q_0 倍：
$$U_L = U_C = Q_0 U_s \tag{6.15}$$
谐振时，电感和电容两端的电压分别为
$$\dot{U}_L = \mathrm{j}\omega_0 L \dot{I}_0 = \mathrm{j}\frac{\omega_0 L}{R}\dot{U}_s \tag{6.16}$$

$$\dot{U}_C = -\mathrm{j}\frac{1}{\omega_0 C}\dot{I}_0 = -\mathrm{j}\frac{1}{\omega_0 CR}\dot{U}_s \tag{6.17}$$

工程上将发生谐振时电容或电感元件两端电压有效值与端口电压有效值的比值称为电路的品质因数（quality factor），用字母 Q_0 表示，即
$$Q_0 = \frac{U_L(\omega_0)}{U_s} = \frac{U_C(\omega_0)}{U_s} = \frac{\omega_0 L}{R} = \frac{1}{\omega_0 RC} = \frac{1}{R}\sqrt{\frac{L}{C}} \tag{6.18}$$
品质因数 Q_0 的大小可达几十至几百，一般为 $50 \sim 200$。由此可得
$$\boxed{U_L = U_C = Q_0 U_s} \tag{6.19}$$
上述结果表明，RLC 串联电路发生谐振时电感两端电压与电容两端电压有效值大小相等，且等于电源电压有效值的 Q_0 倍。

由于谐振电路的品质因数很高，所以可知动态元件两端的电压在谐振状态下要比外加的信号源电压大得多，这种特性是 RLC 串联电路所特有的，**因而串联谐振又称为电压谐振**。在电力工程中，这种高电压可能击穿电容器或电感器的绝缘，因此要避免串联谐振或接近串联谐振的发生。在通信工程中恰好相反，由于其工作信号比较微弱，往往利用串联谐振来获得所需信号和比较高的电压。

(5) 谐振时，电路无功功率为零，电源供给电路的能量，全部消耗在电阻上。

谐振时，电感的无功功率与电容的无功功率相等，电路总的无功功率为零。这说明电感与电容之间有能量交换，而且达到完全补偿，电路不与电源进行能量交换，电源供给电路的能量，全部消耗在电阻上。

[**例 6.6**] 在图 6.5 所示的 RLC 串联电路中，已知 $R = 10\ \Omega$，$L = 64\ \mu\mathrm{H}$，$C = 100\ \mathrm{pF}$，电源电压 $U = 0.5\ \mathrm{V}$，对电源频率谐振。求谐振频率、品质因数、电路中的电流和电容 C 上的电压。

解 谐振频率为
$$f_0 = \frac{1}{2\pi\sqrt{LC}} = \frac{1}{2\pi\sqrt{64 \times 10^{-6} \times 100 \times 10^{-12}}} = 1.99\ \mathrm{MHz}$$

品质因数
$$Q_0 = \frac{1}{R}\sqrt{\frac{L}{C}} = \frac{1}{10}\sqrt{\frac{64 \times 10^{-6}}{100 \times 10^{-12}}} = 80$$

回路电流（谐振时的电流）

$$I_0 = \frac{U}{R} = \frac{0.5}{10} = 0.05 \text{ A}$$

电容上的电压

$$U_C = Q_0 U = 80 \times 0.5 = 40 \text{ V}$$

[例 6.7] 某收音机输入回路等效为 RLC 串联电路，$L=0.3$ mH，$R=10$ Ω，为收到中央电台 560 kHz 信号，求：(1) 调谐电容 C 值；(2) 如输入电压为 1.5 μV，求谐振电流和此时的电容电压。

解 (1)
$$C = \frac{1}{(2\pi f)^2 L} = 269 \text{ pF}$$

(2)
$$I_0 = \frac{U}{R} = \frac{1.5}{10} \text{ A} = 0.15 \text{ } \mu\text{A}$$

$$U_C = QU = \frac{\omega_0 L}{R} U = \frac{2\pi f_0 L}{R} U = \frac{2 \times 3.14 \times 560 \times 10^3 \times 0.3 \times 10^{-3}}{10} \times 1.5 = 158.3 \text{ } \mu\text{V}$$

4. 频率特性

电路从输入的全部信号中选出所需信号的能力称为电路的选择性。谐振电路的选择性是用来描述电路选择有用电信号能力的指标。为了说明电路选择性的好坏，有必要研究谐振回路中电流(或电压)的大小和频率的关系，即频率特性。

在图 6.7 中，若取电阻 R 上的电压为 u_2，则网络函数为

$$H(\text{j}\omega) = \frac{\dot{U}_2}{\dot{U}_S} = \frac{R}{R + \text{j}\left(\omega L - \frac{1}{\omega C}\right)} = \frac{1}{1 + \text{j}\left(\frac{\omega L}{R} - \frac{1}{\omega R C}\right)}$$

因 $Q_0 = \frac{\omega_0 L}{R} = \frac{1}{\omega_0 R C}$，代入上式，上式可改写为

$$H(\text{j}\omega) = \frac{\dot{U}_2}{\dot{U}_S} = \frac{1}{1 + \text{j}Q_0\left(\frac{\omega}{\omega_0} - \frac{\omega_0}{\omega}\right)} \tag{6.20}$$

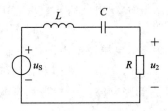

图 6.7 串联谐振电路

其幅频特性为

$$H(\omega) = \frac{U_2(\omega)}{U_S} = \frac{1}{\sqrt{1 + Q_0^2\left(\frac{\omega}{\omega_0} - \frac{\omega_0}{\omega}\right)^2}} \tag{6.21}$$

因为 $U_2(\omega) = RI(\omega)$，$I_0 = \frac{U_S}{R}$，代入式(6.21)又可得到

$$\frac{I(\omega)}{I_0} = \frac{1}{\sqrt{1 + Q_0^2\left(\frac{\omega}{\omega_0} - \frac{\omega_0}{\omega}\right)^2}} \tag{6.22}$$

由上可见，当 $\omega=0$ 或 $\omega=\infty$ 时，$H(\omega)=0$；当 $\omega=\omega_0$ 时，电路谐振，$H(\omega)=1$，达最大值，说明 RLC 串联电路具有带通滤波特性。式(6.21)不仅与频率有关，而且与 Q_0 的大小有关。式(6.22)也可改写为

$$\frac{I(f)}{I_0} = \frac{1}{\sqrt{1 + Q_0^2 \left(\dfrac{f}{f_0} - \dfrac{f_0}{f}\right)^2}} \tag{6.23}$$

图 6.8 为不同 Q_0 值的频率特性。

5. 通频带

工程中为了定量地衡量选择性，常用通频带来说明谐振电路选择性的好坏。

(1) 定义。

当电路外加电压的幅值保持不变时，电路中电流不小于谐振电流值的 $\dfrac{1}{\sqrt{2}}=0.707$ 的频率范围，称为谐振电路的通频带，用 B_{W} 表示，如图 6.9 所示，其通频带的宽度为

$$\boxed{B_{\mathrm{W}} = f_2 - f_1 = \Delta f} \tag{6.24}$$

式中，f_1 称为电路的下边界频率，f_2 称为上边界频率。

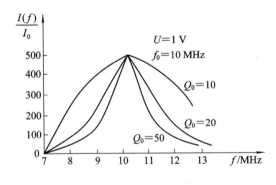
图 6.8　电流谐振曲线

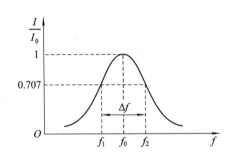
图 6.9　通频带示意图

(2) 通频带与回路参数的关系。

根据通频带的定义，由式(6.24)进一步推导可得

$$B_{\mathrm{W}} = f_2 - f_1 = \frac{f_0}{Q_0} \tag{6.25}$$

可见，通频带 B_{W} 与品质因数 Q_0 值成反比，Q_0 越大，谐振曲线越尖锐，通频带就越窄，回路的选择性就越强。反之则回路的选择性就越差。但通频带过窄，信号通过谐振回路容易产生幅度失真，所以 Q_0 值并不是越大越好，应保证信号通过回路后幅度失真不超过允许的范围，在此前提下，尽可能提高回路的选择性。

[例 6.8]　欲接收载波频率为 10 MHz 的某短波电台的信号，试求接收机输入谐振电路的电感线圈的电感 L 和线圈导线的电阻 R。要求带宽 $\Delta f=100$ kHz，$C=100$ pF。

解　由　　　　　　　　　　$f_0 = \dfrac{1}{2\pi\sqrt{LC}}$

求得

$$L = \frac{1}{4\pi^2 f_0^2 C} = \frac{1}{4\pi^2 \times 10^{14} \times 10^{-10}} = 2.53\ \mu\text{H}$$

$$Q = \frac{f_0}{\Delta f} = \frac{10 \times 10^6}{100 \times 10^3} = 100$$

$$R = \frac{1}{Q\omega_0 C} = \frac{1}{100 \times 2\pi \times 10^7 \times 10^{-10}} = 1.59 \ \Omega$$

若电感线圈采用高频磁芯，它的损耗会引入一些电阻，又由于高频电流在导线横截面中的分布不均匀，所以实际电感线圈导线的直流电阻比 1.59 Ω 小。

6.3.2 *RLC* 并联谐振

串联谐振电路适用于内阻较小的信号源。若信号源内阻较大，将会使电路的品质因数 Q_0 严重降低，选择性变差，此时应采用并联谐振电路。由电感线圈和电容器相并联构成的谐振电路称为并联谐振电路，如图 6.10 所示。其总导纳为

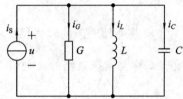

$$Y = G + \mathrm{j}\left(\omega C - \frac{1}{\omega L}\right) = G + \mathrm{j}B$$

其总电流为

$$\dot{I}_S = Y\dot{U} = \left[G + \mathrm{j}\left(\omega C - \frac{1}{\omega L}\right)\right]\dot{U}$$

图 6.10 *RLC* 并联电路

1. 谐振条件

导纳 B 的虚部为零，Y 为纯电导，电流 $\dot{I}_S$ 与电压 $\dot{U}$ 同相，即

$$\omega C = \frac{1}{\omega L}$$

由上式可以求得谐振角频率和谐振频率分别为

$$\boxed{\omega_0 = \frac{1}{\sqrt{LC}}} \tag{6.26}$$

$$\boxed{f_0 = \frac{1}{2\pi \sqrt{LC}}} \tag{6.27}$$

2. 谐振特点

(1) 谐振时导纳最小，阻抗最大：
$$Y_0 = G$$

(2) 外加电压一定时，总电流最小，$I_S = GU$；

(3) 总电流 $\dot{I}_S$ 与电压 $\dot{U}$ 同相；

(4) 电路的品质因数为

$$\boxed{Q_0 = \frac{\omega_0 C}{G} = \frac{1}{\omega_0 LG}} \tag{6.28}$$

谐振时电感支路和电容支路的电流为

$$\boxed{I_C = I_L = Q_0 I_S} \tag{6.29}$$

即并联谐振时，电感电流和电容电流的幅度等于总电流 I_S 的 Q_0 倍，这种情况是并联谐振所特有的现象，所以并联谐振又称为电流谐振。图 6.11 为 *RLC* 并联谐振电路中各电流随频率变化的变化曲线。

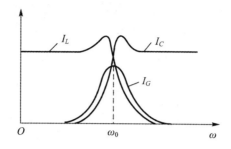

图 6.11　并联谐振电路中各电流随频率变化的情形

3. 实际并联谐振电路

实际的并联谐振电路由电感线圈和电容器并联组成。其中电容损耗极小可忽略不计，r 为线圈的损耗电阻，其电路模型如图 6.12 所示。

电路的复导纳为

$$Y = \frac{1}{r + j\omega L} + j\omega C = \frac{r}{r^2 + (\omega L)^2} + j\left(\omega C - \frac{\omega L}{r^2 + (\omega L)^2}\right)$$
$$= G + jB$$

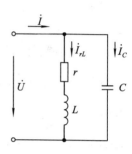

图 6.12　实际的并联谐振电路

若要并联谐振电路发生谐振，复导纳虚部应为零，即

$$\omega_0 C = \frac{\omega_0 L}{r^2 + (\omega_0 L)^2}$$

在通信和无线电技术中，线圈损耗电阻 r 一般非常小，在谐振频率附近总满足 $\omega L \gg r$，因此可忽略分子中的 r，于是得

$$\omega_0 C \approx \frac{1}{\omega_0 L} \tag{6.30}$$

谐振角频率为

$$\omega_0 \approx \frac{1}{\sqrt{LC}} \tag{6.31}$$

谐振频率为

$$f_0 \approx \frac{1}{2\pi \sqrt{LC}} \tag{6.32}$$

品质因数为

$$Q_0 = \frac{\omega_0 L}{r} \tag{6.33}$$

4. 频率特性

对于图 6.13(a)所示的 RLC 并联电路，与串联谐振电路相似，其幅频特性为

$$H(\omega) = \frac{I_2(\omega)}{I_S} = \frac{1}{\sqrt{1 + Q_0^2 \left(\frac{\omega}{\omega_0} - \frac{\omega_0}{\omega}\right)^2}} \tag{6.34}$$

第 6 章 6.3 小结.mp4

特性曲线示于图 6.13(b)。考虑到 $U(\omega)G = I_2(\omega)$，谐振时 $I_S = U_0 G$，代入式(6.34)又可得

$$\frac{U(\omega)}{U_0} = \frac{1}{\sqrt{1 + Q_0^2 \left(\dfrac{\omega}{\omega_0} - \dfrac{\omega_0}{\omega}\right)^2}} \tag{6.35}$$

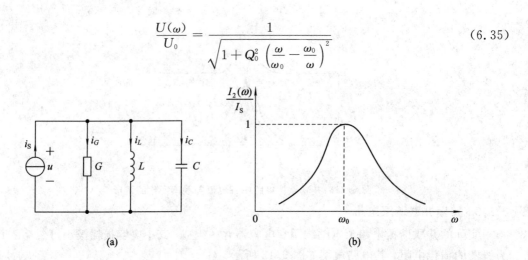

图 6.13　RLC 并联电路及其幅频特性

式(6.34)表明，并联谐振也具有选择性，而且电路的 Q_0 值越大，选择性就越好。并联谐振电路的通频带与串联谐振电路的表达形式相同，这里不再赘述。

6.4　应　　用

1. 串联谐振电路的应用

在无线电接收设备中，常用串联谐振作为输入协调电路，用来接收相应的频率信号。图 6.14 是收音机谐振电路的选频原理图。图中，L_1 为接收天线，实际线圈 L_2 与可调电容 C 组成串联谐振电路，选出所需的电台，L_3 是将选择的信号送接收电路的电感线圈，e_1、e_2、e_3 为接收天线 L_1 感应出的来自三个不同电台（不同频率）的电动势信号。

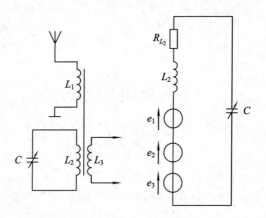

图 6.14　谐振电路的选频原理图

如果要收听 e_1 频段信号，可以通过调节可调电容 C 使电路的谐振频率和 e_1 频段的频率 f_{e1} 相等，即利用 $f_{e1} = \dfrac{1}{2\pi\sqrt{L_2 C}}$ 可得所需电容 C 的容量，将电容 C 调到该值，使输入调谐回路对 e_1 频段信号发生谐振，则在输入调谐回路中该频段信号电流最大，在电感线圈 L_3 两端就会得到最高的输出电压并送到接收电路，经解调、放大，就能收听到 e_1 频段的节目。

[例 6.9] 某收音机的输入回路可以简化为 RLC 串联电路，已知 $L = 300\ \mu H$，现欲收听江苏新闻台 720 kHz 和无锡新闻台 585 kHz 的节目，试求对应的电容 C 的值。

解 根据 $\omega_0 = \dfrac{1}{\sqrt{LC}}$，$f_0 = \dfrac{1}{2\pi\sqrt{LC}}$ 有

$$C = \frac{1}{(2\pi f_0)^2 L}$$

解得：收听江苏新闻台节目时 $C = 180$ pF，收听无锡新闻台节目时 $C = 160$ pF。

2. 并联谐振电路的应用

在工程实际应用中，并联谐振电路可以用来选频、滤波。图 6.15 是并联谐振阻抗与电流特性曲线。从图中可以看出，当并联谐振电路发生谐振时，阻抗最大，而电流最小。利用其谐振时阻抗最大这一特性，常把并联谐振回路作为调谐放大器的负载；而利用电流最小这一特性，把并联谐振回路用作滤波电路。

在图 6.16 中，电路中有三个不同频率的电压源，如果滤除电压源 e_1 的电信号，那么只要调整电容 C，使得 L 和 C 组成的并联谐振频率与电压源 e_1 的频率 f_{e1} 相同即可，即 $f_0 = f_{e1} = \dfrac{1}{2\pi\sqrt{LC}}$。

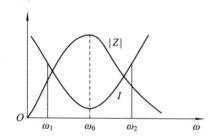

图 6.15　并联谐振阻抗与电流特性曲线

图 6.16　并联谐振电路滤波

[例 6.10] 在图 6.17 电路中，已知 $L = 100$ mH，输入信号含有 $f_0 = 100$ Hz，$f_1 = 500$ Hz，$f_2 = 1$ kHz 的三种频率信号，若要将 f_0 频率的信号滤去，则应选择多大的电容？

解 当 LC 并联电路在 f_0 频率下发生并联谐振时，可滤去此频率信号。因为 $f_0 = \dfrac{1}{2\pi\sqrt{LC}}$，所以

$$C = \frac{1}{(2\pi f_0)^2 L} = \frac{1}{(2\pi \times 100)^2 \times 100 \times 10^{-3}}\ \mu F = 25.4\ \mu F$$

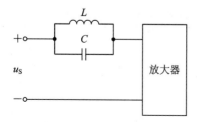

图 6.17　例 6.10 题图

6.5 计算机辅助电路分析

本节通过仿真软件观察并确定 RLC 串联谐振的频率。通过改变信号源的频率，使电阻上的电压达到最大值 u_S 时的频率就是谐振频率。

如图 6.18 所示电路，交流电压源振幅为 10 V，频率可调，R、L、C 串联，三个万用表分别测量三个元件的电压值，双踪示波器 A 路显示电路的总电压 u_S 波形，B 路显示电阻电压 u_R 的波形。各元器件参数如图 6.18 所示。

（1）图中 $C_1 = 10\ \mu F$，$L_1 = 56\ mH$，$R_1 = 56\ \Omega$，当电路发生谐振时，根据公式 $f_0 = \dfrac{1}{2\pi\sqrt{LC}}$ 可以得出，谐振频率 $f_0 = 212.787\ Hz$。此时，电源电压等于电阻上的电压，电路的阻抗值最小，回路电流最大。电感两端电压与电容两端电压大小相等，相位相反。

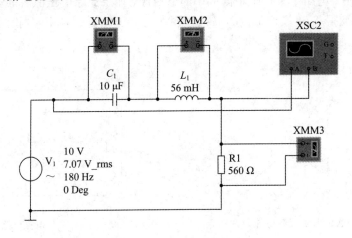

图 6.18 RLC 串联谐振电路

（2）改变电压源的频率，测试并记录 R、L、C 的电压值，并计算电流 I，如表 6.1 所示。可知，当频率为 212 Hz 时，电阻电压 u_R 的读数达到最大值 u_S，且回路中电流达到最大值，电感电压等于电容电压，即此时电路发生谐振。

（3）图 6.19(a) 为 $f = 180\ Hz$ 时的波形，此时电压源电压 u_S 和电阻电压 u_R 相位不同，电路呈现电感性。图 6.19(b) 为 $f = 212\ Hz$ 时的波形，此时电压源电压 u_S 和电阻电压 u_R 同相位且相等，电路呈现电阻性，发生谐振。

表 6.1 谐振曲线的测量数据表

f/Hz	100	120	180	212	220	300	320
U_R/V	4.117	5.266	9.126	10	9.959	7.259	6.652
U_C/V	11.7	12.472	14.41	13.405	12.866	6.91	5.907
U_L/V	2.587	3.97	10.322	13.32	13.767	13.751	13.347
I/A	0.0735	0.0943	0.1629	0.1785	0.1778	0.1296	0.1187

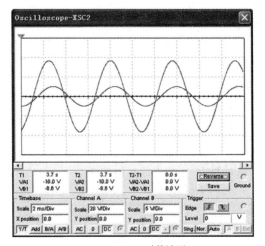
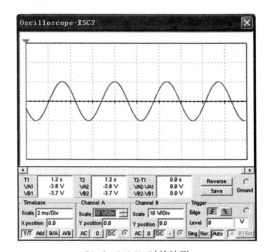

(a) $f = 180\,\text{Hz}$ 时的波形 (b) $f = 212\,\text{Hz}$ 时的波形

图 6.19 波形图

6.6 本章小结

1. 网络函数

电路的输出相量与输入相量之比为网络函数,用 $H(\text{j}\omega)$ 表示,即

$$H(\text{j}\omega) = \frac{\text{输出相量}}{\text{输入相量}}$$

最常用的网络函数之一为电压转移函数

$$H(\text{j}\omega) = \frac{\dot{U}_2}{\dot{U}_1} = H(\omega) \angle \varphi(\omega)$$

其中,$H(\omega)$ 称为幅频特性,$\varphi(\omega)$ 称为相频特性。二者合称为频率特性(频率响应)。

2. 多频正弦信号的有效值

多频正弦信号的电流有效值为

$$I = \sqrt{I_0^2 + I_1^2 + I_2^2 + \cdots + I_N^2}$$

多频正弦信号的电压有效值为

$$U = \sqrt{U_0^2 + U_1^2 + U_2^2 + \cdots + U_N^2}$$

3. 多频正弦电路的平均功率

$$P = U_0 I_0 + \sum_{k=0}^{n} U_k I_k \cos\varphi_k \quad (k = 1, 2, \cdots, n)$$

4. RLC 串联谐振电路

(1)谐振条件:

$$\omega_0 L = \frac{1}{\omega_0 C}$$

(2)品质因数:

$$Q_0 = \frac{\omega_0 L}{R} = \frac{1}{\omega_0 RC} = \frac{1}{R}\sqrt{\frac{L}{C}}$$

(3) RLC 串联谐振电路的特点：

① 谐振时，电路总阻抗最小且为纯电阻，即 $Z = R$；

② 谐振时，电路的电抗为零，$X = 0$，感抗与容抗相等；

③ 谐振时，电路中的电流最大，且与电源电压同相；

④ 谐振时，电感电压与电容电压大小相等，相位相反，其大小为电源电压的 Q_0 倍，即

$$U_L = U_C = Q_0 U_S$$

⑤ 谐振时，电路无功功率为零，电源供给电路的能量全部消耗在电阻上。

(4) 通频带：

$$B_W = f_2 - f_1 = \frac{f_0}{Q_0}$$

5. RLC 并联谐振电路

谐振条件：

$$\omega_0 C = \frac{1}{\omega_0 L}$$

品质因数：

$$Q_0 = \frac{\omega_0 C}{G} = \frac{1}{\omega_0 LG} = \frac{1}{G}\sqrt{\frac{C}{L}}$$

L、C 上的电流为

$$I_L = I_C = Q_0 I_S$$

通频带为

$$B_W = \frac{f_0}{Q_0}$$

习　题　6

6.1　判断题

(1) 串联谐振电路不仅广泛应用于电子技术中，也广泛应用于电力系统中。　（　　）

(2) 谐振电路的品质因数越高，电路选择性越好，因此实用中 Q 值越大越好。　（　　）

(3) 串联谐振在 L 和 C 两端将出现过电压现象，因此也把串联谐振称为电压谐振。

（　　）

(4) 谐振状态下电源供给电路的功率全部消耗在电阻上。　（　　）

6.2　填空题

(1) 在含有 R、L、C 的电路中，出现总电压、电流同相位，这种现象称为_____。这种现象若发生在串联电路中，则电路中阻抗_____，电压一定时电流_____。

(2) RLC 串联谐振电路的品质因数越_____，电路的选择性越好。

(3) RLC 串联的正弦电路发生谐振的条件是_____。

(4) RLC 并联电路的谐振角频率为 ω_0，当 $\omega = \omega_0$ 时呈阻性，当 $\omega < \omega_0$ 时呈_____，

当 $\omega > \omega_0$ 时呈_____。

6.3 选择题

(1) 根据有关概念判断下列哪些电路有可能发生谐振。（ ）

A. 纯电阻电路　　　B. RL 电路　　　C. RLC 电路　　　D. RC 电路

(2) 处于谐振状态的 RLC 串联电路，当电源频率升高时，电路将呈现出（ ）。

A. 电阻性　　　　B. 电感性　　　　C. 电容性　　　　D. 不确定

(3) RLC 串联电路谐振时，其无功功率为 0，说明（ ）。

A. 电路中无能量交换

B. 电路中电容、电感和电源之间有能量交换

C. 电路中电容和电感之间有能量交换，而与电源之间无能量交换

D. 无法确定

(4) RLC 串联电路中，增大 R，则品质因数 Q_0 将（ ）。

A. 增大　　　　B. 减小　　　　C. 不变　　　　D. 不确定

(5) RLC 串联电路发生谐振时，电路中的电容电压与电感电压的关系是（ ）。

A. $U_L > U_C$　　　B. $U_L < U_C$　　　C. $U_L = U_C$　　　D. $U_L = 2U_C$

6.4 试求题 6.4 图所示网络的网络函数 $H(\mathrm{j}\omega) = \dfrac{\dot{U}_2}{\dot{U}_1}$，并画出其幅频特性和相频特性。

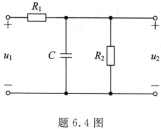
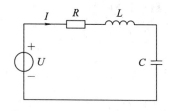

题 6.4 图　　　　　　　　　　　　　题 6.7 图

6.5 已知某单口网络，激励为非正弦周期信号：$u(t) = [100 + 100\sqrt{2}\,\sin t + 30\sqrt{2}\,\sin 3t + 15\sqrt{2}\,\sin 5t]$V，并已求得电流 $i(t) = [10 + 50\sqrt{2}\,\sin(t-45°) + 10\sqrt{2}\,\sin(3t-60°)]$A。试求电路的电压有效值及平均功率。

6.6 单口网络的端口电压为
$$u(t) = [100 + 100\sin(\omega t) + 50\sin(2\omega t) + 30\sin(3\omega t)]\mathrm{V}$$
电流为
$$i(t) = [10\sin(\omega t - 60°) + 2\sin(3\omega t - 135°)]\mathrm{A}$$
求单口网络的电压有效值、电流有效值及平均功率。

6.7 题 6.7 图所示的 RLC 串联电路中，假设信号源电压 $U_s = 1$ V，回路的电感量 $L = 160\ \mu\mathrm{H}$，$C = 250$ pF，$R = 10\ \Omega$。试求发生谐振时的频率 f_0、品质因数 Q_0、电感电压 U_L 和电流 I_0。

6.8 某收音机要接收的无线电广播频率范围是 550 kHz～1.6 MHz，且它的输入部分可以等效成一个 RLC 串联电路，$L = 320$ H，试求需要用多大变化范围的可变电容。

6.9 已知电源电压 $U_s = 10$ V，角频率 $\omega = 3000$ rad/s，调节电容 C 使电路达到串联谐振，谐振电流 $I_0 = 100$ mA，谐振电容电压 $U_C = 200$ V，试求 R、L、C 以及回路品质因

数 Q_0。

6.10　已知 R、L、C 串联电路中，设 $U=10$ V，$R=10$ Ω，$C=400$ pF，$\omega_0=10^7$ rad/s，试求 Q_0、电感 L、通频带 $\Delta\omega$ 和 U_C。

6.11　题 6.11 图所示电路中，已知 $L=800$ μH，$R=10$ kΩ，电流源 $I=2$ mA，其角频率 $\omega=2.5\times10^6$ rad/s。

(1) 为使电路对电源谐振，电容 C 应为多少？

(2) 求谐振时回路两端的电压和电容中的电流。

6.12　电路如题 6.12 图所示，已知 $L=4$ mH，$R=50$ Ω，$C=160$ pF，求：

(1) 电源频率 f 为多大时电路发生谐振？

(2) 电路的品质因数 Q_0 和通频带 Δf 各为多少？

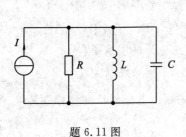

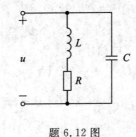

题 6.11 图　　　　　题 6.12 图　　　　第 6 章习题 6.12
解答.mp4

第 7 章　耦合电感和理想变压器

第 7 章的知识点.wmv

【内容提要及要求】　本章首先介绍耦合电感、耦合系数和同名端的定义，讨论耦合电感串联、并联去耦等效及 T 形去耦等效方法；然后介绍理想变压器、全耦合变压器的模型及其分析方法。

要求理解耦合电感的同名端的概念，掌握耦合电感的电路模型和伏安关系，掌握耦合电感串联、并联去耦等效及 T 形去耦等效方法；掌握空芯变压器电路在正弦稳态下的分析方法；熟练掌握理想变压器变换电压、电流及阻抗的关系式；熟练掌握含理想变压器和全耦合变压器电路的分析方法。

【重点】　耦合电感串联、并联、去耦等效及 T 形去耦等效方法；空芯变压器电路在正弦稳态下的分析方法；理想变压器变换电压、电流及阻抗的关系式，含理想变压器和全耦合变压器电路的分析方法。

【难点】　耦合电感串联、并联、去耦等效及 T 形去耦等效方法；含耦合电感电路的戴维南等效电路法；含理想变压器和全耦合变压器电路的分析方法。

7.1　耦合电感的伏安关系

当线圈通过变化的电流时，它的周围将产生磁场。如果两个线圈的磁场存在相互作用，则称这两个线圈具有磁耦合。具有磁耦合的两个或两个以上的线圈，称为耦合线圈。耦合线圈的理想化模型就是耦合电感元件(coupled inductor)。需掌握耦合电感的电压-电流关系，即**伏安特性关系**。如图 7.1 所示为部分耦合电感实物外形图。

第 7 章部分耦合电感的外形图.docx

图 7.1　部分耦合电感外形图

7.1.1 耦合电感的概念

当两个或两个以上通有电流的线圈彼此靠近时，它们的磁场相互联系的物理现象称为**磁耦合**。图 7.2 为两个耦合的线圈 1、2，线圈匝数分别为 N_1 和 N_2，电感分别为 L_1 和 L_2。图 7.2(a)中，当 i_1 通过线圈 1 时，线圈 1 中将产生自感磁通 ϕ_{11}，方向如图 7.2(a)所示，ϕ_{11} 在穿越自身的线圈时，所产生的自感磁通链为 ψ_{11}，$\psi_{11} = N_1\phi_{11}$。ϕ_{11} 的一部分或全部交链线圈 2 时，线圈 1 对线圈 2 的互感磁通为 ϕ_{21}，ϕ_{21} 在线圈 2 中产生的互感磁通链为 ψ_{21}，$\psi_{21} = N_2\phi_{21}$。同样，图 7.2(b)线圈 2 中的电流 i_2 也在线圈 2 中产生自感磁通 ϕ_{22} 和自感磁通链 ψ_{22}，在线圈 1 中产生互感磁通 ϕ_{12} 和互感磁通链 ψ_{12}。每个耦合线圈中的磁通链等于自感磁通链和互感磁通链两部分的代数和。设线圈 1 和 2 的磁通链分别为 ψ_1 和 ψ_2，则

$$\begin{cases} \psi_1 = \psi_{11} \pm \psi_{12} \\ \psi_2 = \psi_{21} \pm \psi_{22} \end{cases} \tag{7.1}$$

当周围空间为线性磁介质时，自感磁通链为

$$\psi_{11} = L_1 i_1, \quad \psi_{22} = L_2 i_2$$

互感磁通链为

$$\psi_{12} = M_{12} i_2, \quad \psi_{21} = M_{21} i_1$$

式中，L_1 和 L_2 称为自感系数，简称自感（self-inductance）；M_{12} 和 M_{21} 称为互感系数，简称互感（mutual inductance）。它们的单位均为亨［利］（H）。可以证明 $M_{12} = M_{21} = M$，两个耦合线圈的磁通链可表示为

$$\begin{cases} \psi_1 = L_1 i_1 \pm M i_2 \\ \psi_2 = \pm M i_1 + L_2 i_2 \end{cases} \tag{7.2}$$

当 ϕ 与 i 的参考方向符合右手螺旋法则（即关联参考方向）时，自感磁通链总为正。当互感磁通链的参考方向与自感磁通链的参考方向一致时，彼此相互加强，互感磁通链取正；反之，互感磁通链取负。互感磁通链的方向由它的电流方向、线圈绕向及相对位置决定。

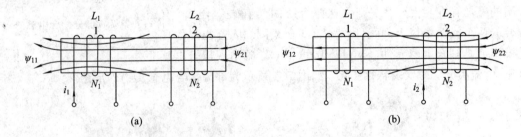

图 7.2 两个耦合的电感线圈

7.1.2 耦合电感的伏安关系

当图 7.2 中两个耦合的电感 L_1 和 L_2 中有变化的电流时，各电感中的磁通链也将随电流的变化而变化。设 L_1 和 L_2 中的电压、电流均为关联参考方向，且电流与磁通符合右手螺旋法则，依据电磁感应定律，由式(7.1)和式(7.2)可得

$$\begin{cases} u_1 = \dfrac{\mathrm{d}\psi_1}{\mathrm{d}t} = u_{11} \pm u_{12} = L_1 \dfrac{\mathrm{d}i_1}{\mathrm{d}t} \pm M \dfrac{\mathrm{d}i_2}{\mathrm{d}t} \\[3mm] u_2 = \dfrac{\mathrm{d}\psi_2}{\mathrm{d}t} = \pm u_{21} + u_{22} = \pm M \dfrac{\mathrm{d}i_1}{\mathrm{d}t} + L_2 \dfrac{\mathrm{d}i_2}{\mathrm{d}t} \end{cases} \tag{7.3}$$

自感电压为

$$u_{11} = L_1 \frac{\mathrm{d}i_1}{\mathrm{d}t}$$

$$u_{22} = L_2 \frac{\mathrm{d}i_2}{\mathrm{d}t}$$

互感电压为

$$u_{12} = M \frac{\mathrm{d}i_2}{\mathrm{d}t}$$

$$u_{21} = M \frac{\mathrm{d}i_1}{\mathrm{d}t}$$

式(7.3)表示两个耦合电感的电压-电流关系,即**伏安关系**,该式表明耦合电感上的电压是自感电压和互感电压的代数和。u_1 不仅与 i_1 有关也与 i_2 有关,u_2 也如此。u_{12} 是变化的电流 i_2 在 L_1 中产生的互感电压,u_{21} 是变化的电流 i_1 在 L_2 中产生的互感电压。自感电压总为正,互感电压可正可负。当互感磁通与自感磁通相互增强时,互感电压为正;反之则互感电压为负。

7.1.3 耦合电感的同名端及电路模型

1. 同名端及电路模型

互感电压的正极性参考方向不仅与产生它的电流的参考方向有关,还与两个线圈的绕向有关系,这里引入同名端(corresponding terminals)的概念。采用同名端标记方法,即对两个有耦合的线圈各取一个端子,并用相同的符号标记,如"•"或"＊"。

当两个电流分别从两个线圈的对应端子同时流入时,若产生的磁通相互增强,则这两个对应端子称为两耦合电感的同名端。如图 7.3(a)所示,当 i_1 和 i_2 分别从 a、c 端流入时,所产生的磁通相互增强,所以 a 与 c 是一对同名端(b 与 d 也是一对同名端);a 与 d 是一对异名端(b 与 c 也是一对异名端)。如图 7.3(b)所示,当 i_1 和 i_2 分别从 a、c 端流入时,所产生的磁通相互减少,所以 a 与 c 是一对异名端,a 与 d 是一对同名端。

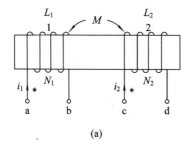 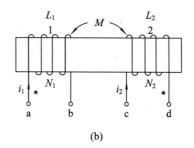

(a)　　　　　　　　　　　　　　(b)

图 7.3　同名端

有了同名端的规定,如图 7.3(a)、(b)所示的耦合线圈在电路中可分别用图 7.4(a)、

(b)所示的有同名端标记的电路模型表示。

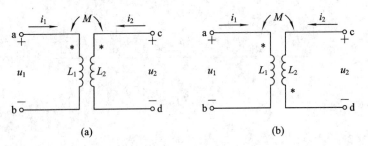

图 7.4　耦合电感的两种电路模型

2. 耦合电感的等效电路

由于耦合电感中的互感反映了一个线圈对另一个线圈的耦合关系，因此耦合线圈的互感电压可用受控源——电流控制电压源（CCVS）等效模型来表示。

而耦合电感标注同名端后，可按下列规则确定互感电压的参考方向：

如果电流的参考方向由线圈的同名端流向另一端，那么由这个电流在另一线圈内产生的互感电压的参考方向由该线圈的同名端指向另一端。电路图 7.4 可用图 7.5 电路来等效。

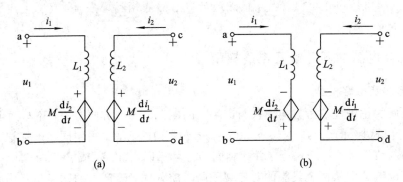

图 7.5　图 7.4 的受控源等效电路图

图 7.4(a)及图 7.5(a)所示电路中两线圈的 a 端与 c 端是同名端，电流 i_1、i_2 均从同名端流入，此时两线圈端电压分别为

$$u_1 = L_1 \frac{\mathrm{d}i_1}{\mathrm{d}t} + M \frac{\mathrm{d}i_2}{\mathrm{d}t}, \quad u_2 = M \frac{\mathrm{d}i_1}{\mathrm{d}t} + L_2 \frac{\mathrm{d}i_2}{\mathrm{d}t} \tag{7.4}$$

图 7.4(b)及图 7.5(b)所示电路中两线圈的 a 端与 d 端是同名端，电流 i_1、i_2 均从异名端流入，此时两线圈端电压分别为

$$u_1 = L_1 \frac{\mathrm{d}i_1}{\mathrm{d}t} - M \frac{\mathrm{d}i_2}{\mathrm{d}t}, \quad u_2 = -M \frac{\mathrm{d}i_1}{\mathrm{d}t} + L_2 \frac{\mathrm{d}i_2}{\mathrm{d}t} \tag{7.5}$$

在正弦稳态电路中，图 7.4 所对应的相量模型如图 7.6 所示。

在正弦稳态激励下，耦合电感伏安关系的相量形式为

$$\begin{cases} \dot{U}_1 = \mathrm{j}\omega L_1 \dot{I}_1 \pm \mathrm{j}\omega M \dot{I}_2 \\ \dot{U}_2 = \pm \mathrm{j}\omega M \dot{I}_1 + \mathrm{j}\omega L_2 \dot{I}_2 \end{cases} \tag{7.6}$$

式中，$\mathrm{j}\omega L_1$ 和 $\mathrm{j}\omega L_2$ 分别为两线圈的自感抗；$\mathrm{j}\omega M$ 为互感抗。

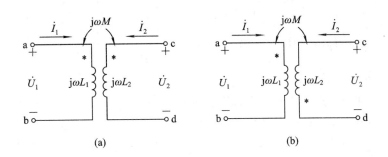

图 7.6　耦合电感的相量模型

3. 实验法测定同名端

对于未标明同名端的一对耦合线圈，也可以采用实验的方法判断其同名端。实验电路如图 7.7 所示，把一个线圈通过开关 S 接到一个直流电源上，把一个直流电压表接到另一线圈上。把开关 S 迅速闭合，就有随时间增大的电流 i 从电源正极流入线圈端钮 A，如果电压表指针正向偏转，就说明 C 端为高电位端，由此判断，A 端和 C 端是同名端。

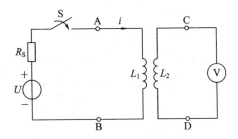

图 7.7　测定同名端的实验电路

7.1.4　耦合系数

工程上用耦合系数(coefficient of coupling)k 来定量地描述两个耦合线圈的耦合紧密程度，定义为

$$k = \frac{M}{\sqrt{L_1 L_2}} \leqslant 1 \qquad (7.7)$$

一般情况下，$0 \leqslant k \leqslant 1$。$k$ 值越大，说明两个线圈之间耦合得越紧。当 $k=1$ 时，称为全耦合；当 $k=0$ 时，说明两线圈没有耦合。互感 M 的大小与两个线圈的匝数、几何尺寸、相对位置以及媒质的磁导率 μ 有关。

在工程上有时要尽量减少互感的作用，以避免线圈之间的相互干扰。此时除了可以采用屏蔽手段外，一个有效的方法就是合理布置这些线圈的相对位置，这样可以大大地减小它们的耦合作用，使实际的电气设备或系统少受或不受干扰影响，能正常地运行。

7.2　耦合电感的去耦等效

耦合电感的线圈电压包含自感电压和互感电压两部分，耦合电感去耦等效分析方法，是将含有耦合电感的电路消去互感，得到消去互感的等效电路。本节主要讲述耦合电感的串联、并联等效去耦法、T形等效去耦法。

7.2.1 耦合电感的串、并联等效

1. 耦合电感的串联等效

耦合电感的串联方式有两种——串联顺接和串联反接。电流从两个电感的同名端流进（或流出）称为顺接，顺接是一对异名端相连接。如图7.8(a)所示，应用 KVL，有

$$u_1 = L_1 \frac{\mathrm{d}i}{\mathrm{d}t} + M \frac{\mathrm{d}i}{\mathrm{d}t}, \quad u_2 = L_2 \frac{\mathrm{d}i}{\mathrm{d}t} + M \frac{\mathrm{d}i}{\mathrm{d}t}$$

$$u = u_1 + u_2 = (L_1 + L_2 + 2M) \frac{\mathrm{d}i}{\mathrm{d}t} = L \frac{\mathrm{d}i}{\mathrm{d}t} \tag{7.8}$$

其中，$L = L_1 + L_2 + 2M$。由此方程可以得到图7.8(a)的无互感的等效电路如图7.8(c)所示，所以顺接时耦合电感可用一个等效电感 L 替代，即顺接时电感增大。

图7.8(b)为**串联反接**，反接就是一对同名端相接，应用 KVL，有

$$u = u_1 + u_2 = L_1 \frac{\mathrm{d}i}{\mathrm{d}t} - M \frac{\mathrm{d}i}{\mathrm{d}t} + L_2 \frac{\mathrm{d}i}{\mathrm{d}t} - M \frac{\mathrm{d}i}{\mathrm{d}t}$$

$$= (L_1 + L_2 - 2M) \frac{\mathrm{d}i}{\mathrm{d}t} = L \frac{\mathrm{d}i}{\mathrm{d}t} \tag{7.9}$$

其中，$L = L_1 + L_2 - 2M$。由此方程可以得到图7.8(b)的无互感的等效电路如图7.8(d)所示，所以反接时耦合电感可用一个等效电感 L 替代，即反接时电感变小。

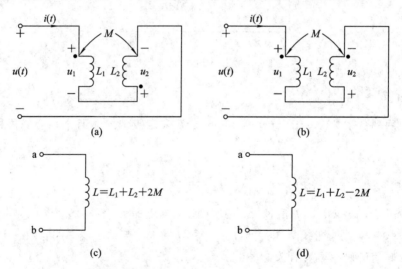

图7.8 耦合电感的串联

在正弦稳态电路中，应用相量形式分析，图7.8(a)、(b)的相量模型分别如图7.9(a)、(b)所示，由式(7.8)和式(7.9)可得相量形式的 KVL 方程为

$$\dot{U} = \dot{U}_1 + \dot{U}_2 = \mathrm{j}\omega(L_1 + L_2 \pm 2M)\dot{I}$$

输入阻抗分别为

$$\boxed{Z = \mathrm{j}\omega(L_1 + L_2 \pm 2M)} \tag{7.10}$$

由此可见，在正弦稳态电路分析时，如有耦合电感串联电路，不能将两电感的阻抗直接相加，必须考虑互感效应，相应的加上或减去互感阻抗。

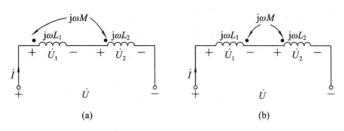

图 7.9　耦合电感串联的相量模型

2. 耦合电感的并联等效

耦合电感的并联也有两种形式：一种是两个线圈的同名端相连，称为同侧并联，如图 7.10(a)所示；另一种是两个线圈的异名端相连，称为异侧并联，如图 7.10(b)所示。列电路方程为

$$
\begin{cases}
u = L_1 \dfrac{\mathrm{d}i_1}{\mathrm{d}t} + M \dfrac{\mathrm{d}i_2}{\mathrm{d}t} \\
u = L_2 \dfrac{\mathrm{d}i_2}{\mathrm{d}t} + M \dfrac{\mathrm{d}i_1}{\mathrm{d}t} \\
i = i_1 + i_2
\end{cases}
\tag{7.11}
$$

由 $i = i_1 + i_2$ 可得 $i_2 = i - i_1$，$i_1 = i - i_2$，再分别代入式(7.10)的第 1 条支路和第 2 条支路方程中，则有

$$
\begin{cases}
u = L_1 \dfrac{\mathrm{d}i_1}{\mathrm{d}t} + M \dfrac{\mathrm{d}(i - i_1)}{\mathrm{d}t} = L_1 \dfrac{\mathrm{d}i_1}{\mathrm{d}t} - M \dfrac{\mathrm{d}i_1}{\mathrm{d}t} + M \dfrac{\mathrm{d}i}{\mathrm{d}t} = (L_1 - M) \dfrac{\mathrm{d}i_1}{\mathrm{d}t} + M \dfrac{\mathrm{d}i}{\mathrm{d}t} \\
u = L_2 \dfrac{\mathrm{d}i_2}{\mathrm{d}t} + M \dfrac{\mathrm{d}(i - i_2)}{\mathrm{d}t} = L_2 \dfrac{\mathrm{d}i_2}{\mathrm{d}t} - M \dfrac{\mathrm{d}i_2}{\mathrm{d}t} + M \dfrac{\mathrm{d}i}{\mathrm{d}t} = (L_2 - M) \dfrac{\mathrm{d}i_2}{\mathrm{d}t} + M \dfrac{\mathrm{d}i}{\mathrm{d}t}
\end{cases}
\tag{7.12}
$$

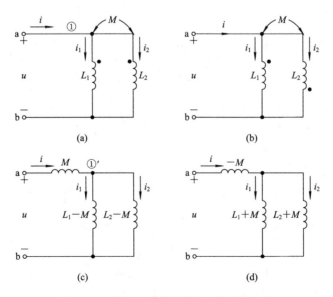

图 7.10　耦合电感的并联及去耦等效电路

根据式(7.12)的伏安关系及等效的概念，图 7.10(a)所示的具有互感的电路就可以用图7.10(c)所示无互感的电路来等效。读者可画出图 7.10(c)的相量模型并写出式(7.12)的相量形式。

同理，对异侧并联，如图7.10(b)所示，也可以得到无互感的等效电路如图7.10(d)所示。像这样把具有互感的电路化为等效的无互感的电路的处理方法，称为去耦法，把得到的等效的无互感电路称为去耦等效电路。等效电路是一个等效电感，等效电感与电流的参考方向无关。去耦等效电路中的节点，如图7.10(c)中的①′，不是图7.11(a)原电路的节点①，原节点移至 M 前面的 a 点。由图7.10(c)可直接求出两个耦合电感同侧并联时的等效电感为

$$L = \frac{L_1 L_2 - M^2}{L_1 + L_2 - 2M} \tag{7.13}$$

由图7.10(d)可直接求出两耦合电感异侧并联时的等效电感为

$$L = \frac{L_1 L_2 - M^2}{L_1 + L_2 + 2M} \tag{7.14}$$

7.2.2 耦合电感的 T 形等效

如果耦合电感的两条支路各有一端与第三条支路形成一个仅含三条支路的共同节点，**称为耦合电感的 T 形连接**。显然耦合电感的并联也属于 T 形连接。

T 形连接有两种方式，一种是同名端连在一起的，如图7.11(a)所示，称为同名端为共同端的 T 形连接；另一种是异名端连在一起的，如图7.11(b)所示，称为异名端为共同端的 T 形连接。

对图7.11(a)所示同名端为共同端相连的电路，其电压方程为

$$\begin{cases} u_{13} = L_1 \dfrac{\mathrm{d}i_1}{\mathrm{d}t} + M \dfrac{\mathrm{d}i_2}{\mathrm{d}t} \\[2mm] u_{24} = L_2 \dfrac{\mathrm{d}i_2}{\mathrm{d}t} + M \dfrac{\mathrm{d}i_1}{\mathrm{d}t} \end{cases} \tag{7.15}$$

由 KCL，$i = i_1 + i_2$ 得 $i_2 = i - i_1$，$i_1 = i - i_2$，代入式(7.15)变换后，得

$$\begin{cases} u_{13} = L_1 \dfrac{\mathrm{d}i_1}{\mathrm{d}t} + M \dfrac{\mathrm{d}(i - i_1)}{\mathrm{d}t} = (L_1 - M) \dfrac{\mathrm{d}i_1}{\mathrm{d}t} + M \dfrac{\mathrm{d}i}{\mathrm{d}t} \\[2mm] u_{24} = L_2 \dfrac{\mathrm{d}i_2}{\mathrm{d}t} + M \dfrac{\mathrm{d}(i - i_2)}{\mathrm{d}t} = (L_2 - M) \dfrac{\mathrm{d}i_2}{\mathrm{d}t} + M \dfrac{\mathrm{d}i}{\mathrm{d}t} \end{cases} \tag{7.16}$$

由式(7.16)得图7.11(a)的去耦等效电路为图7.11(c)。读者可画出图7.11(c)的相量模型并写出式(7.16)的相量形式。

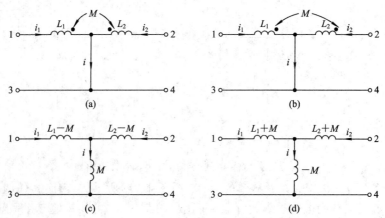

图 7.11　互感线圈的 T 形连接去耦等效电路

同理，图 7.11(b)所示两耦合电感异名端为共同端的电路的去耦等效电路为图 7.11(d)。

上述分别对具有耦合电感的串联、并联及 T 形电路进行了分析，得到了相应的去耦等效电路。在去耦等效电路中可采用一般无互感电路进行分析和计算，但要注意等效的含义。

在正弦稳态情况下，可利用去耦等效电路的相量模型进行计算。

［例 7.1］ 在图 7.12 所示的互感电路中，ab 端加 20 V 的正弦电压，已知电路的参数为 $R_1 = R_2 = 6\ \Omega$，$\omega L_1 = \omega L_2 = 8\ \Omega$，$\omega M = 2\ \Omega$，求 cd 端的开路电压。

解 当 cd 端开路时，线圈 2 中无电流，因此，在线圈 1 中没有互感电压。以 ab 端电压为参考电压，有

$$\dot{U}_{ab} = 20\angle 0°\ \text{V}$$

$$\dot{I}_1 = \frac{\dot{U}_{ab}}{R_1 + j\omega L_1}$$

$$= \frac{20\angle 0°}{6 + j8} = 2\angle(-53.1°)\text{A}$$

由于线圈 L_2 中没有电流，因而 L_2 上无自感电压。但线圈 L_2 中有互感电压，根据电流及同名端的方向可知，cd 端的电压为

$$\dot{U}_{cd} = j\omega M\dot{I}_1 + \dot{U}_{ab} = j4\angle -53.1° + 20\angle 0°$$

$$= 4\angle 36.9° + 20 = 23.33\angle 5.9°\ \text{V}$$

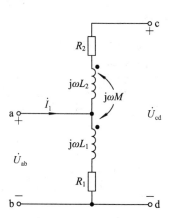

图 7.12　例 7.1 电路图

［例 7.2］ 图 7.13(a)所示具有互感的正弦电路中，已知 $u_S(t) = 2\sin(2t + 45°)\text{V}$，$L_1 = L_2 = 1.5\ \text{H}$，$M = 0.5\ \text{H}$，$C = 0.25\ \text{F}$，$R_L = 1\ \Omega$，求 R_L 吸收的平均功率。

解 利用去耦法，得去耦等效电路如图 7.13(b)所示，其相量模型如图 7.13(c)所示。利用阻抗串、并联等效变换，求得电流为

$$\dot{I}_m = \frac{\dot{U}_{Sm}}{\dfrac{(1+j2)(j-j2)}{(1+j2)+(j-j2)} + j2} = 2\sqrt{2}\angle 0°\ \text{A}\quad(\dot{U}_{Sm} = 2\angle 45°\ \text{V})$$

由分流公式，得

$$\dot{I}_{Lm} = \frac{j-j2}{1+j2+j-j2}\dot{I}_m = 2\angle(-135°)\text{A}$$

R_L 吸收的平均功率为

$$P_L = \frac{1}{2}I_{Lm}^2 R_L = \frac{1}{2} \times 2^2 \times 1 = 2\ \text{W}$$

也可对图 7.13(c)应用戴维南定理求解。

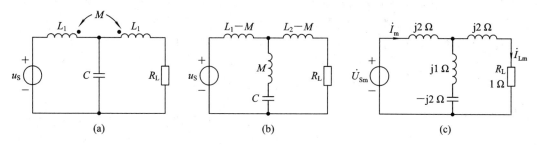

图 7.13　例 7.2 电路图

7.3 空芯变压器的分析

变压器(transformer)是利用电磁感应原理传输电能或电信号的器件,它常应用在电工电子技术中。变压器由两个耦合线圈绕在一个共同的芯子上制成,其中一个线圈与电源相连,称为初级线圈,所形成的回路称为原边回路(或初级回路);另一线圈与负载相连,称为次级线圈,所形成的回路称为副边回路(或次级回路)。

空芯变压器常用的分析方法有直接列方程法、反映阻抗法、戴维南等效电路法。

1. 直接列方程法

当电路中含有空芯变压器时,由于含有互感电压,一般对原电路用回路法分析比较合适。图 7.14(a)所示电路的等效电路如图 7.14(b)所示,对两个回路列 KVL 方程有

$$\begin{cases} j\omega L_1 \dot{I}_1 - j\omega M \dot{I}_2 = \dot{U}_S \\ -j\omega M \dot{I}_1 + (R + j\omega L_2) \dot{I}_2 = 0 \end{cases} \tag{7.17}$$

将式(7.17)写成一般形式得

$$\begin{cases} Z_{11} \dot{I}_1 + Z_{12} \dot{I}_2 = \dot{U}_S \\ Z_{21} \dot{I}_1 + Z_{22} \dot{I}_2 = 0 \end{cases} \tag{7.18}$$

式中,$Z_{11} = j\omega L_1$, $Z_{22} = R + j\omega L_2$, $Z_{12} = Z_{21} = -j\omega M$。其中,$Z_{11}$ 是初级回路的自阻抗;Z_{22} 是次级回路的自阻抗;Z_{12} 是反映耦合电感次级回路对初级回路影响的互阻抗;Z_{21} 是反映耦合电感初级回路对次级回路影响的互阻抗。

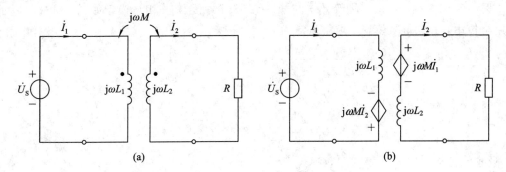

图 7.14 含耦合电感的电路

由式(7.17)列方程可以直接求得含空芯变压器的电压、电流。

[**例 7.3**] 电路如图 7.14 所示,已知 $L_1 = 5$ H, $L_2 = 1.2$ H, $M = 1$ H, $R = 10$ Ω, $u_S = 10 \sin 10t$ V,求电路中的电流 $\dot{I}_1$、$\dot{I}_2$。

解 根据初、次级回路的参考方向,结合电路列回路方程:

$$j50\dot{I}_1 - j10\dot{I}_2 = 10\angle 0°$$
$$-j10\dot{I}_1 + (10 + j12)\dot{I}_2 = 0$$

解方程,得

$$\dot{I}_1 = 0.221\angle(-84.8°)\text{A}$$
$$\dot{I}_2 = 0.141\angle(-45°)\text{A}$$

2. 反映阻抗法

变压器是利用电磁感应原理制成的，可以用耦合电感构成它的模型，其电路模型如图 7.15 所示。图中的负载设为电阻和电感串联。变压器通过耦合作用，将原边的输入传递到副边输出。

第 7 章反应阻抗法的讲解. wmv

在正弦稳态下，对图 7.15 列回路方程有

$$\begin{cases} (R_1 + j\omega L_1)\dot{I}_1 + j\omega M\dot{I}_2 = \dot{U}_1 \\ j\omega M\dot{I}_1 + (R_2 + j\omega L_2 + R_L + jX_L)\dot{I}_2 = 0 \end{cases} \tag{7.19}$$

令 $Z_{11} = R_1 + j\omega L_1$，$Z_{11}$ 称为原边回路阻抗；

令 $Z_{22} = R_2 + j\omega L_2 + R_L + jX_L$，$Z_{22}$ 称为副边回路阻抗；

令 $Z_M = j\omega M$，Z_M 为互阻抗，则方程（7.19）可简写为

$$\begin{cases} Z_{11}\dot{I}_1 + Z_M\dot{I}_2 = \dot{U}_1 \\ Z_M\dot{I}_1 + Z_{22}\dot{I}_2 = 0 \end{cases} \tag{7.20}$$

从式（7.20）可求得原边电流为

$$\dot{I}_1 = \frac{\dot{U}_1}{Z_{11} - Z_M^2 Y_{22}} = \frac{\dot{U}_1}{Z_{11} + (\omega M)^2 Y_{22}} \tag{7.21}$$

如果同名端的位置不同，$j\omega M$ 的符号为正或者为负，但是由于式（7.21）中的 $j\omega M$ 以平方形式出现，所以，即便是同名端位置不同，算得的 $\dot{I}_1$ 也是一样的。

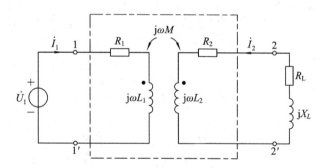

图 7.15　空芯变压器的电路模型

式（7.21）中，$Y_{22} = \dfrac{1}{Z_{22}}$，$Z_{11} + (\omega M)^2 Y_{22}$ 是原边的输入阻抗，其中 $(\omega M)^2 Y_{22}$ 即 $\dfrac{(\omega M)^2}{Z_{22}}$ 称为引入阻抗，或**反映阻抗**（reflected impedance），它是副边的回路阻抗通过互感反映到原边的等效阻抗，常用 Z_r 表示。这就是说，次级回路对初级回路的影响可以用反映阻抗来计算。反映阻抗 $\dfrac{(\omega M)^2}{Z_{22}}$ 的性质与 Z_{22} 相反，即感性变为容性，容性变为感性。

式（7.21）可以用图 7.16（a）所示的等效电路表示，它是从电源端看进去的等效电路，称为原边等效电路。由原边等效电路可以求得 $\dot{I}_1$，$\dot{I}_1$ 在副边产生一个等效电压，其等效电路如图 7.16（b）所示；$j\omega M\dot{I}_1$ 是初级电流 $\dot{I}_1$ 通过互感在次级线圈中产生的感应电压，次级电流 $\dot{I}_2$ 就是 $j\omega M\dot{I}_1$ 作用的结果，由图 7.16（b）可得

$$\dot{I}_2 = -\frac{j\omega M\dot{I}_1}{R_2 + j\omega L_2 + R_L + jX_L} = -\frac{Z_M\dot{I}}{Z_{22}} \tag{7.22}$$

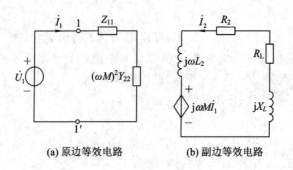

(a) 原边等效电路   (b) 副边等效电路

图 7.16　空芯变压器的等效电路

[例 7.4]　电路如图 7.17(a) 所示，已知 $L_1 = 1$ H，$L_2 = 1$ H，$M = 1$ H，$R_1 = 2$ Ω，$R_2 = 1$ Ω，$R_L = 1$ Ω，$\omega = 2$ rad/s，$\dot{U}_S = 220\angle 0°$ V，求 $\dot{I}_1$、$\dot{I}_2$。

解　图 7.17(a) 的空芯变压器原边等效电路如图 7.17(b) 所示，副边等效电路如图 7.17(c) 所示。

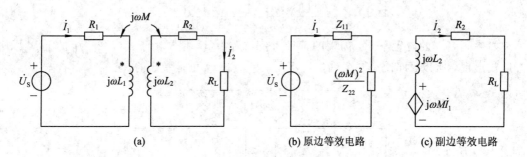

(a)   (b) 原边等效电路   (c) 副边等效电路

图 7.17　例题 7.4 电路图

由已知条件有

$$Z_{11} = R_1 + j\omega L_1 = 2 + j2 \ \Omega$$

$$Z_{22} = R_2 + R_L + j\omega L_2 = 2 + j2 \ \Omega$$

$$Z_r = \frac{(\omega M)^2}{Z_{22}} = \sqrt{2}\angle -45° \ \Omega$$

$$\dot{I}_1 = \frac{\dot{U}_S}{Z_{11} + Z_r} = 22\sqrt{10}\angle -18.4° \ \text{A}$$

$$\dot{I}_2 = \frac{j\omega M \dot{I}_1}{Z_{22}} = 22\sqrt{5}\angle 26.6° \ \text{A}$$

3. 戴维南等效电路法

对于图 7.15(a) 所示电路，根据戴维南定理，首先计算开路电压 $\dot{U}_{OC}$，将次级回路负载断开，如图 7.18(a) 所示。

由于 $\dot{I}_2 = 0$，副边对原边没有互感电压，所以

$$\dot{I}_1 = \frac{\dot{U}_S}{R_1 + j\omega L_1} \tag{7.23}$$

由于 $\dot{I}_2 = 0$，开路电压 $\dot{U}_{OC}$ 仅由 $\dot{I}_1$ 在副边产生的互感电压引起，如图 7.18(b) 所示，则有

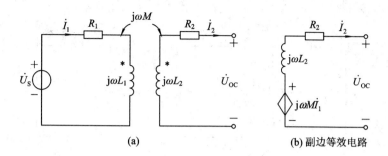

图 7.18 开路电压的求解

$$\dot{U}_{OC} = j\omega M \dot{I}_1 \tag{7.24}$$

式(7.24)中的 $\dot{I}_1$ 是由式(7.23)求得的，$\dot{I}_1$ 是副边开路时的原边回路电流。

下面求等效内阻抗 Z_{eq}。将图 7.18 中的电压源 $\dot{U}_S$ 短路，在副边回路加电压源 $\dot{U}$，设副边、原边两个回路的电流分别为 $\dot{I}$、$\dot{I}_1'$，电路如图 7.19 所示，则有

$$\dot{U} = \dot{I} \cdot (R_2 + j\omega L_2) + \dot{I}' \cdot j\omega M$$
$$0 = \dot{I}'(R_1 + j\omega L_1) + \dot{I} \cdot j\omega M$$

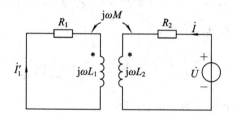

图 7.19 等效内阻抗的求解

由上式得出

$$Z_{eq} = \frac{\dot{U}}{\dot{I}} = R_2 + j\omega L_2 + \frac{(\omega M)^2}{R_1 + j\omega L_1} = R_2 + j\omega L_2 + Z_r' = R_{eq} + jX_{eq} \tag{7.25}$$

其中

$$Z_r' = \frac{(\omega M)^2}{Z_{11}} \tag{7.26}$$

Z_r' 称为初级回路对次级回路的反映阻抗。最后，画出戴维南等效电路，如图 7.20 所示。分析该等效电路，即可求得次级回路中的电流、电压、功率。

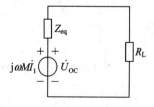

图 7.20 戴维南等效电路

[**例 7.5**] 已知图 7.21(a)所示电路中，$L_1 = L_2 = 0.1$ mH，$M = 0.02$ mH，$R_1 = 10$ Ω，$C_1 = C_2 = 0.01$ μF，$\omega = 10^6$ rad/s，$\dot{U}_S = 10\angle 0°$ V，问：$R_2 = ?$ 时能吸收最大功率，并求最

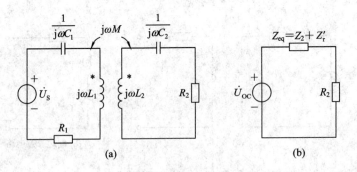

图 7.21 例题 7.5 电路图

大功率。

解 因为

$$\omega L_1 = \omega L_2 = 100 \ \Omega, \quad \frac{1}{\omega C_1} = \frac{1}{\omega C_2} = 100 \ \Omega, \quad \omega M = 20 \ \Omega$$

所以原边自阻抗为

$$Z_{11} = R_1 + j\left(\omega L_1 - \frac{1}{\omega C_1}\right) = 10 \ \Omega$$

下面求副边戴维南等效电路。

先求开路电压：

$$\dot{U}_{OC} = j\omega M \dot{I}_1 = j\omega M \frac{\dot{U}_s}{Z_{11}} = \frac{j20 \times 10}{10} = j20 \ \text{V}$$

再求副边戴维南等效阻抗，如图 7.21(b) 所示：

$$Z_2 = j\omega L_2 + \frac{1}{j\omega C_2} = j100 - j100 = 0 \ \Omega$$

$$Z_r' = \frac{(\omega M)^2}{Z_{11}} = \frac{400}{10} = 40 \ \Omega$$

根据式 (7.25) 有

$$Z_{eq} = Z_2 + Z_r'$$

则等效阻抗为

$$Z_{eq} = j\omega L_2 + \frac{1}{j\omega C_2} + Z_r' = Z_2 + Z_r' = R_{eq} + jX_{eq} = R_{eq} = 40 \ \Omega$$

根据最大功率传递定理，当 $R_2 = Z_{eq} = R_{eq} = 40 \ \Omega$ 时吸收的功率最大，最大功率为

$$P_{max} = \frac{U_{OC}^2}{4R_{eq}^2} = \frac{20^2}{4 \times 40} = 2.5 \ \text{W}$$

7.4 理想变压器

理想变压器是从实际变压器中抽象出来的理想化模型，主要是为了方便分析变压器电路，尤其是铁芯变压器电路。本节主要讲述理想变压器的伏安关系、含理想变压器的电路分析。

理想变压器（ideal transformer）是耦合电感的理想模型，可看成是耦合电感的极限情

况，也就是变压器要同时满足如下三个理想化条件：

（1）变压器本身无损耗。这意味着绕制线圈的金属导线无电阻，或者说，绕制线圈的金属导线的电导率为无穷大，其铁芯的磁导率为无穷大。

（2）耦合系数 $k=1$，$k=\dfrac{M}{\sqrt{L_1 L_2}}=1$，即全耦合。

（3）L_1、L_2 和 M 均为无穷大，但保持 $\sqrt{\dfrac{L_1}{L_2}}=n$ 不变，n 为匝数比。

理想变压器由于满足三个理想化条件，所以与互感线圈在性质上有着质的不同。下面重点讨论理想变压器的主要性能。

7.4.1　理想变压器的伏安关系

理想变压器的两种模型如图 7.22(a)、(b)所示，其与耦合电感元件的符号相同，但二者有本质的不同。理想变压器只有一个参数，称为**变比**（transformation ratio），记为 n。

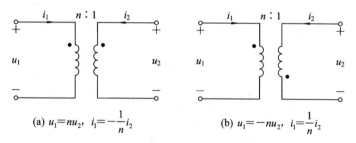

（a）$u_1 = nu_2$，$i_1 = -\dfrac{1}{n}i_2$　　　（b）$u_1 = -nu_2$，$i_1 = \dfrac{1}{n}i_2$

图 7.22　理想变压器的两种模型

1. 电压关系

图 7.23 为满足上述三个理想条件的耦合线圈，由于 $k=1$，所以流过变压器初级线圈的电流 i_1 所产生的磁通 Φ_{11} 将全部与次级线圈相交链，即 $\Phi_{21}=\Phi_{11}$；同理，i_2 产生的磁通 Φ_{22} 也将全部与初次级线圈相交链，所以 $\Phi_{12}=\Phi_{22}$。这时，穿过两线圈的总磁通或称为主磁通相等，即

$$\Phi = \Phi_{11} + \Phi_{12} = \Phi_{22} + \Phi_{21} = \Phi_{11} + \Phi_{22}$$

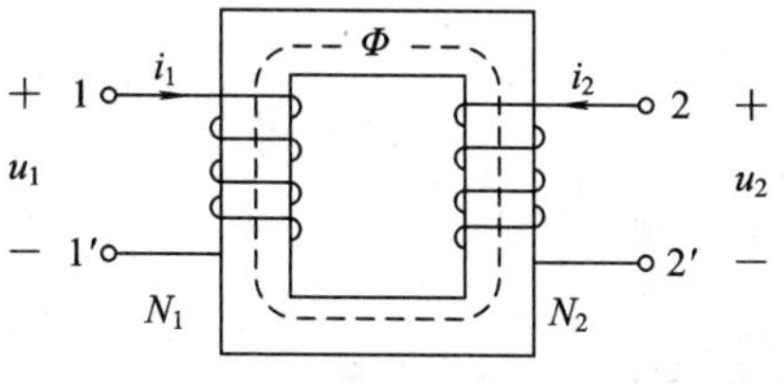

图 7.23　满足三个理想条件的耦合线圈

总磁通在两线圈中分别产生电压 u_1 和 u_2，即

$$u_1 = N_1 \frac{\mathrm{d}\Phi}{\mathrm{d}t}, \quad u_2 = N_2 \frac{\mathrm{d}\Phi}{\mathrm{d}t}$$

由此可得理想变压器的电压关系：

$$\boxed{\frac{u_1}{u_2} = \frac{N_1}{N_2} = n}$$

（7.27）

式中，N_1 与 N_2 分别为初级线圈和次级线圈的匝数；n 为匝数比或变比。

图 7.23 的理想变压器的电路模型如图 7.22(a)所示，可见 u_1、u_2 参考方向的"＋"极性端设在同名端，则 u_1 与 u_2 之比等于 N_1 与 N_2 之比。如果 u_1、u_2 参考方向的"＋"极性端设在异名端，如图 7.23(b)所示，则 u_1 与 u_2 之比为

$$\frac{u_1}{u_2} = -\frac{N_1}{N_2} = -n \tag{7.28}$$

2. 电流关系

理想变压器不仅可以进行变压，而且也具有变流的特性。理想变压器如图 7.22(a)所示，其耦合电感的伏安关系为

$$u_1 = L_1 \frac{\mathrm{d}i_1}{\mathrm{d}t} + M \frac{\mathrm{d}i_2}{\mathrm{d}t}$$

其相量形式为

$$\dot{U}_1 = \mathrm{j}\omega L_1 \dot{I}_1 + \mathrm{j}\omega M \dot{I}_2$$

可得

$$\dot{I}_1 = \frac{\dot{U}_1}{\mathrm{j}\omega L_1} - \frac{M}{L_1}\dot{I}_2 = \frac{\dot{U}_1}{\mathrm{j}\omega L_1} - \sqrt{\frac{L_2}{L_1}}\dot{I}_2$$

根据理想化的条件(3)，L_1、$L_2 \to \infty$ 但 $\sqrt{\dfrac{L_1}{L_2}} = n$，所以上式可整理为

$$\dot{I}_1 = -\sqrt{\frac{L_2}{L_1}}\dot{I}_2 \Rightarrow \frac{\dot{I}_1}{\dot{I}_2} = -\frac{1}{n}$$

即

$$\boxed{\frac{i_1}{i_2} = -\frac{N_2}{N_1} = -\frac{1}{n}} \tag{7.29}$$

式(7.29)表示，当初、次级电流 i_1、i_2 分别从同名端流入（或流出）时，如图 7.22(a)所示，i_1 与 i_2 之比等于负的 N_2 与 N_1 之比。如果 i_1、i_2 参考方向从异名端流入，如图 7.22(b)所示，则 i_1 与 i_2 之比等于 N_2 与 N_1 之比：

$$\frac{i_1}{i_2} = \frac{N_2}{N_1} = \frac{1}{n} \tag{7.30}$$

3. 功率

通过以上分析可知，不论理想变压器的同名端如何，由理想变压器的伏安关系，总有

$$u_1 i_1 + u_2 i_2 = 0$$

这表明它吸收的瞬时功率恒等于零，它是一个既不耗能也不储能的无记忆的多端元件。在电路图中，理想变压器虽然也用线圈作为电路符号，但这个符号并不意味着电感的作用，它仅代表式(7.27)～式(7.30)所示的电压之间及电流之间的约束关系。

4. 阻抗变换性质

从上述分析可知，理想变压器可以起到改变电压及改变电流大小的作用。从下面的分析可以看出，它还具有改变阻抗大小的作用。图 7.24(a)所示电路在正弦稳态下，理想变压器次级所接的负载阻抗为 $Z_L(\mathrm{j}\omega)$，则从初级看进去的输入阻抗为

$$Z_{\text{in}}(j\omega) = \frac{\dot{U}_1}{\dot{I}_1} = \frac{n\dot{U}_2}{-\frac{1}{n}\dot{I}_2} = n^2\left(-\frac{\dot{U}_2}{\dot{I}_2}\right) = n^2 Z_{\text{L}}(j\omega) \tag{7.31}$$

式(7.31)表明，当次级接阻抗 Z_{L} 时，对初级来说，相当于接了一个 $n^2 Z_{\text{L}}$ 的阻抗，如图 7.24(b)所示。Z_{in} 称为次级对初级的折合阻抗(referred impedance)。可以证明，折合阻抗的计算与同名端无关，可见理想变压器具有变换阻抗的作用。

理想变压器的折合阻抗与空芯变压器的反映阻抗是有区别的，理想变压器的阻抗变换的作用只改变原阻抗的大小，不改变原阻抗的性质。也就是说，负载阻抗为感性时折合到初级的阻抗也为感性，负载阻抗为容性时折合到初级的阻抗也为容性。

利用阻抗变换性质，可以简化理想变压器电路的分析计算。也可以利用改变匝数比的方法来改变输入阻抗，实现最大功率匹配。收音机的输出变压器就是为此目的而设计的。

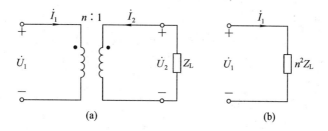

图 7.24　理想变压器变换阻抗的作用

[**例 7.6**]　电路如图 7.25(a)所示。如果要使 100 Ω 电阻能获得最大功率，试确定理想变压器的变比 n。

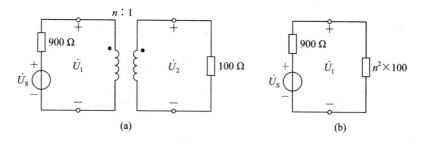

图 7.25　例 7.6 电路图

解　已知负载 $R=100$ Ω，故次级对初级的折合阻抗 $Z_{\text{in}}=n^2\times100$ Ω。电路可等效为图 7.25(b)。

由最大功率传输条件可知，当 $n^2\times100$ Ω 等于电压源的串联电阻(或电源内阻)时，负载可获得最大功率，即

$$n^2\times100\ \Omega = 900$$

则变比 n 为
$$n = 3$$

7.4.2　含理想变压器的电路分析

从以上分析可知，理想变压器具有三个主要作用，即变换电压、电流和阻抗。在对含有理想变压器的电路进行分析时，还要注意同名端及电流、电压的参考方向，因为当同名

端及电流、电压的参考方向变化时，伏安关系的表达式的符号也要随之变换。

下面举例说明含理想变压器的电路分析。

[例 7.7] 电路如图 7.26 所示，已知 $\dfrac{1}{\omega C}=6$ Ω，$\dot{U}_{\mathrm{S}}=36\angle 0°$ V，求电流相量 $\dot{I}$。

解 由图 7.26 可知

$$n = 2$$

应用理想变压器的伏安关系 $\dot{U}_{\mathrm{S}}=n\dot{U}$，对回路列 KVL 方程，得

$$\dot{I} = \frac{\dot{U}_{\mathrm{S}}-\dot{U}}{-\mathrm{j}\frac{1}{\omega C}} = \frac{\dot{U}_{\mathrm{S}}-\frac{1}{n}\dot{U}_{\mathrm{S}}}{-\mathrm{j}\frac{1}{\omega C}} = \frac{0.5\times 36\angle 0°}{-\mathrm{j}6} = 3\angle 90°\ \mathrm{A}$$

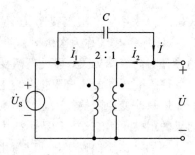

图 7.26 例 7.7 电路图

例 7.8 如图 7.27 所示正弦稳态电路，$u_{\mathrm{S}}=60\sqrt{2}\ \sin t$ V。若 $R_1=12$ Ω，Z_{L} 可变，求 ab 端的戴维南等效电路，并求 Z_{L} 为多少时可获得最大功率，最大功率为多少。

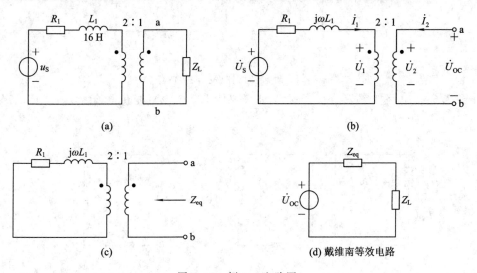

图 7.27 例 7.8 电路图

解 (1) 求 $\dot{U}_{\mathrm{OC}}$。当 ab 端开路时，如图 7.27(b) 所示，因为 $\dot{I}_2=0$，所以 $\dot{I}_1=0$，则有

$$\dot{U}_1 = \dot{U}_{\mathrm{S}} = 60\angle 0°\ \mathrm{V}$$

$$\dot{U}_{\mathrm{OC}} = \dot{U}_2 = \frac{\dot{U}_1}{n} = \frac{\dot{U}_1}{2} = 30\angle 0°\ \mathrm{V}$$

(2) 求等效阻抗 Z_{eq}。令 $\dot{U}_{\mathrm{S}}=0$，如图 7.27(c) 所示，则有

$$Z_1 = R_1 + \mathrm{j}\omega L_1 = 12 + \mathrm{j}16\ \Omega$$

可以仿照式(7.31)推导得到初级对次级的折合阻抗为 $\dfrac{Z_1}{n^2}$，所以在次级得到的等效阻抗应为

$$Z_{\mathrm{eq}} = \frac{Z_1}{n^2} = 3 + \mathrm{j}4\ \Omega$$

由共轭匹配条件可知，当 $Z_{\mathrm{L}}=Z_{\mathrm{eq}}^{*}=3-\mathrm{j}4$ 时能获得最大功率，其值为

$$P_{Lmax} = \frac{U_{OC}^2}{4R_{eq}} = \frac{(30)^2}{4 \times 3} = 75 \text{ W}$$

7.5 实际变压器及应用

实际变压器有空芯变压器和铁芯变压器两种类型。空芯变压器是由两个绕在非铁磁材料制成的芯子上并且具有互感的线圈组成的，其耦合系数较小，属于松耦合。工程实践中常见的实际变压器如图 7.28 所示。

(a) 大型油浸式变压器　　　　(b) 调压变压器　　　(c) 电源适配器

图 7.28　部分变压器外形图

7.5.1　实际变压器的模型

实际变压器并不能满足理想变压器的三个条件。对实际变压器除了用耦合电感模型外，还应找到更适于实际变压器的模型。

1. 全耦合变压器

变压器如图 7.29 所示，其耦合系数 $k=1$，但 L_1 和 L_2 不是无穷大，是有限值，把这样的变压器称为**全耦合变压器**。下面分析全耦合变压器的模型。

由于其耦合系数 $k=1$，所以全耦合变压器的电压关系与理想变压器的电压关系完全相同，即

$$\frac{u_1}{u_2} = \frac{N_1}{N_2}$$

全耦合变压器初级电流 $i_1(t)$ 由两部分组成，即 $i_1(t) = i_\phi(t) + i_1'(t)$，其中，$i_\phi(t)$ 称为励磁电流，它是次极开路时电感 L_1 上的电流，$i_\phi(t) = \frac{1}{L_1}\int_0^t u_1(\xi)d\xi$；$i_1'(t) = -\frac{N_2}{N_1}i_2(t)$，它与次极电流 $i_2(t)$ 满足理想变压器的电流关系。由于 $i_\phi(t)$ 的存在使全耦合变压器具有记忆性。

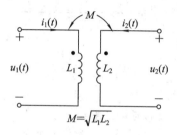 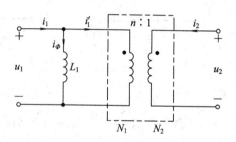

图 7.29　全耦合变压器　　　　　　　图 7.30　全耦合变压器模型

根据上述分析可得到如图 7.30 所示全耦合变压器的模型,图中点画线框部分为理想变压器模型。

2. 实际变压器的模型

实际变压器的电感既不能为无穷大,耦合系数也往往小于 1。这就是说,它们的磁通除了互磁通外,还有漏磁通(leakage flux),如果考虑变压器绕组的损耗,还应在电路模型的初级和次级回路中添加串联电阻 R_1 和 R_2,再将 R_2、L_{S2} 折合到原边回路内,可得到考虑损耗的实际变压器模型,如图 7.31 所示。

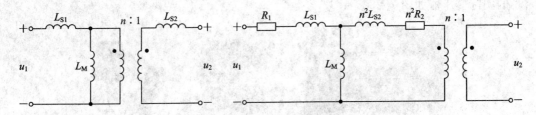

图 7.31　考虑损耗的实际变压器模型

7.5.2　全耦合变压器的分析

全耦合变压器的分析方法就是画出全耦合变压器的等效电路模型,在等效电路中,将互感问题转化成理想变压器问题,使分析计算得到简化。

[例 7.9]　变压器电路如图 7.32(a)所示,试求原边电流 $\dot{I}_1$、副边电流 $\dot{I}_2$ 和负载电压 $\dot{U}$。

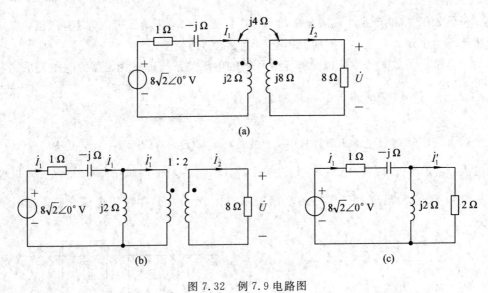

图 7.32　例 7.9 电路图

解　因为
$$k = \frac{M}{\sqrt{L_1 L_2}} = \frac{4}{\sqrt{16}} = 1$$

所以该变压器为全耦合变压器,其等效模型如图 7.32(b)所示,其中

$$n = \sqrt{\frac{L_1}{L_2}} = \frac{1}{2}$$

副边电阻折合到原边后，等效电路如图 7.32(c)所示，则有

$$\dot{I}_1 = \frac{8\sqrt{2}\angle 0°}{1 - \mathrm{j} + \dfrac{\mathrm{j}2 \times 2}{\mathrm{j}2 + 2}} = 4\sqrt{2} \ \text{A}$$

$$\dot{I}_1' = \dot{I}_1 \times \frac{\mathrm{j}2}{\mathrm{j}2 + 2} = 4\angle 45° \ \text{A}$$

由理想变压器伏安关系可得

$$\dot{I}_2 = n\dot{I}_1' = 0.5 \times 4\angle 45° \ \text{A} = 2\angle 45° \ \text{A}$$

$$\dot{U} = R_{\mathrm{L}}\dot{I}_2 = 8 \times 2\angle 45° = 16\angle 45° \ \text{V}$$

[例 7.10]　全耦合变压器如图 7.33(a)所示。

(1) 求 ab 端的等效戴维南电路；

(2) ab 端外接负载 Z_{L} 为多大时，能获取最大功率，最大功率是多少？

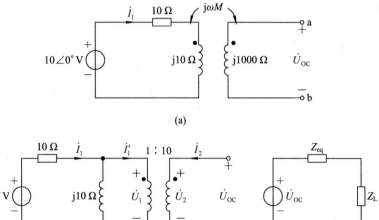

图 7.33　例 7.10 电路图

解　因为该变压器为全耦合变压器，所以其等效电路模型如图 7.33(b)所示，其中变比为

$$n = \sqrt{\frac{L_1}{L_2}} = \sqrt{\frac{10}{1000}} = \frac{1}{10}$$

由图 7.33(b)求出戴维南等效电路的 $\dot{U}_{\mathrm{OC}}$，由于 $\dot{I}_2 = 0$，所以 $\dot{I}_1' = 0$，则

$$\dot{U}_1 = \frac{\mathrm{j}10}{10 + \mathrm{j}10} \times 10\angle 0° \ \text{V} = 5\sqrt{2}\angle 45° \ \text{V}$$

$$\dot{U}_{\mathrm{OC}} = \dot{U}_2 = \frac{\dot{U}_1}{n} = 50\sqrt{2}\angle 45° \ \text{V}$$

求戴维南等效电路的等效电阻 Z_{eq}，令电源为零，初级阻抗为

$$Z_1 = \frac{10 \times \mathrm{j}10}{10 + \mathrm{j}10} = \frac{10(1 + \mathrm{j})}{2} = 5\sqrt{2}\angle 45° \ \Omega$$

$$Z_{\mathrm{eq}} = \frac{Z_1}{n^2} = 500\sqrt{2}\angle 45° = (500 + \mathrm{j}500)\Omega$$

由共轭匹配条件可知，当 $Z_L = Z_{eq}^* = 500 - j500$ 时能获得最大功率，其值为

$$P_{Lmax} = \frac{U_{OC}^2}{4R_{eq}} = \frac{(50\sqrt{2})^2}{4 \times 500} = 2.5 \text{ W}$$

7.5.3 实际变压器应用

下面简单介绍一下一些变压器的特点及应用。

（1）空芯变压器：由两个互相靠近而又彼此绝缘固定在纸筒、胶木筒上的空芯线圈组成。空芯变压器的两个线圈分别称为初级线圈和次级线圈。电子管收音机电路中就采用这种空芯变压器。通过它，可以把天线接收到的信号耦合到变频级进行变频和放大。

（2）磁芯变压器：由两个线圈与固定磁芯组成。晶体管收音机电路中的天线线圈就是这种磁芯变压器。

第7章变压器的应用.dox

（3）可调磁芯变压器：用两组导线绕制在同一磁芯上，并在上面加一个磁帽，当旋动磁帽时，可微调线圈的电感量。

（4）铁芯变压器：在两组或多组线圈中间插入硅钢片，就组成铁芯变压器。收音机功放电路中采用这种变压器。它们的作用是变换阻抗和传输信号。在收录机、稳压电源及仪器设备中用的小功率电源变压器也是铁芯变压器，因此它与其他变压器的电符号相同，但外形不相同，而且体积较大。

电子电路中应用的变压器类型很多，根据频率区分有电源变压器、音频变压器和脉冲变压器等。

（1）电源变压器：用于各种电子设备和仪器。初级接入电源，次级可有多个输出不同电压的绕组。

（2）音频变压器：主要用做级间耦合、阻抗匹配和功率传输等。音频变压器包括扬声器变压器、输入及输出变压器、级间变压器、隔离变压器等。这种变压器的频率响应好，对工作于音频低端的主电感量要求要大，对工作于音频高端的漏感量和分布电容要求要小。可选择磁导率较高的磁芯并采用分段和交叉绕法等措施来实现。

（3）脉冲变压器：用于计算机、雷达、电视等的脉冲电路中，主要用做脉冲电压幅度变换、阻抗匹配、脉冲功率输出等。当输入为矩形脉冲时，漏感和分布电容将影响脉冲前沿抖动，而分布电容和初级电感量有可能在后沿引起振荡；如脉冲宽度较大，则主电感量的大小将是主要的影响因素。为此，要想从次级获得小失真和最低功耗的脉冲输出，对铁芯的选择和绕组结构的要求都应比音频变压器严格，脉冲重复频率越高，要求也越严。

（4）超薄压电变压器：一种新型的表面安装电子元件，具有超薄、功率密度高、无电磁干扰、高效率、高可靠、自保护等特点。它以压电陶瓷材料、多层复合、独石化技术制造，是继铁芯线绕变压器、脉冲变压器之后的第三代电子变压器，是 SMD 元件。

7.6 计算机辅助电路分析

[例 7.11] 通过 Multisim 10 利用降压变压器的降压原理验证降压倍数，电路如图

7.34 所示，$V_1(t) = 120\sqrt{2}\sin(\omega t)\text{V}$，$R_1 = 100\ \Omega$。

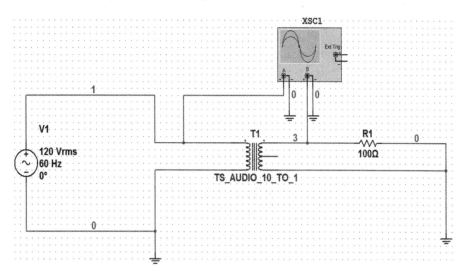

图 7.34 例 7.11 电路图

如图 7.34 所示，示波器两个通道的探头分别接被测变压器的主绕组和另一个绕组，开关闭合后在示波器的两个通道上显示波形幅度。仿真结果如图 7.35 所示。通道 A 的一格范围为 100 V/Div，通道 B 的一格范围为 20 V/Div，两个波形不重合。如果将通道 A 的一格范围改为通道 B 的一格所代表的数值的 10 倍，则两者波形重合。

第 7 章降压变压器
仿真.wmv

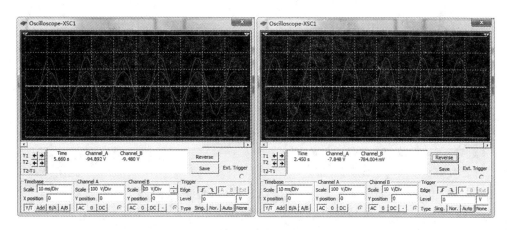

图 7.35 仿真结果

7.7 本 章 小 结

1. 耦合电感的伏安关系

耦合电感的伏安关系式

$$u_1 = \frac{\mathrm{d}\psi_1}{\mathrm{d}t} = u_{11} \pm u_{12} = L_1 \frac{\mathrm{d}i_1}{\mathrm{d}t} \pm M \frac{\mathrm{d}i_2}{\mathrm{d}t}$$

$$u_2 = \frac{\mathrm{d}\psi_2}{\mathrm{d}t} = \pm u_{21} + u_{22} = \pm M \frac{\mathrm{d}i_1}{\mathrm{d}t} + L_2 \frac{\mathrm{d}i_2}{\mathrm{d}t}$$

2. 耦合电感的去耦等效

（1）耦合电感的串联等效：

$$Z = \mathrm{j}\omega(L_1 + L_2 \pm 2M)$$

（2）耦合电感的并联等效：

$$L = \frac{L_1 L_2 - M^2}{L_1 + L_2 \mp 2M}$$

（3）耦合电感的 T 形连接去耦等效电路如图 7.11 所示。

3. 空芯变压器的分析

空芯变压器电路的分析，就是对含耦合电感电路的分析。正弦稳态下分析计算的基本方法仍然是相量法，需掌握的主要方法有：直接列方程法、反映阻抗法和戴维南等效电路法。

4. 理想变压器

理想变压器的三个理想条件：无损耗、全耦合、参数无穷大。它是一种无记忆元件。

理想变压器常见的两种模型如图 7.22(a)、(b)所示。变压、变流、变阻抗是理想变压器的三个重要特征。对图 7.22(a)有 $u_1 = nu_2$，$i_1 = -\frac{1}{n}i_2$；对图 7.22(b)有 $u_1 = -nu_2$，$i_1 = \frac{1}{n}i_2$。理想变压器次级所接的负载阻抗为 $Z_L(\mathrm{j}\omega)$，则从初级看进去的输入阻抗 $Z_{in}(\mathrm{j}\omega) = n^2 Z_L(\mathrm{j}\omega)$。

5. 全耦合变压器

全耦合变压器就变压关系来说，同理想变压器是一样的。全耦合变压器属于非理想变压器，它的模型可以由理想变压器模型在其初级并联励磁电感构成，如图 7.30 所示。

习 题 7

7.1 判断题

（1）由于线圈本身的电流变化而在本线圈中引起的电磁感应称为自感。　　　　　　（　）

（2）两个串联耦合电感的感应电压极性，取决于电流流向，与同名端无关。　　　（　）

（3）顺向串联的两个耦合电感，等效电感量为它们的电感量之和。　　　　　　　（　）

（4）空芯变压器和理想变压器的反映阻抗均与初级回路的自阻抗相串联。　　　　（　）

（5）全耦合变压器与理想变压器都是无损耗且耦合系数等于1。　　　　　　　　（　）

7.2 填空题

（1）k 的大小与两个线圈的结构、相互_____以及周围磁介质有关。改变或调整它们的相互位置有可能改变耦合系数的_____。

（2）把有互感的两个线圈串联或并联时，必须注意_____的位置，否则有烧毁的危险。

（3）两个耦合线圈上的伏安关系不仅与两个耦合线圈上的_____的位置有关，还与两线圈上的电压、电流的_____有关。

（4）当两个耦合线圈同时通以电流时，每个线圈两端的电压均包含自感电压和_____电压。

（5）电路如题 7.2 - 5 图所示，已知 $L_1=4$ H，$L_2=3$ H，$M=2$ H，$i_1=3(1-e^{-2t})$A，则电压 $u_2=$_____。

（6）电路如题 7.2 - 6 图所示，已知 $u_S=\sqrt{2}\times100\cos100t$ V，则 $i=$_____。

（7）变压器是利用耦合线圈之间的磁耦合来实现电路与电路之间传递_____或传输_____的器件。

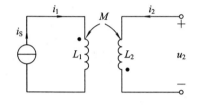

题 7.2 - 5 图

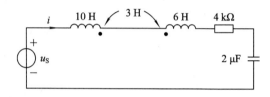

题 7.2 - 6 图

7.3　选择题

（1）两个具有耦合的线圈如题 7.3 - 1 图所示，则端子 1 的同名端为（　　）。

A. 端子 2　　　　　B. 端子 $1'$　　　　　C. 端子 $2'$

（2）电路如题 7.3 - 2 图所示，则感应电压 u_1 为（　　）。

A. $L\dfrac{di_1}{dt}+M\dfrac{di_2}{dt}$　　B. $L\dfrac{di_1}{dt}-M\dfrac{di_2}{dt}$　　C. $-L\dfrac{di_1}{dt}-M\dfrac{di_2}{dt}$　　D. $-L\dfrac{di_1}{dt}+M\dfrac{di_2}{dt}$

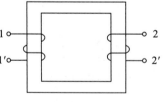

题 7.3 - 1 图

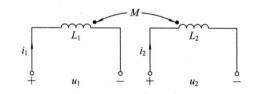

题 7.3 - 2 图

（3）电路如题 7.3 - 3 图所示。已知 $L_1=5$ H，$L_2=4$ H，$M=3$ H，$u_1=10\cos t$ V，则电压 u_2 为（　　）。

A. $-6\cos t$V　　　　　　　　　　B. $3\sqrt{2}\cos t$ V

C. $\sqrt{2}\cos(t+45°)$V　　　　　　D. $\sqrt{2}\cos t$ V

（4）理想变压器原边与副边的匝数比等于（　　）。

A. $-\sqrt{\dfrac{L_2}{L_1}}$　　　　B. $\sqrt{\dfrac{L_2}{L_1}}$　　　　C. $-\sqrt{\dfrac{L_1}{L_2}}$　　　　D. $\sqrt{\dfrac{L_1}{L_2}}$

（5）理想变压器（如题 7.3 - 5 图所示）副边与原边的电流比为（　　）。

A. $-n$　　　　　B. n　　　　　C. $-\dfrac{1}{n}$　　　　　D. $\dfrac{1}{n}$

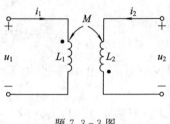
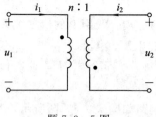

题 7.3－3 图   题 7.3－5 图

（6）电路如题 7.3－6 图所示，理想变压器副边有两个线圈，变比分别为 $5:1$ 和 $6:1$，则原边等效电阻 R 为（   ）。

A. 4 Ω   B. 9 Ω   C. 64.3 Ω   D. 2 Ω

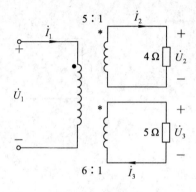

题 7.3－6 图

7.4   试确定题 7.4 图所示电路中耦合线圈的同名端。

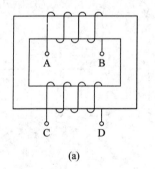
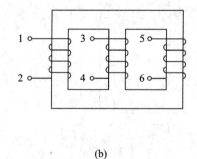

(a)   (b)

题 7.4 图

7.5   写出题 7.5 图所示电路中各耦合电感的伏安特性。

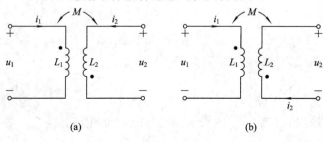

(a)   (b)

题 7.5 图

7.6 如题 7.6 图所示电路中，已知 $L_1 = 6$ H，$L_2 = 3$ H，$M = 4$ H。试求从端子 $1 - 1'$ 或 a – b 看进去的等效电感。

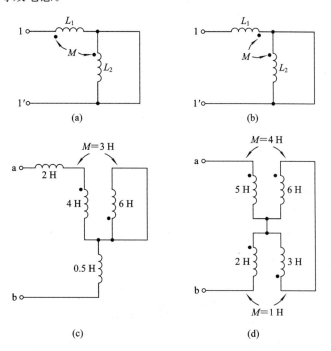

题 7.6 图

7.7 如题 7.7 图所示电路中，已知 $R_1 = R_2 = 1$ Ω，$\omega L_1 = 3$ Ω，$\omega L_2 = 2$ Ω，$\omega M = 2$ Ω，$U_1 = 100$ V。求：

(1) 开关 S 打开和闭合时的电流 $\dot{I}_1$；(2) S 闭合时各部分的复功率。

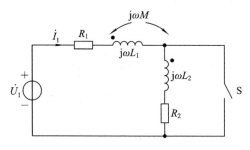

题 7.7 图

7.8 如题 7.8 图所示电路中，已知两个线圈的参数为 $R_1 = R_2 = 100$ Ω，$L_1 = 3$ H，$L_2 = 10$ H，$M = 5$ H，正弦电源的电压 $U = 220$ V，$\omega = 100$ rad/s。

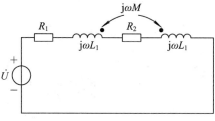

题 7.8 图

(1) 试求两个线圈端电压，并作出电路的相量图；

(2) 电路中串联多大的电容可使电路发生串联谐振？

(3) 画出该电路的去耦等效电路。

7.9 求题 7.9 图所示一端口电路的戴维南等效电路。已知 $\omega L_1 = \omega L_2 = 10\ \Omega$，$\omega M = 5\ \Omega$，$R_1 = R_2 = 6\ \Omega$，$U_1 = 60\ \text{V}$（正弦）。

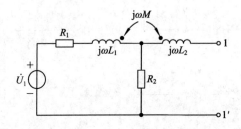

题 7.9 图

7.10 如题 7.10 图所示电路中，已知 $R_1 = 1\ \Omega$，$\omega L_1 = 2\ \Omega$，$\omega L_2 = 32\ \Omega$，$\omega M = 8\ \Omega$，$\dfrac{1}{\omega C_2} = 32\ \Omega$，求电流 $\dot{I}_1$ 和电压 $\dot{U}_2$。

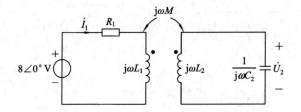

题 7.10 图

7.11 如题 7.11 图所示电路中，已知 $\dot{I}_S = 5\angle 0°\text{A}$，$\omega = 3\ \text{rad/s}$，$R = 4\ \Omega$，$L_1 = 4\ \text{H}$，$L_2 = 3\ \text{H}$，$M = 2\ \text{H}$，求 $\dot{U}_2$。

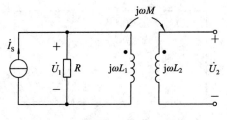

题 7.11 图

7.12 如题 7.12 图所示电路中，已知 $R_1 = 1\ \text{k}\Omega$，$R_2 = 0.4\ \text{k}\Omega$，$R_L = 0.6\ \text{k}\Omega$，$L_1 = 1\ \text{H}$，$L_2 = 4\ \text{H}$，$k = 0.1$，$\dot{U}_S = 100\angle 0°\ \text{V}$，$\omega = 1000\ \text{rad/s}$，试求 $\dot{I}_2$。

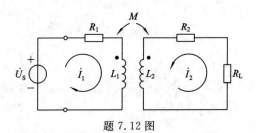

题 7.12 图

7.13 已知空芯变压器如题 7.13 图(a)所示，原边的周期性电流源波形如题 7.13 图(b)所示(一个周期)，副边的电压表读数(有效值)为 25 V。

(1) 画出原、副边端电压的波形，并计算互感 M；

(2) 给出它的等效受控源(CCVS)电路；

(3) 如果同名端弄错，对(1)、(2)的结果有无影响？

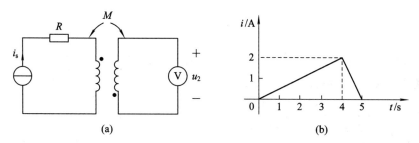

题 7.13 图

7.14 如题 7.14 图所示电路，如果使 10 Ω 的电阻能获得最大功率，试确定图示电路中理想变压器的变比 n。

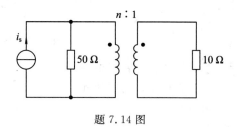

题 7.14 图

7.15 如题 7.15 图所示电路中，已知电流表的读数为 10 A，正弦电压 $U=10$ V，求阻抗 Z。

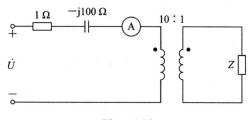

题 7.15 图

7.16 如题 7.16 图所示电路中，试问：Z_L 为何值时可获得最大功率？最大功率为多少？

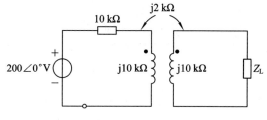

题 7.16 图

7.17 全耦合变压器如题 7.17 图所示，求 ab 端的等效戴维南电路。

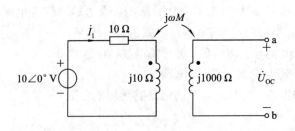

题 7.17 图

7.18 如题 7.18 图所示全耦合变压器电路，求电路中 ab 端的开路电压 $\dot{U}_{OC}$。当 $Z_L = ?$ 时获得最大功率，最大功率为多少？

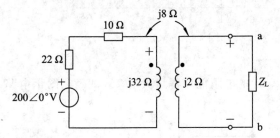

题 7.18 图

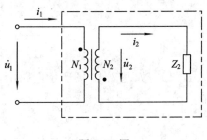

第 7 章习题 7.18 解答.wmv

7.19 如题 7.19 图所示为某晶体管收音机的输出变压器，其一次绕组匝数 $N_1 = 240$ 匝，二次绕组匝数 $N_2 = 60$ 匝，原配接有音圈阻抗为 4 Ω 的电动式扬声器。现要改接 16 Ω 的扬声器，二次绕组匝数如何变化？

7.20 如题 7.20 图所示为一理想变压器，一次侧输入 220 V 电压时，两组二次绕组的输出电压分别为：1、2 端为 2 V，3、4 端为 7 V。现有三只灯泡：

题 7.19 图

EL₁ 标有"3V、0.9W"，EL₂、EL₃ 标有"6V、0.9W"，若要接在同一电路中，使它们同时都正常发光，变压器与三只灯泡应如何连接？

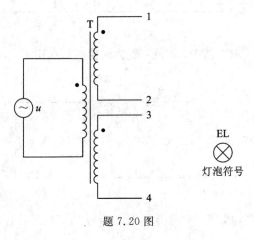

题 7.20 图

第8章 三相电路

第8章的知识点.wmv

【内容提要及要求】 本章首先介绍三相电源、线电压、相电压、线电流和相电流的概念；然后分析三相负载连接为星形和三角形时的计算方法，讨论三相电路功率的计算方法；最后介绍安全用电知识。

要求掌握当三相负载连接为星形和三角形时，相关相电压、线电压、相电流、线电流的计算方法；掌握三相电路功率的计算方法。

【重点】 当三相负载连接为星形和三角形时，相关相电压、线电压、相电流、线电流等概念和计算方法；三相电路功率的计算方法。

【难点】 空芯变压器电路在正弦稳态下的分析方法；当三相负载连接为星形和三角形时，相关相电压、线电压、相电流、线电流等概念和计算方法；三相电路功率的计算方法。

8.1 三相电源的基本概念

三相电源(three-phase source)一般是由三个频率相同、振幅相同、相位彼此相差120°的正弦电压源按一定方式连接而成的对称电源。

在工农业生产和人们的日常生活中，常采用三相交流电源供电。由三相交流电源供电的电路称为**三相电路**(three-phase circuit)。三相电源由三相交流发电机产生，经变压器升高电压后传送到各地，然后按不同用户的需要，由各地变电所(站)用变压器把高压降到适当数值，例如380 V或220 V等。三相交流发电机比同功率的单相发电机体积小、成本低，三相输电比单相输电节省材料。

8.1.1 三相电源的产生

1. 三相电源的产生

图8.1为三相交流发电机示意图。它是由定子和转子组成的。

定子(stator)由机座、定子铁芯和电枢绕组组成。图8.1中 L_1L_1'、L_2L_2' 和 L_3L_3' 分别为在空间上互成120°的三组定子绕组，其中 L_1 端、L_2 端、L_3 端称为三相绕组的首端，L_1' 端、L_2' 端、L_3' 端称为三相绕组的末端。三组绕组均为同一型号的高强漆包线，匝数相同，绕向一致。

第8章发电机的发电原理.wmv

转子(rotor)是一对特殊形状的磁极，当转子(磁铁)以角速度 ω 顺时针旋转时，转子磁场将依次切割定子电枢绕组，并在每相定子绕组中感应出电压 u_1、u_2、u_3，它们是三个随时间按正弦规律变化的电压，其振幅和频率相同，相位上互差120°。

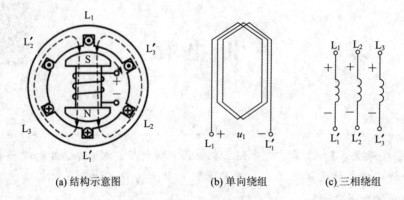

(a) 结构示意图   (b) 单向绕组   (c) 三相绕组

图 8.1 三相交流发电机示意图

2. 三相电源的表达式

若以 u_1 为参考正弦量，即 u_1 初相位为零，则三相对称电压瞬时表达式分别为

$$\left.\begin{aligned}
u_1 &= \sqrt{2}U \sin\omega t \\
u_2 &= \sqrt{2}U \sin(\omega t - 120°) \\
u_3 &= \sqrt{2}U \sin(\omega t - 240°) = \sqrt{2}U \sin(\omega t + 120°)
\end{aligned}\right\} \tag{8.1}$$

对应三相电压的相量表示为

$$\left.\begin{aligned}
\dot{U}_1 &= U\angle 0° \\
\dot{U}_2 &= U\angle(-120°) \\
\dot{U}_3 &= U\angle 120°
\end{aligned}\right\} \tag{8.2}$$

3. 波形图及相量图

三相对称电压的波形图及相量图如图 8.2 所示。

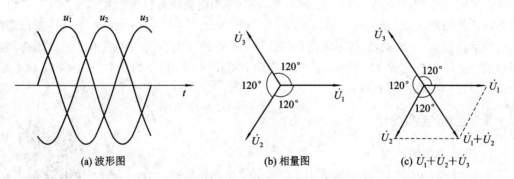

(a) 波形图   (b) 相量图   (c) $\dot{U}_1 + \dot{U}_2 + \dot{U}_3$

图 8.2 三相对称电压

由波形图和相量图可知：三相对称电压的瞬时值或相量之和恒为零，即

$$u_1 + u_2 + u_3 = 0 \quad 或 \quad \dot{U}_1 + \dot{U}_2 + \dot{U}_3 = 0 \tag{8.3}$$

4. 三相电源的相序

三相交流电分别出现正幅值的最大值的先后次序称为**三相电源的相序**（phase sequence）。三相电源的正相序为 $L_1 \rightarrow L_2 \rightarrow L_3$；负相序为 $L_1 \rightarrow L_3 \rightarrow L_2$。实际工程中，常用

不同颜色区别这三相电压，如黄色代表 L_1 相，绿色代表 L_2 相，红色代表 L_3 相。

8.1.2 三相电源的星形连接

1. 三相电源的连接

发电机三相绕组的接法通常采用**星形（Y 形）连接**（star connection），如图 8.3 所示，三个绕组的末端 $L'_1 L'_2 L'_3$ 连接在一个公共点 N 上，N 点称为电源**中点或零点**。中点引出的导线称为**中线**（neutral wire），又称为**零线**。通常发电机的中点接地。三相绕组始端 L_1、L_2、L_3 与输电线相连接，向负载输送能量。三根输电线称为**相线**（phase wire），**也称为火线**。这种连接方式向外引出四根线，称为**三相四线制**（three-phase four-wire system）。

2. 相电压和线电压

（1）相线与中线之间的电压称为**相电压**（phase voltage），用 U_P 表示。图 8.3(a) 中 $\dot{U}_1$、$\dot{U}_2$、$\dot{U}_3$ 为三个相电压的相量，有效值为 U_1、U_2、U_3。

（2）任意两个相线之间的电压称为**线电压**（line voltage），用 U_L 表示。图 8.3(a) 中 $\dot{U}_{12}$、$\dot{U}_{23}$、$\dot{U}_{31}$ 为三个线电压的相量，有效值为 U_{12}、U_{23}、U_{31}。

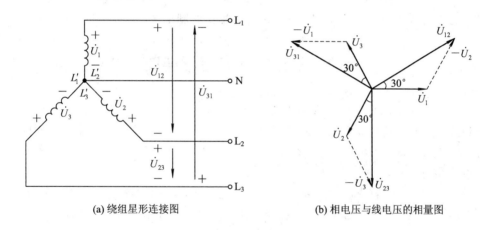

     (a) 绕组星形连接图   (b) 相电压与线电压的相量图

图 8.3　星形连接的三相电源

这种具有一根中线和三根相线的三相供电电路，称为三相四线供电体制。

3. 相电压和线电压的关系

由图 8.3(a) 可知，线电压与相电压显然是不相等的。现在来确定它们之间的关系。在图 8.3 中，利用基尔霍夫电压定律有

$$\left.\begin{cases} u_{12} = u_1 - u_2 \\ u_{23} = u_2 - u_3 \\ u_{31} = u_3 - u_1 \end{cases} \quad \text{或} \quad \begin{matrix} \dot{U}_{12} = \dot{U}_1 - \dot{U}_2 \\ \dot{U}_{23} = \dot{U}_2 - \dot{U}_3 \\ \dot{U}_{31} = \dot{U}_3 - \dot{U}_1 \end{matrix}\right\} \tag{8.4}$$

作电压相量图，如图 8.3(b) 所示。由相量图可知：

$$\frac{1}{2} U_{12} = U_1 \cdot \cos 30°$$

即
$$U_{12} = \sqrt{3} U_1$$

（1）**线电压大小是相电压的** $\sqrt{3}$ **倍**。若线电压有效值用 U_L 表示，相电压用 U_P 表示，线

电压和相电压在大小上的关系为

$$U_L = \sqrt{3}U_P \tag{8.5}$$

（2）**线电压超前相电压**30°。线电压也是对称的，其相位超前于其下标第一个字符所对应的相电压30°角，即

$$\left.\begin{aligned}\dot{U}_{12} &= \sqrt{3}\dot{U}_1 \angle 30° = \sqrt{3}U_P \angle 30° \\ \dot{U}_{23} &= \sqrt{3}\dot{U}_2 \angle 30° = \sqrt{3}U_P \angle(-90°) \\ \dot{U}_{31} &= \sqrt{3}\dot{U}_3 \angle 30° = \sqrt{3}U_P \angle 150°\end{aligned}\right\} \tag{8.6}$$

由此得，三相电源星形连接时的特点：

$$\left.\begin{aligned}\dot{U}_L &= \sqrt{3}\dot{U}_P \angle 30° \\ \dot{U}_1 + \dot{U}_2 + \dot{U}_3 &= 0 \\ \dot{U}_{12} + \dot{U}_{23} + \dot{U}_{31} &= 0\end{aligned}\right\} \tag{8.7}$$

发电机（或变压器）的绕组采用星形连接，可引出四根导线（三相四线制），这样就可以给予负载两种电压。在低压配电系统中，相电压为 220 V，线电压为 380 V（$380 = 220\sqrt{3}$）。

若三相电源连接成星形而不引中线，称为**三相三线制电源**，只能提供一种线电压。

8.2　三相负载的星形连接

由三相电源供电的负载称为**三相负载**（three-phase load）。三相负载分为两类。一类是**对称三相负载**，如工业负载三相交流电动机，其特征是每相负载阻抗参数完全相同（阻抗值相等、阻抗角相等），即 $Z_1 = Z_2 = Z_3 = |Z| \angle \varphi$，则称为对称负载；另一类为不对称负载，如居民生活用电设备。

分析三相电路时，首先画出电路图，并标出电压、电流的参考方向，然后应用电路定律找出电压与电流之间的关系，利用相值与线值的关系，计算待求量。

8.2.1　负载星形连接及特点

将负载 Z_1、Z_2 和 Z_3 的一端连在一起为 N′ 点，它与电源中点 N 相连，每相负载的另一端与三相电源的火线相连，如图 8.4 所示，这种负载星形连接的三相四线制电路，简称"Y－Y"连接。三相四线制常见于输送电系统中。

三相电路中的电流有相电流与线电流之分。

（1）流过每一相负载中的电流称为**相电流**（phase current），用 I_P 表示，有效值为 I_{1P}、I_{2P}、I_{3P}。

（2）流过每根火线上的电流称为**线电流**（linear current），用 I_L 表示，有效值为 I_{1L}、I_{2L}、I_{3L}。

（3）流过中线的电流称为**中线电流**（neutral current），用 I_N 表示。

分析图 8.4 所示电路，三相负载是有中线的星形连接（Y 形），三相电路有如下工作特点：

① 负载星形（Y 形）连接时，线电流就是负载相电流，即

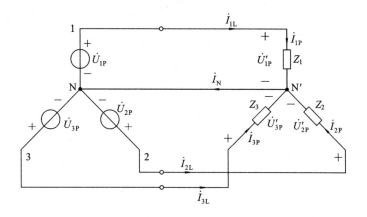

图 8.4 Y–Y 形连接的三相电路

$$\boxed{\dot{I}_P = \dot{I}_L} \qquad (8.8)$$

② 负载上的相电压等于电源的相电压：

$$\dot{U}_P' = \dot{U}_P$$

③ 由于三相对称电源的线电压与相电压具有固定关系，所以负载端的线电压与相电压之间也具有这种固定关系：

$$\dot{U}_L' = \sqrt{3}\dot{U}_P'\angle 30°$$

8.2.2 负载星形连接的电路分析

分析三相电路的思路是：利用三相电源可求得负载相电压，然后一相一相地计算。

设

$$\dot{U}_{1P}' = \dot{U}_{1P} = U_{1P}\angle 0° = U_P\angle 0°$$

$$\dot{U}_{2P}' = \dot{U}_{2P} = U_{2P}\angle(-120°) = U_P\angle(-120°)$$

$$\dot{U}_{3P}' = \dot{U}_{3P} = U_{3P}\angle(120°) = U_P\angle(120°)$$

它们分别是每相负载的电压。则每相负载中的相电流分别为

$$\left.\begin{array}{l} \dot{I}_{1P} = \dfrac{\dot{U}_{1P}'}{Z_1} = \dfrac{\dot{U}_{1P}}{|Z_1|\angle\varphi_1} = \dfrac{U_{1P}}{|Z_1|}\angle(-\varphi_1) = I_1\angle(-\varphi_1) \\[3mm] \dot{I}_{2P} = \dfrac{\dot{U}_{2P}'}{Z_2} = \dfrac{\dot{U}_{2P}}{|Z_2|\angle\varphi_2} = \dfrac{U_{2P}}{|Z_2|}\angle(120°-\varphi_2) = I_2\angle(-\varphi_2) \\[3mm] \dot{I}_{3P} = \dfrac{\dot{U}_{3P}'}{Z_3} = \dfrac{\dot{U}_{3P}}{|Z_3|\angle\varphi_3} = \dfrac{U_{3P}}{|Z_3|}\angle(120°-\varphi_3) = I_3\angle(-\varphi_3) \end{array}\right\} \qquad (8.9)$$

中线的电流，可应用基尔霍夫电流定律求得，即

$$\dot{I}_N = \dot{I}_{1P} + \dot{I}_{2P} + \dot{I}_{3P} \qquad (8.10)$$

[例 8.1] 正相序对称三相四线制的电压为 380 V，Y 形对称负载，每相阻抗 $Z = 11\angle30°\ \Omega$，求各相电流及中线电流。

解 在三相电路问题中，如不加说明，电压都是指线电压，且为有效值。线电压为 380 V，则每相电压应为 $380/\sqrt{3} = 220$ V。设第一相的电压初相为 0，则负载的第一相电压为

$$\dot{U}'_{1P} = \dot{U}_{1P} = 220\angle 0° \text{ V}$$

$$\dot{I}_{1P} = \frac{\dot{U}'_{1P}}{Z} = \frac{220\angle 0°}{11\angle 30°} = 20\angle (-30°)\text{A}$$

$$\dot{I}_{2P} = \frac{\dot{U}'_{2P}}{Z} = \frac{220\angle (-120°)}{11\angle 30°} = 20\angle (-150°)\text{A}$$

$$\dot{I}_{3P} = \frac{\dot{U}'_{3P}}{Z} = \frac{220\angle 120°}{11\angle 30°} = 20\angle 90° \text{ A}$$

对称负载因为相电流也是对称的,因此可以求得第一相电流后直接推出其他两相电流:

$$\dot{I}_{2P} = 20\angle (-30° - 120°)\text{A} = 20\angle (-150°)\text{A}$$

$$\dot{I}_{3P} = 20\angle (-30° + 120°)\text{A} = 20\angle 90° \text{A}$$

各相电流有效值为 20 A。

中线电流为

$$\dot{I}_{N} = \dot{I}_{1P} + \dot{I}_{2P} + \dot{I}_{3P} = 20\angle (-30°) + 20\angle (-150°) + 20\angle 90° = 0$$

Y‐Y 对称三相电路相量图如图 8.5 所示。由于负载对称则相电流、线电流显然对称,中线电流 $\dot{I}_{N} = \dot{I}_{1P} + \dot{I}_{2P} + \dot{I}_{3P} = 0$,此时中线不起作用,可以省略,即对称三相负载电路可以连接为三相三线制电路。

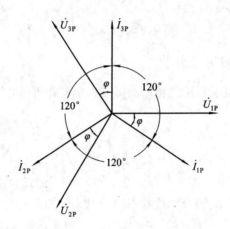

图 8.5 Y‐Y 对称三相电路相量图

如果在 Y‐Y 连接电路中,负载不对称,但电源对称,有中线,则需分离为一相一相进行计算,不能由一相的结果推知其他两相电流。

[**例 8.2**] 在图 8.6 中,电源电压 $U_L = 380$ V,每相负载的阻抗为 $R = X_L = X_C = 10$ Ω。

(1) 该三相负载能否称为对称负载?为什么?

(2) 计算中线电流和各相电流。

第 8 章例 8.2 视频讲解

解 (1) 三相负载不能称为对称负载,因为三相负载的阻抗性质不同,其阻抗角也不相同,故不能称为对称负载。

(2) $U_L = 380$ V,则 $U_P = 220$ V,设

$$\dot{U}_{A} = 220\angle 0° \text{ V}$$

则

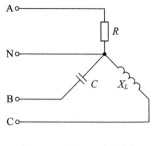

$$\dot{U}_B = 220\angle -120° \text{ V}$$

$$\dot{U}_C = 220\angle 120° \text{ V}$$

$$\dot{I}_A = \frac{\dot{U}_A}{R} = 22\angle 0° \text{ A}$$

$$\dot{I}_B = \frac{\dot{U}_B}{-jX_C} = \frac{220\angle -120°}{-j10} = 22\angle -30° \text{ A}$$

$$\dot{I}_C = \frac{\dot{U}_C}{jX_L} = \frac{220\angle 120°}{j10} = 22\angle 30° \text{ A}$$

图 8.6　例 8.2 电路图

所以，中线电流为

$$\dot{I}_N = \dot{I}_A + \dot{I}_B + \dot{I}_C$$
$$= 22\angle 0° + 22\angle -30° + 22\angle 30°$$
$$= 60.1\angle 0° \text{ A}$$

负载不对称需采用三相四线制，中线的存在是非常重要的，因为中线能确保各相负载在额定相电压下安全工作。中线上不允许安装开关或熔断器，防止运行时中线断开。

8.3　三相负载的三角形连接

三相负载的首、尾依次相连构成一个三角形连接的闭环，再将各相负载的首端引线与电源三个端线连接的三相电路，称为负载三角形连接的三相电路，如图 8.7 所示。

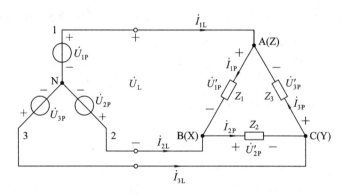

图 8.7　负载三角形连接的三相电路

分析图 8.7 的电路，三相负载为三角形连接时，电路有如下工作特点：

（1）在负载三角形连接时，各相负载是直接连接在两根火线之间的，所以负载的相电压就是电源的线电压，即

$$\boxed{\dot{U}'_{P\triangle} = \dot{U}_L} \tag{8.11}$$

无论负载是否对称，负载的相电压总是对称的。

（2）负载三角形连接时，负载上的相电流 $\dot{I}_P(\dot{I}_{1P}、\dot{I}_{2P}、\dot{I}_{3P})$ 与线电流 $\dot{I}_L(\dot{I}_{1L}、\dot{I}_{2L}、\dot{I}_{3L})$ 不相等，各相负载的相电流为负载上的相电压(也是电源线电压)除以负载阻抗：

$$\left.\begin{array}{l} \dot{I}_{1P} = \dfrac{\dot{U}'_{1P}}{Z_1} = \dfrac{\dot{U}_{12}}{Z_1} \\[3mm] \dot{I}_{2P} = \dfrac{\dot{U}'_{2P}}{Z_2} = \dfrac{\dot{U}_{23}}{Z_2} \\[3mm] \dot{I}_{3P} = \dfrac{\dot{U}'_{3P}}{Z_3} = \dfrac{\dot{U}_{31}}{Z_3} \end{array}\right\} \tag{8.12}$$

由基尔霍夫电流定律可知：

$$\left.\begin{array}{l} \dot{I}_{1L} = \dot{I}_{1P} - \dot{I}_{3P} \\[2mm] \dot{I}_{2L} = \dot{I}_{2P} - \dot{I}_{1P} \\[2mm] \dot{I}_{3L} = \dot{I}_{3P} - \dot{I}_{2P} \end{array}\right\} \tag{8.13}$$

（3）如果负载为对称负载，因为电源对称，则相、线电流对称，若设负载的阻抗角为 φ，则相电流相量为

$$\dot{I}_{1P} = \frac{\dot{U}'_{1P}}{Z_1} = \frac{\dot{U}_{1L}}{Z} = I_P \angle(-\varphi)$$

$$\dot{I}_{2P} = I_P \angle(-\varphi - 120°)$$

$$\dot{I}_{3P} = I_P \angle(-\varphi + 120°)$$

做电流相量图如图 8.8 所示，可知 $\dfrac{1}{2} I_{1L} = I_{1P} \cdot \cos 30°$，即 $I_{1L} = \sqrt{3} I_{1P}$，且线电流的相位滞后其下标第一个字符所对应的相电流 $30°$。所以

$$\boxed{\dot{I}_{L\triangle} = \sqrt{3} \dot{I}_{P\triangle} \angle(-30°)} \tag{8.14}$$

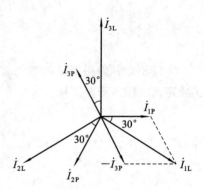

图 8.8 对称负载三角形连接
电流相量图

显然，在对称负载 $\triangle$ 连接中负载相电压与电源线电压是相等的，而 $\triangle$ 负载的线电流是相电流的 $\sqrt{3}$ 倍，且线电流依次滞后 $\dot{I}_{1P}$、$\dot{I}_{2P}$、$\dot{I}_{3P}$ 的相位为 $30°$。

当对称负载做三角形负载时，计算时只需要计算一相，其他两相推出即可。

当不对称负载做三角形负载时，需要分别计算各相、线电流。

［例 8.3］ 在图 8.9(a)所示三相对称电路中，电源线电压为 380 V，对称负载的每相阻抗 $Z = (6 + j8)\Omega$。

（1）试求电路的各相电流和线电流；

（2）如果 A 端接入线断开，则图 8.9(b) 的负载工作状态如何？

解 （1）负载为三角形连接，电源线电压就是负载的相电压，因为是对称负载，所以相、线电流均对称，计算一相可推出其余各相、线电流。

$$\dot{I}_{1P} = \frac{\dot{U}'_{1P}}{Z} = \frac{380 \angle 0°}{6 + j8} = 38 \angle(-53°) \text{A}$$

根据相序，其他两相电流推知为

$$\dot{I}_{2P} = 38 \angle(-53° - 120°) = 38 \angle(-173°) \text{A}$$

$$\dot{I}_{3P} = 38 \angle(-53° + 120°) = 38 \angle 67° \text{A}$$

线电流为

$$\dot{I}_{1L} = \sqrt{3} \times 38 \angle(-53° - 30°) = 65.8 \angle(-83°) \text{A}$$

其他两线电流推知为

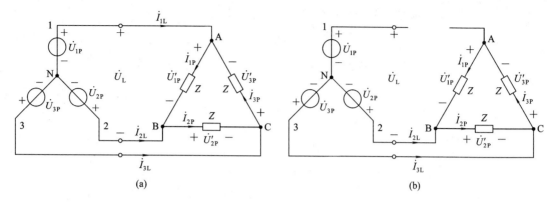

图 8.9 例 8.3 电路图

$$\dot{I}_{2L} = 65.8\angle(-83° - 120°) = 65.8\angle(-203°) = 65.8\angle(157°)\text{A}$$

$$\dot{I}_{3L} = 65.8\angle(-83° + 120°) = 65.8\angle 37° \text{ A}$$

(2)电路如图 8.9(b)所示,第二相负载(BC)相电压不变,不受影响,第一相(AB)和第三相(CA)两相负载串联接在线电压上,其电压、电流均小于额定值。

由此例题可知,照明负载不能采用三角形接法。

三相负载是接成星形(Y 形)还是接成三角形(△形),取决于以下两方面:

(1)电源电压;

(2)负载的额定相电压。

当负载的额定相电压等于电源的相电压时,负载应接成星形(Y 形),此时每相负载承受电源的相电压。当负载的额定相电压等于电源的线电压时,负载应接成三角形(△形),此时每相负载承受电源的线电压。

8.4 三相电路的功率

当一个负载接正弦交流电压时,该负载的有功功率、无功功率分别为

$$P = UI\cos\varphi, \quad Q = UI\sin\varphi$$

在三相电路中,无论负载是否为对称负载,无论采用何种连接方式,三相总有功功率等于各相有功功率之和,即有

$$P = P_1 + P_2 + P_3 = U_{1P}I_{1P}\cos\varphi_1 + U_{2P}I_{2P}\cos\varphi_2 + U_{3P}I_{3P}\cos\varphi_3$$

同理,无功功率为

$$Q = Q_1 + Q_2 + Q_3 = U_{1P}I_{1P}\sin\varphi_1 + U_{2P}I_{2P}\sin\varphi_2 + U_{3P}I_{3P}\sin\varphi_3$$

如果负载是对称负载,则每相有功功率相同,即三相总功率为

$$\boxed{P = 3P_P = 3U_P I_P \cos\varphi} \tag{8.15}$$

式中,φ 角是相电压 U_P 与相电流 I_P 的相位差。

当对称负载是 Y 形连接时,有

$$U_L = \sqrt{3}U_P, \quad I_L = I_P$$

当对称负载是△连接时,有

$$U_L = U_P, \quad I_L = \sqrt{3}I_P$$

由此可知，不论对称负载是 Y 形连接还是△连接，如将上述关系代入式(8.15)，则得

$$P = \sqrt{3} U_{L} I_{L} \cos\varphi \qquad\qquad (8.16)$$

应注意，式(8.16)中的 φ 角仍是相电压 U_P 与相电流 I_P 的相位差。

同理，可得出三相无功功率和视在功率：

$$Q = 3 U_P I_P \sin\varphi = \sqrt{3} U_L I_L \sin\varphi \qquad\qquad (8.17)$$

$$S = \sqrt{3} U_L I_L \qquad\qquad (8.18)$$

式(8.16)、式(8.17)、式(8.18)是计算三相对称电路功率常用的公式。

[例 8.4] 对称三相电源，线电压 $U_L = 380$ V，对称三相感性负载作三角形连接，若测得线电流 $I_L = 17.3$ A，三相功率 $P = 9.12$ kW，求每相负载的电阻和感抗。

解 由于对称三相感性负载作三角形连接，因此 $U_L = U_P$，$I_L = \sqrt{3} I_P$。因

$$P = \sqrt{3} U_L I_L \cos\varphi$$

所以

$$\cos\varphi = \frac{P}{\sqrt{3} U_L I_L} = \frac{9.12 \times 10^3}{\sqrt{3} \times 380 \times 17.3} = 0.8$$

$$I_P = \frac{I_L}{\sqrt{3}} = \frac{17.3}{\sqrt{3}} \approx 10 \text{ A}$$

$$|Z| = \frac{U_P}{I_P} = \frac{U_L}{I_P} = \frac{380}{10} = 38 \ \Omega$$

$$R = |Z| \cos\varphi = 38 \times 0.8 = 30.4 \ \Omega$$

$$X_L = \sqrt{|Z|^2 - R^2} = \sqrt{38^2 - 30.4^2} = 22.8 \ \Omega$$

[例 8.5] 对称三相负载星形连接，已知每相阻抗为 $Z = 31 + j22 \ \Omega$，电源线电压为 380 V，求三相交流电路的有功功率、无功功率、视在功率和功率因数。

解 由于对称三相负载作星形连接，因此 $U_L = \sqrt{3} U_P$。

所以

$$U_L = 380 \text{ V}, \quad U_P = 220 \text{ V}$$

$$I_P = \frac{220}{|31 + j22|} = \frac{220}{\sqrt{31^2 + 22^2}} = 5.79 \text{ A}$$

功率因数：

$$\cos\varphi = \frac{31}{\sqrt{31^2 + 22^2}} = 0.816$$

有功功率：

$$P = \sqrt{3} U_L I_L \cos\varphi = \sqrt{3} \times 380 \times 5.79 \times \cos\varphi = \sqrt{3} \times 380 \times 5.79 \times 0.816 = 3109.57 \text{ W}$$

无功功率：

$$Q = \sqrt{3} U_L I_L \sin\varphi = \sqrt{3} \times 380 \times 5.79 \times \sqrt{1 - 0.816^2} = 2202.81 \text{ var}$$

视在功率：

$$S = \sqrt{3} U_L I_L = \sqrt{3} \times 380 \times 5.79 = 3810.75 \text{ V} \cdot \text{A}$$

8.5　安　全　用　电

在现代生产和生活中，人们经常接触各式各样的电气设备。了解安全用电常识，能避免触电事故的发生，保障人身和设备的安全，让电更好地为人类服务。

8.5.1　电对人体的危害

电伤害可分为电击和电伤两种类型。

（1）电击是指电流流经人体内部组织所造成的伤害。电击后，会破坏心脏、呼吸及神经系统的正常工作，危险性大。绝大部分触电死亡事故都是由于电击造成的。

第 8 章安全用电基本常识.ppt

（2）电伤是电流仅经过人体表面皮肤组织，一般多伤害人体的外部。常见的有电灼伤、电烙印和皮肤金属化等三种。大多数情况下，电击和电伤往往同时发生。

触电伤人的主要因素是电流。若流过人体的电流为 20 mA，人即麻痹难受，特别是人手触电，肌肉收缩反而握紧带电物体，有发生灼伤的可能。如果流过人体的电流为 50 mA，人的呼吸器官会发生麻痹，以致造成死亡。电流大小与作用到人体上的电压大小和人体电阻有关，电流作用于人体的时间愈长，人体电阻愈小，电流愈大，对人体的伤害就愈严重。触电后电压愈高，流过人体的电流就愈大，人体出汗或皮肤破裂，人体的电阻降低，通过人体的电流随之加大。当作用到人体上的电压低于 36 V 时，对人体的伤害几乎为零，所以规定 36 V 以下的电压为安全电压。

8.5.2　触电方式

触电方式有单相触电、两相触电、跨步电压触电等。常见的是单相触电。

单相触电是指人体直接接触正常运行中的一相带电体，电流通过人体流入大地，此时人体承受到 220 V 电压，触电后电流流经人体的心脏、双脚到地，对人身造成直接伤害，很危险。如果工作人员站在干燥的木板或绝缘垫上，可把流过人体的电流限制在 0.22～0.44 mA，对人身就安全了。所以电气工作人员工作时应穿电工绝缘鞋。配电屏前后应铺绝缘垫。

两相触电是指人体同时接触到两根火线。此时作用于人体上的电压为 380 V，电流通过人体内脏形成回路，这种触电是最危险的。

当电气设备发生接地故障，如雷击或高压线断落，会有强大的电流流入大地，在地面上形成电位分布，若人体步行到此地，其两脚之间的电位差，就是跨步电压。**由跨步电压引起的人体触电，称为跨步电压触电。**

还有间接触电事故，就是当电气设备绝缘损坏而发生接地短路故障时（俗称"碰壳"、"漏电"），其金属外壳或结构便带有电压，使人触电，称为间接接触触电。

8.5.3　防触电的安全措施

安全用电的原则是：**不触及低压带电体，不靠近高压带电体。**

（1）采用安全电压。安全电压限值为在任何情况下，任何两导体间不可能出现的最高电压值。我国标准规定工频电压有效值的限值为 50 V，直流电压的限值为 120 V。规定工频电压 50 V 的限值是根据人体允许电流 30 mA 和人体电阻 1700 Ω 的条件确定的。

我国规定工频安全电压的额定值有：42 V、36 V、24 V、12 V 和 6 V。

（2）合理选择熔断器。熔断器是一种过电流保护器。使用时，将熔断器串联于被保护电路中，当过载或短路电流通过熔体时，熔体自身将发热而熔断，从而对各种电工设备、家用电器和人身都起到了一定的保护作用。

（3）接地保护。在电源中性点不接地的三相三线制供电系统中，电气设备的金属外壳接地**称为接地保护**，如图 8.10 所示。

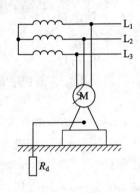

图 8.10　接地保护

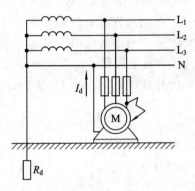

图 8.11　接零保护

（4）接零保护。在电源中点接地的三相四线制中，将电气设备正常情况下不带电的金属部分（如外壳）与电源的零线连接起来，称为**接零保护**，如图 8.11 所示。设备采用接零保护后，当设备绝缘损坏碰壳时，接地电阻小于 4 Ω，短路电流流经相线，相当于火线与零线短接，从而产生足够大的短路电流，使过流保护装置迅速动作，切断漏电设备的电源，以保障人身安全。其保护效果比接地保护好。

（5）漏电开关。此开关主要用于低压供电系统。当被保护的设备出现故障时，故障电流作用于漏电开关，若该电流超过预定值，则会使开关自动断开，切断供电电路。

（6）安全标志。在电气上用黄、绿、红三色分别代表 L_1、L_2、L_3 三个相序；涂成红色的电器外壳是表示其外壳有电；灰色的电器外壳是表示其外壳接地或接零；线路上黑色代表工作零线；明敷接地扁钢或圆钢涂黑色。用黄绿双色绝缘导线代表保护零线。直流电中红色代表正极，蓝色代表负极，信号和警告回路用白色。

另外还有静电防护、电气防火及防爆等措施。

8.6　计算机辅助电路分析

利用 Multisim 软件仿真三相交流电路，验证三相对称负载 Y 连接和 △ 连接时，线电压与相电压、线电流和相电流之间的关系。

[例 8.6]　电路中的电源为 Y 形电源。

（1）若接 Y 形对称负载，$u = 120\sqrt{2}\sin(\omega t)$ V，$f = 60$ Hz，负载为电压 $U = 120$ V，功

率 $P=100$ W 的灯泡,求电路中的中线电流、各相电流、线电压、各相电压。

(2) 若负载为△形对称负载,$u=60\sqrt{2}\sin(\omega t)$V,$f=60$ Hz,负载为电压 $U=120$ V,功率 $P=100$ W 的灯泡,求电路中的各相电流、线电压、各相电压为多少。

解 (1) 当接 Y 形对称负载时,根据灯泡电压和功率可以求阻抗:

$$R=\frac{U^2}{P}=\frac{120^2}{100}=144\ \Omega$$

则相电流为

$$\dot{I}_A=\frac{\dot{U}_A}{R}=\frac{120\angle 0°}{144}=0.833\angle 0°\ A$$

$$\dot{I}_B=\frac{\dot{U}}{R}=0.833\angle 120°\ A$$

$$\dot{I}_C=\frac{\dot{U}}{R}=0.833\angle -120°\ A$$

则中线电流为

$$\dot{I}_N=\dot{I}_A+\dot{I}_B+\dot{I}_C=0\ A$$

各相电压为

$$U_A=U_B=U_C=120\ V$$

根据 $$U_L=\sqrt{3}U_P$$

得各线电压为

$$U_{AB}=U_{BC}=U_{CA}=120\sqrt{3}\ V$$

计算结果与仿真结果一致,仿真电路如图 8.12 所示。

第 8 章三相 Y－Y 电路仿真.wmv

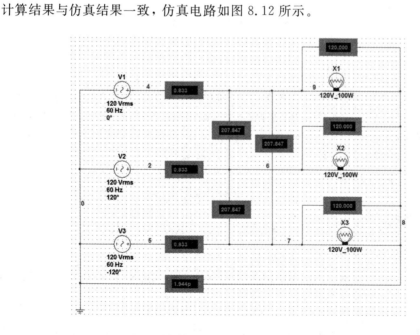

图 8.12　Y－Y 连接电路仿真原理图

(2) 当接△形对称负载时,根据灯泡电压和功率可以求阻抗:

$$R=\frac{U^2}{P}=\frac{120^2}{100}=144\ \Omega$$

则相电压为

$$U_{\mathrm{L}} = U_{\mathrm{P}} = \sqrt{3}U_{\mathrm{S}} = 60\sqrt{3}\ \mathrm{V}$$

相电流为

$$I_{\mathrm{AB}} = I_{\mathrm{BC}} = I_{\mathrm{CA}} = \frac{U_{\mathrm{P}}}{R} = \frac{60\sqrt{3}}{144} = 0.722\ \mathrm{A}$$

计算结果与仿真结果一致，仿真电路如图 8.13 所示。

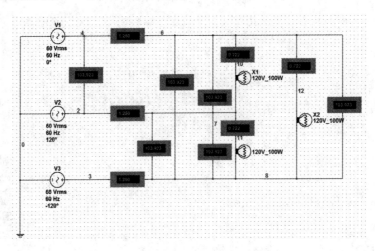

图 8.13　Y-△连接电路仿真原理图

8.7　本　章　小　结

1. 三相电源

三相电源是由三个频率相同、振幅相同、相位彼此相差 120°的正弦电压源组成的对称电源。三相对称电源作星形连接，可以构成三相四线制供电系统。若相电压 $\dot{U}_1$ 为参考相量，则电源相电压分别为

$$\dot{U}_1 = U_{\mathrm{P}}\angle 0°, \quad \dot{U}_2 = U_{\mathrm{P}}\angle(-120°), \quad \dot{U}_3 = U_{\mathrm{P}}\angle 120°$$

星形连接的电源线电压分别为

$$\dot{U}_{12} = U_{\mathrm{L}}\angle 30°, \quad \dot{U}_{23} = U_{\mathrm{L}}\angle(-90°), \quad \dot{U}_{31} = U_{\mathrm{L}}\angle 150°$$

即 $\boxed{\dot{U}_L = \sqrt{3}\dot{U}_P\angle 30°}$，故三相四线制供电系统可以供给负载两种不同的电压。

2. 负载星形连接

负载星形连接且有中线时，各相电流的计算方法和单相电路中电流的计算方法一样：

$$\dot{I}_{1\mathrm{P}} = \frac{\dot{U}'_{1\mathrm{P}}}{Z_1} = \frac{\dot{U}_{1\mathrm{P}}}{|Z_1\angle\varphi_1|}, \quad \dot{I}_{2\mathrm{P}} = \frac{\dot{U}'_{2\mathrm{P}}}{Z_2} = \frac{\dot{U}_{2\mathrm{P}}}{|Z_2\angle\varphi_2|}, \quad \dot{I}_{3\mathrm{P}} = \frac{\dot{U}'_{3\mathrm{P}}}{Z_3} = \frac{\dot{U}_{3\mathrm{P}}}{|Z_3\angle\varphi_3|}$$

若三相负载对称，则相电流对称，只需计算一相电流，即可推得另外两相，这时中线电流为 $\dot{I}_{\mathrm{N}} = 0$。若三相负载不对称，则应分离为一相一相进行计算。

3. 负载三角形连接

负载为三角形连接时，先求出负载相电压，计算相电流，再计算线电流。

$$\dot{I}_{1P} = \frac{\dot{U}'_{1P}}{Z_1} = \frac{\dot{U}_{12}}{Z_1}, \quad \dot{I}_{2P} = \frac{\dot{U}'_{2P}}{Z_2} = \frac{\dot{U}_{23}}{Z_2}, \quad \dot{I}_{3P} = \frac{\dot{U}'_{3P}}{Z_3} = \frac{\dot{I}_{31}}{Z_3}$$

若三相负载对称，则相电流对称，线电流也对称，而且

$$\dot{I}_L = \sqrt{3}\dot{I}_P\angle(-30°)$$

4. 三相电路的功率

总的有功功率和无功功率是各相有功功率和无功功率之和。

若三相负载对称，不论对称负载是星形连接还是三角形连接，都可用下式计算三相功率：

$$P = \sqrt{3}U_L I_L \cos\varphi, \quad Q = \sqrt{3}U_L I_L \sin\varphi, \quad S = \sqrt{3}U_L I_L$$

5. 安全用电的原则

安全用电的原则是：不触及低压带电体，不靠近高压带电体。

可采用安全电压、熔断器、接地保护、接零保护、漏电开关及安全标志等一系列安全技术及措施保证电气设备及人身安全。

习 题 8

8.1 判断题

(1) 中线的作用可以使不对称 Y 形连接负载的端电压保持对称。 （ ）

(2) 三相负载作三角形连接时，总有 $I_L = \sqrt{3}I_P$ 成立。 （ ）

(3) 负载作星形连接时，必有线电流等于相电流。 （ ）

(4) 三相不对称负载越接近对称，中线上通过的电流就越小。 （ ）

(5) 对称三相电路的有功功率 $P = \sqrt{3}U_L I_L \cos\varphi$，其中 φ 角为线电压与线电流的夹角。

（ ）

8.2 填空题

(1) 在 Y 形连接的对称三相电路中，$U_L / U_P =$_____，$I_L / I_P =$_____。

(2) 在对称三相电路中，已知电源线电压有效值为 380 V，若负载作星形连接，负载相电压为_____；若负载作三角形连接，负载相电压为_____。

(3) 在三相正序电源中，若线电压 u_{12} 初相角为 45°，则相电压 u_2 的初相角为_____。

(4) △形连接的对称三相电路的线电流 $\dot{I}_{1L} = 17.3\angle 0°$ A，则相电流 $\dot{I}_{2P} =$_____。

(5) 对称三相电路的功率因数为 λ，线电压为 U_L，线电流为 I_L，则视在功率 $S =$_____，无功功率 $Q =$_____。

8.3 选择题

(1) 若要求三相负载中各相电压均为电源相电压，则负载应接成（ ）。

A. 星形有中线 　　B. 星形无中线

C. 三角形连接 　　D. 星形和三角形均可以

(2) 对称三相电源的相电压 $u_1 = 10\sin(\omega t + 60°)$V，相序为 L_1-L_2-L_3，则当电源星形连接时线电压 u_{12} 为（ ）V。

A. $10 \sin(\omega t + 90°)\,\text{V}$ B. $17.32 \sin(\omega t - 30°)\,\text{V}$

C. $17.32 \sin(\omega t + 90°)\,\text{V}$ D. $17.32 \sin(\omega t + 150°)\,\text{V}$

（3）对称三相交流电路，三相负载为△连接，当电源线电压不变时，三相负载换为 Y 连接，三相负载的相电流应（　　）。

A. 减小   B. 增大   C. 不变

（4）对称三相交流电路中，三相负载为 Y 连接，当电源电压不变，而负载变为△连接时，对称三相负载所吸收的功率（　　）。

A. 不变   B. 增大   C. 减小

（5）如题 8.3-5 图所示是对称三相三线制电路，负载为 Y 形连接，线电压 $U_L = 380\,\text{V}$，若 B 相断路（相当于 S 打开），则电压表读数（有效值）为（　　）。

A. 0 V   B. 380 V

C. 220 V   D. 190 V

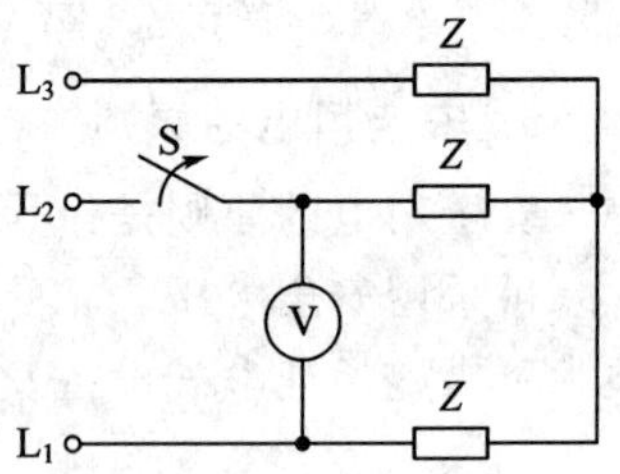

（6）三相对称负载作星形连接时（　　）。

A. $I_L = \sqrt{3} I_P$，$U_L = U_P$

B. $I_L = I_P$，$U_L = \sqrt{3} U_P$

C. 不一定

D. 都不正确

题 8.3-5 图

（7）在三相电路中，对称负载为三角形连接，若每相负载的有功功率为 30 W，则三相有功功率为（　　）。

A. 0   B. $30\sqrt{3}\,\text{W}$ C. 不确定   D. 90 W

8.4　已知星形连接的对称三相负载，每相阻抗 $|Z| = 10\,\Omega$；对称三相电源的线电压为 380 V。求：负载的相电流和线电流。

8.5　对称电源为星形连接，线电压为 380 V；负载为三角形对称三相负载，每相阻抗 $|Z| = 10\,\Omega$；求负载的相电流和线电流。

8.6　已知星形连接的对称三相负载，每相阻抗为 $40\angle 25°\,\Omega$；对称三相电源的线电压为 380 V。求：负载相电流、线电流，并绘出电压、电流的相量图。

8.7　三相负载电路的额定电压为 220 V，每相负载的电阻为 4 Ω，感抗为 3 Ω，接于线电压为 380 V 的对称三相电源上，试问：（1）该负载应采用什么连接方式？（2）负载的线电流和相电流是多少？（3）负载的有功功率、无功功率和视在功率是多少？

8.8　一个车间由三相四线制供电，电源线电压为 380 V，车间总共有 220 V、100 W 的灯泡 132 个，试问：应如何连接？这些灯泡全部工作时，供电线路的线电流为多少？

8.9　一台三相交流电动机，定子绕组 Y 形接于线电压为 380 V 的对称三相电源上，其线电流 $I_L = 2.2\,\text{A}$，$\cos\varphi = 0.8$。试求该电动机每相绕组的阻抗 Z。

8.10　题 8.10 图中，电源电压 $U_L = 380\,\text{V}$，每相负载的阻抗 $R = X_L = X_C = 22\,\Omega$。

（1）该三相负载能否称为对称负载？为什么？

（2）计算中线电流和各相电流，画出相量图；

（3）求三相总功率。

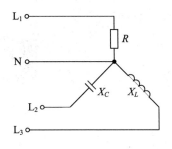

题 8.10 图

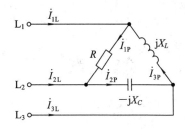

题 8.11 图

8.11 在题 8.11 图所示三相电路中，$R = X_C = X_L = 25\ \Omega$，接于线电压为 220 V 的对称三相电源上，求负载的相电流和线电流。

8.12 某人采用铬铝电阻丝三根，制成三相加热器。每根电阻丝电阻为 40 Ω，最大允许电流为 6 A，已知电源电压为 380 V。试根据电阻丝的最大允许电流决定三相加热器的接法。

8.13 现要做一个 11.4 kW 的电阻加热炉，用三角形接法，电源线电压为 380 V，每相的电阻值应为多少？如果改用星形接法，每相的电阻值又为多少？

8.14 在线电压为 380 V 的三相电源上，接有两组电阻性对称负载，如题 8.14 图所示，试求线电流 I。

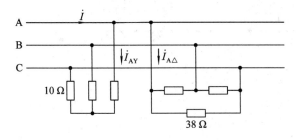

题 8.14 图

第 8 章习题 8.14 解答.wmv

8.15 三相对称负载△形连接，其线电流 $I_L = 5.5$ A，有功功率 $P = 7760$ W，$\lambda = 0.8$，求电源的线电压 U_L、电路的视在功率 S 和每相阻抗 Z。

第9章 双口网络

第 9 章的知识点.wmv

【内容提要及要求】 本章介绍双口网络的概念和特点,重点介绍双口网络的方程和参数矩阵:Z、Y、H 和 T,通过实例分析这些参数的计算及它们之间的相互关系,并讨论双口网络的连接及实际应用电路。

要求熟练掌握按照参数的意义和根据端口伏安特性两种方法求解 Z、Y、H 和 T 参数的方法;掌握互易网络 Z 参数的 T 形等效电路和 Y 参数的 π 形等效电路;掌握双口网络参数转换方法;掌握双口网络级联及串并联后参数的计算。

【重点】 应重点掌握常用双口网络的参数方程及其计算,学习双口网络等效实现方法,以及利用双口网络参数方程分析双口网络连接电路、端接电路的方法。

【难点】 双口网络等效实现方法,利用双口网络参数方程分析双口网络连接电路、端接电路的方法,分析双口网络的级联、串并联特性,从而进行相关参数的计算。

9.1 双口网络概述

9.1.1 双口网络

如果一个复杂的电路只有两个端子向外连接,且仅需求解外接电路中的参数,则该电路可视为一个单端口网络,可用戴维南定理或诺顿定理等效电路替代,从而简化整个电路,对外电路求解。在工程实践中遇到的问题还常常涉及两个端口之间的关系,如变压器、滤波器、放大器、反馈网络等,如果这样的电路满足端口条件,即对于所有时间 t,从端钮 1 流入网络的电流与从端钮 $1'$ 流出网络的电流相等,即 $\dot{I}_1=\dot{I}_1'$,从端钮 2 流入网络的电流与从端钮 $2'$ 流出网络的电流相等,即 $\dot{I}_2=\dot{I}_2'$,则称该电路为**双口网络**(two-port network)或二端口网络,如图 9.1 所示。如果四个端口上的电流无上述限制,则称电路为四端网络而不是双口网络。本章仅讨论双口网络。

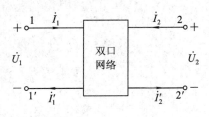

图 9.1 双口网络

通常左边一对端钮 $1-1'$ 与输入信号连接,称为输入端口,简称入口(input port),电压、电流用下标 1 表示;右边一对端钮 $2-2'$ 与负载相连,称为输出端口,简称出口(output port),电压、电流用下标 2 表示。

9.1.2 双口网络的特性表示

双口电路中有四个变量：$\dot{U}_1$、$\dot{I}_1$ 和 $\dot{U}_2$、$\dot{I}_2$，只需研究这四个变量之间的关系，而不必研究具体内部网络结构及其具体器件构成。这些相互关系可以通过一些参数表示，而这些参数只决定于双口网络本身的元件及它们的连接方式。根据四个变量的不同组合，一共有 Z、Y、H、H'、T、T' 6 个参数矩阵可表示它们之间的电压、电流关系。对于这 6 个参数矩阵，Z 和 Y 是一对互逆矩阵，H 和 H' 是一对互逆矩阵；T 和 T' 也是一对互逆矩阵。在后面将详细讨论它们之间的互逆关系及不同参数之间的相互转换。

一旦确定了表征这个双口网络的参数，当一个端口的电压、电流发生变化时，要找出另外一个端口上的电压、电流就比较容易了。同时，还可以利用这些参数比较不同的双口网络在传递电能和信号方面的性能，从而评价它们的质量。

双口网络在实际中的应用十分广泛，如图 9.2 所示为双口网络部分实际应用电路外形图。

放大器　　　　　　　　　　　　　滤波器

图 9.2　双口网络部分实际应用电路外形图

任何一个复杂的双口电路系统，其电路模型可能十分复杂，但是可以将其看做是由若干个简单的双口网络组成的。只要每一部分的输入-输出关系确定了，根据其与整个电路模型的关系，就可以确定电路的输入-输出关系。

本章讨论的双口网络，不管其内部结构和连接如何，都是由线性的电阻、电容、电感和线性受控源构成(注意不含有独立电源)的。对于双口网络的分析，将按照正弦稳态情况考虑，并应用相量法。

9.2　双口网络的 Z 参数与 Y 参数

9.2.1　双口网络的 Z 参数

1. 双口网络的 Z 参数方程及参数意义

如图 9.3 所示的双口网络，假定端口电流 $\dot{I}_1$ 和 $\dot{I}_2$ 已知，则可以看作是由两个外施独立电流源驱动，根据叠加定理，可以求出 $\dot{U}_1$ 和 $\dot{U}_2$ 等于各个电流源单独作用时产生的电压之和。列写网络方程为

$$\left.\begin{array}{l}\dot{U}_1 = Z_{11}\dot{I}_1 + Z_{12}\dot{I}_2\\\dot{U}_2 = Z_{21}\dot{I}_1 + Z_{22}\dot{I}_2\end{array}\right\} \qquad (9.1)$$

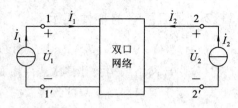

图 9.3 流控型 VAR 的双口网络

式中，Z_{11}、Z_{12}、Z_{21} 和 Z_{22} 称为 Z 参数，其值取决于网络内部元件的参数、连接方式等，具有阻抗性质。式(9.1)称为双口网络的阻抗参数方程或者 Z 参数方程，同时还可以将其写成如下矩阵形式：

$$\begin{bmatrix}\dot{U}_1\\\dot{U}_2\end{bmatrix} = \begin{bmatrix}Z_{11} & Z_{12}\\Z_{21} & Z_{22}\end{bmatrix}\begin{bmatrix}\dot{I}_1\\\dot{I}_2\end{bmatrix} = \boldsymbol{Z}\begin{bmatrix}\dot{I}_1\\\dot{I}_2\end{bmatrix} \qquad (9.2)$$

或

$$\dot{\boldsymbol{U}} = \boldsymbol{Z}\dot{\boldsymbol{I}}$$

式中，$\boldsymbol{Z} = \begin{bmatrix}Z_{11} & Z_{12}\\Z_{21} & Z_{22}\end{bmatrix}$ 称为双口网络的 Z 参数矩阵或开路阻抗矩阵(open-circuit impendance matrix)。由式(9.1)可得

$$Z_{11} = \frac{\dot{U}_1}{\dot{I}_1}\bigg|_{\dot{I}_2=0}, \qquad Z_{21} = \frac{\dot{U}_2}{\dot{I}_1}\bigg|_{\dot{I}_2=0} \qquad (9.3)$$

$$Z_{12} = \frac{\dot{U}_1}{\dot{I}_2}\bigg|_{\dot{I}_1=0}, \qquad Z_{22} = \frac{\dot{U}_2}{\dot{I}_2}\bigg|_{\dot{I}_1=0} \qquad (9.4)$$

式(9.3)是假设 $2-2'$ 端口开路，即 $\dot{I}_2=0$，只在 $1-1'$ 端口加一电流源 $\dot{I}_1$ 得到，如图 9.4 所示。Z_{11} 是出口($2-2'$ 端口)开路时的开路输入阻抗(open-circuit input impedance)，Z_{21} 是出口开路时出口对入口的开路转移阻抗(transfer impedance)。

式(9.4)是假设 $1-1'$ 端口开路，即 $\dot{I}_1=0$，只在 $2-2'$ 端口加一电流源 $\dot{I}_2$ 得到，如图 9.5 所示。Z_{22} 是入口开路时的开路输出阻抗(open-circuit output impedance)，Z_{12} 是入口开路时入口对出口的开路转移阻抗。

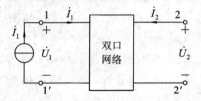

图 9.4 $2-2'$ 开路，$\dot{I}_2=0$

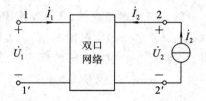

图 9.5 $1-1'$ 开路，$\dot{I}_1=0$

2. Z 参数等效电路

由方程(9.1)可直接得到双口网络的 Z 参数等效电路，如图 9.6(a)所示。该等效电路也称为流控型等效电路。图 9.6(a)是用受控源来计及端口电压受到另一端口电流影响的情况。如果双口网络为线性互易网络，可以由方程(9.1)转换得到图 9.6(b)所示的 Z 参数 T 形等效电路模型。

3. 双口网络的 Z 参数计算

Z 参数矩阵的求法一般有以下方法：

第 9 章互易网络 Z
参数的 T 形等效
电路推导.pdf

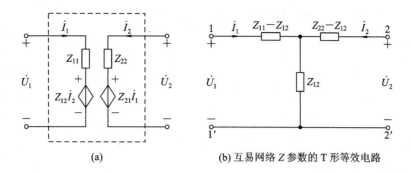

(a)

(b) 互易网络 Z 参数的 T 形等效电路

图 9.6　Z 参数等效电路模型

（1）按照 Z 参数的意义求解；

（2）根据端口的伏安特性求解。

[**例 9.1**]　求如图 9.7(a)所示双口网络的 Z 参数矩阵。

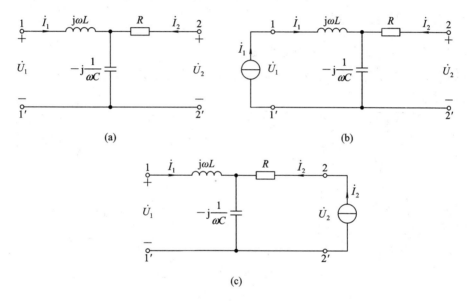

图 9.7　例 9.1 电路图

解　当 $2-2'$ 端口开路即 $\dot{I}_2 = 0$ 时，其电路如图 9.7(b)所示，得

$$\dot{U}_1 = \left(j\omega L - j\frac{1}{\omega C} \right)\dot{I}_1$$

$$\dot{U}_2 = -j\frac{1}{\omega C}\dot{I}_1$$

所以　　　　　　$Z_{11} = \left.\frac{\dot{U}_1}{\dot{I}_1}\right|_{\dot{I}_2=0} = j\omega L - j\frac{1}{\omega C}, \quad Z_{21} = \left.\frac{\dot{U}_2}{\dot{I}_1}\right|_{\dot{I}_2=0} = -j\frac{1}{\omega C}$

当 $1-1'$ 端口开路即 $\dot{I}_1 = 0$ 时，其电路如图 9.7(c)所示，得

$$\dot{U}_2 = \left(R - j\frac{1}{\omega C} \right)\dot{I}_2$$

$$\dot{U}_1 = -j\frac{1}{\omega C}\dot{I}_2$$

所以
$$Z_{22} = \frac{\dot{U}_2}{\dot{I}_2}\bigg|_{I_1=0} = R - \mathrm{j}\,\frac{1}{\omega C}, \quad Z_{12} = \frac{\dot{U}_1}{\dot{I}_2}\bigg|_{I_1=0} = -\mathrm{j}\,\frac{1}{\omega C}$$

则 Z 参数矩阵为

$$Z = \begin{bmatrix} \mathrm{j}\omega L - \mathrm{j}\,\dfrac{1}{\omega C} & -\mathrm{j}\,\dfrac{1}{\omega C} \\[2mm] -\mathrm{j}\,\dfrac{1}{\omega C} & R - \mathrm{j}\,\dfrac{1}{\omega C} \end{bmatrix}$$

第 9 章含受控源
电路求 Z 参数
例题.wmv

通过互易定理可以证明，所有不含受控源的线性双口网络即为互易双口网络。通过例 9.1 可以得出互易双口网络有 $Z_{12} = Z_{21}$。对于这种网络只要解出 Z_{12}，Z_{21} 就得以确定。对于例 9.1，如果网络结构对称，即电感位置用电阻 R 取代，则又有 $Z_{11} = Z_{22}$。具有对称结构的互易网络称为对称互易双口网络。对称互易双口网络不仅有 $Z_{12} = Z_{21}$，且有 $Z_{11} = Z_{22}$。

9.2.2　双口网络的 Y 参数

1. 双口网络的 Y 参数方程及参数意义

如图 9.8 所示，假定端口电流 $\dot{U}_1$ 和 $\dot{U}_2$ 已知，根据叠加定理，求出 $\dot{I}_1$ 和 $\dot{I}_2$。

列写网络方程为

$$\left.\begin{aligned} \dot{I}_1 &= Y_{11}\dot{U}_1 + Y_{12}\dot{U}_2 \\ \dot{I}_2 &= Y_{21}\dot{U}_1 + Y_{22}\dot{U}_2 \end{aligned}\right\} \tag{9.5}$$

式中，Y_{11}、Y_{12}、Y_{21} 和 Y_{22} 称为 Y 参数，其值取决于网络内部元件的参数、连接方式等，具有导纳性质。式(9.5)称为双口网络的导纳参数方程或者 Y 参数方程，同时还可以写成如下矩阵形式：

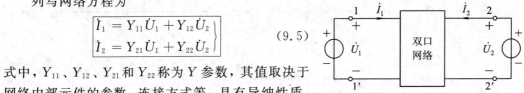

图 9.8　压控型 VAR 的双口网络

$$\begin{bmatrix} \dot{I}_1 \\ \dot{I}_2 \end{bmatrix} = \begin{bmatrix} Y_{11} & Y_{12} \\ Y_{21} & Y_{22} \end{bmatrix} \begin{bmatrix} \dot{U}_1 \\ \dot{U}_2 \end{bmatrix} = Y \begin{bmatrix} \dot{U}_1 \\ \dot{U}_2 \end{bmatrix} \tag{9.6}$$

或

$$\dot{I} = Y\dot{U}$$

式中，$Y = \begin{bmatrix} Y_{11} & Y_{12} \\ Y_{21} & Y_{22} \end{bmatrix}$ 称为双口网络的 Y 参数矩阵或短路导纳矩阵(short-circuit admittance matrix)。由式(9.5)可得

$$Y_{11} = \frac{\dot{I}_1}{\dot{U}_1}\bigg|_{\dot{U}_2=0}, \quad Y_{21} = \frac{\dot{I}_2}{\dot{U}_1}\bigg|_{\dot{U}_2=0} \tag{9.7}$$

$$Y_{12} = \frac{\dot{I}_1}{\dot{U}_2}\bigg|_{\dot{U}_1=0}, \quad Y_{22} = \frac{\dot{I}_2}{\dot{U}_2}\bigg|_{\dot{U}_1=0} \tag{9.8}$$

式(9.7)是假设 $2-2'$ 端口短路，即 $\dot{U}_2=0$，只在 $1-1'$ 端口加一电压源 $\dot{U}_1$ 得到，如图 9.9 所示。Y_{11} 是出口($2-2'$端口)短路时入口($1-1'$端口)的短路输入导纳(short-circuit input admittance)，Y_{21} 是出口短路时出口对入口的短路转移导纳(transfer admittance)。

式(9.8)是假设 $1-1'$ 短路，即 $\dot{U}_1=0$，只在 $2-2'$ 端口加一电压源 $\dot{U}_2$ 得到，如图 9.10 所示。Y_{22} 是入口短路时出口的短路输出导纳(short-circuit output admittance)，Y_{12} 是入口

短路时入口对出口的短路转移导纳。

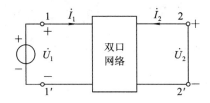

图 9.9 2 – 2′短路，$\dot{U}_2 = 0$

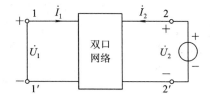

图 9.10 1 – 1′短路，$\dot{U}_1 = 0$

2. Y 参数等效电路

由方程(9.5)可直接得到双口网络的 Y 参数等效电路模型，如图 9.11(a)所示。该等效电路也称为压控型等效电路。图 9.11(a)是用受控源来计及端口电流受到另一端口电压影响的情况。如果双口网络为线性互易网络，可以由方程(9.5)转换得到图 9.11(b)所示的 Y 参数 π 形等效电路。

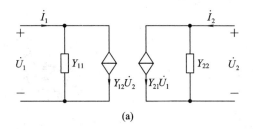
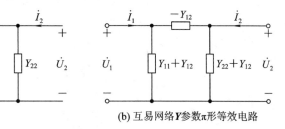

          (a)   (b) 互易网络 **Y** 参数 π 形等效电路

图 9.11 Y 参数等效电路

3. 双口网络的 Y 参数计算

［例 9.2］ 求图 9.12(a)中所示双口网络的 Y 参数。

解 当 $2 - 2′$ 端口短路即 $\dot{U}_2 = 0$ 时，其电路如图 9.12(b)所示，得

第 9 章互易网络 Y
参数的 π 形等效
电路推导.pdf

$$\dot{I}_1 = \left(\frac{1}{R_1} + \frac{1}{R_2}\right)\dot{U}_1, \quad \dot{I}_2 = -\frac{1}{R_1}\dot{U}_1$$

所以

$$Y_{11} = \left.\frac{\dot{I}_1}{\dot{U}_1}\right|_{\dot{U}_2 = 0} = \frac{1}{R_1} + \frac{1}{R_2}, \quad Y_{21} = \left.\frac{\dot{I}_2}{\dot{U}_1}\right|_{\dot{U}_2 = 0} = -\frac{1}{R_1}$$

当 $1 - 1′$ 端口短路即 $\dot{U}_1 = 0$ 时，其电路如图 9.12(c)所示，得

$$\dot{I}_2 = \left(\frac{1}{R_1} + \frac{1}{R_3}\right)\dot{U}_2, \quad \dot{I}_1 = -\frac{1}{R_1}\dot{U}_2$$

所以

$$Y_{22} = \left.\frac{\dot{I}_2}{\dot{U}_2}\right|_{U_1 = 0} = \frac{1}{R_1} + \frac{1}{R_3}, \quad Y_{12} = \left.\frac{\dot{I}_1}{\dot{U}_2}\right|_{U = 0} = -\frac{1}{R_1}$$

由图 9.12 可以看出该网络是互易双口网络，通过计算得到 $Y_{12} = Y_{21}$。因此得到结论：**互易双口网络有 $Y_{12} = Y_{21}$；对称互易双口网络有 $Y_{12} = Y_{21}$ 且 $Y_{11} = Y_{22}$。**

例 9.3 图 9.13 中 N_0 为纯电阻双口网络，当 $U_1 = 3$ V，U_2 短路时，测出 $I_1 = 6$ A，$I_2 = -3$ A；当 $U_2 = 2$ V，U_1 短路时，测出 $I_1 = -2$ A，$I_2 = 4$ A。试求 N_0 的 Y 参数矩阵。

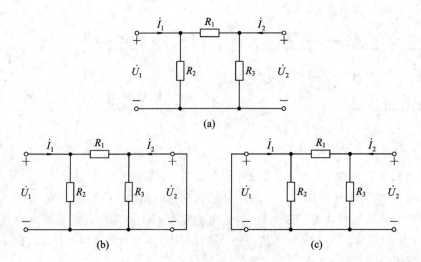

图 9.12　例 9.2 电路图

解　列出 Y 参数方程为

$$I_1 = Y_{11}U_1 + Y_{12}U_2$$
$$I_2 = Y_{21}U_1 + Y_{22}U_2$$

代入实验测量数据：

$$\begin{cases} 6 = 3Y_{11} \\ -3 = 3Y_{21} \end{cases}, \quad \begin{cases} -2 = 2Y_{12} \\ 4 = 2Y_{22} \end{cases}$$

第 9 章例 9.2 用节点电压法
求解 Y 参数.wmv

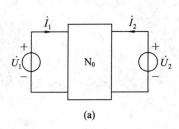
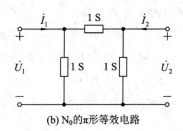

(a)　　　　　　(b) N_0 的 π 形等效电路

图 9.13　例 9.3 电路图

解得 Y 参数矩阵为

$$\boldsymbol{Y} = \begin{bmatrix} 2 & -1 \\ -1 & 2 \end{bmatrix}$$

由 Y 参数值 $Y_{12} = Y_{21}$，$Y_{11} = Y_{22}$ 可知 N_0 为互易对称双口网络。由图 9.11 可得到 N_0 的 π 形等效电路如图 9.13(b) 所示。

9.2.3　双口网络的 Y 参数与 Z 参数的关系

由式 (9.2) $\begin{bmatrix} \dot{U}_1 \\ \dot{U}_2 \end{bmatrix} = \boldsymbol{Z} \begin{bmatrix} \dot{I}_1 \\ \dot{I}_2 \end{bmatrix}$ 和式 (9.6) $\begin{bmatrix} \dot{I}_1 \\ \dot{I}_2 \end{bmatrix} = \boldsymbol{Y} \begin{bmatrix} \dot{U}_1 \\ \dot{U}_2 \end{bmatrix}$ 可得

$$\boldsymbol{Z} = \boldsymbol{Y}^{-1} \quad \text{或} \quad \boldsymbol{Y} = \boldsymbol{Z}^{-1}$$

9.3 双口网络的 H 参数

1. 双口网络的 H 参数方程及参数意义

H 参数也叫混合参数（hybrid parameter）。如图 9.14 所示，假定入口电流 $\dot{I}_1$ 和出口电压 $\dot{U}_2$ 已知，根据叠加定理，求出 $\dot{U}_1$ 和 $\dot{I}_2$。

列写网络方程：

$$\left.\begin{array}{l} \dot{U}_1 = H_{11}\dot{I}_1 + H_{12}\dot{U}_2 \\ \dot{I}_2 = H_{21}\dot{I}_1 + H_{22}\dot{U}_2 \end{array}\right\} \quad (9.9)$$

式中，H_{11}、H_{12}、H_{21} 和 H_{22} 称为 H 参数，式(9.9) 称为双口网络的混合参数方程或者 H 参数方程，同时还可以写成如下矩阵形式：

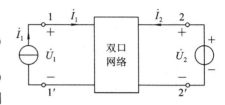

图 9.14　求 H 参数的双口网络

$$\begin{bmatrix} \dot{U}_1 \\ \dot{I}_2 \end{bmatrix} = \begin{bmatrix} H_{11} & H_{12} \\ H_{21} & H_{22} \end{bmatrix} \begin{bmatrix} \dot{I}_1 \\ \dot{U}_2 \end{bmatrix} = \boldsymbol{H} \begin{bmatrix} \dot{I}_1 \\ \dot{U}_2 \end{bmatrix} \quad (9.10)$$

式中，$\boldsymbol{H} = \begin{bmatrix} H_{11} & H_{12} \\ H_{21} & H_{22} \end{bmatrix}$ 称为双口网络的 H 参数矩阵或混合参数矩阵（hybrid parameter matrix）。由式(9.9)可得

$$H_{11} = \left.\frac{\dot{U}_1}{\dot{I}_1}\right|_{\dot{U}_2=0}, \quad H_{21} = \left.\frac{\dot{I}_2}{\dot{I}_1}\right|_{\dot{U}_2=0} \quad (9.11)$$

$$H_{12} = \left.\frac{\dot{U}_1}{\dot{U}_2}\right|_{\dot{I}_1=0}, \quad H_{22} = \left.\frac{\dot{I}_2}{\dot{U}_2}\right|_{\dot{I}_1=0} \quad (9.12)$$

式(9.11)是假设 $2-2'$ 端口短路，即 $\dot{U}_2=0$，只在 $1-1'$ 端口加电流源 $\dot{I}_1$ 得到，如图 9.15 所示。所以 H_{11} 是出口短路时的输入阻抗（short-circlit input impedance），H_{21} 是出口短路时的转移电流比（transfer current ratio），无量纲。

式(9.12)是假设 $1-1'$ 端口开路，即 $\dot{I}_1=0$，只在 $2-2'$ 端口加电压源 $\dot{U}_2$ 得到，如图 9.16 所示。所以 H_{22} 为入口开路时的输出导纳（open-circuit output admittance），H_{12} 为入口开路时反向转移电压比（reverse transfer voltage ratio），无量纲。

通过以上分析可见，H 参数具有电阻量纲或电导量纲或无量纲，故称为混合参数。

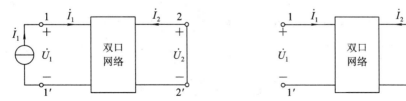

图 9.15　$2-2'$ 短路，$\dot{U}_2=0$

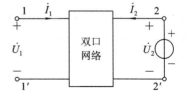

图 9.16　$1-1'$ 开路，$\dot{I}_1=0$

2. H 参数的等效电路

由方程(9.9)可得双口网络的 H 参数等效电路模型如图 9.17 所示，利用它可以简化复杂的双口网络。

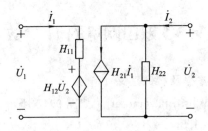

图 9.17 H 参数等效电路

2. 双口网络的 H 参数的计算

当双口网络为互易双口网络时，H 参数之间有 $H_{12} = -H_{21}$，此时 H 参数有 3 个参数是独立的。如果双口网络是对称互易双口网络，则 H 参数除了满足 $H_{12} = -H_{21}$ 外，还可以得出 $H_{11}H_{22} - H_{12}H_{21} = 1$。

[例 9.4] 如图 9.18 所示双口网络电路图为晶体管在小信号工作条件下的简化电路图，求此双口网络的 H 参数。

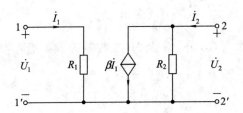

图 9.18 例 9.4 电路图

解 由图 9.18 得

$$\dot{U}_1 = R_1 \dot{I}_1$$

$$\dot{I}_2 = \beta \dot{I}_1 + \frac{\dot{U}_2}{R_2}$$

所以当 $2-2'$ 端口短路即 $\dot{U}_2 = 0$ 时，有

$$H_{11} = \left. \frac{\dot{U}_1}{\dot{I}_1} \right|_{\dot{U}_2=0} = R_1, \qquad H_{21} = \left. \frac{\dot{I}_2}{\dot{I}_1} \right|_{\dot{U}_2=0} = \beta$$

当 $1-1'$ 端口开路即 $\dot{I}_1 = 0$ 时，有

$$H_{22} = \left. \frac{\dot{I}_2}{\dot{U}_2} \right|_{\dot{I}_1=0} = \frac{1}{R_2}, \qquad H_{12} = \left. \frac{\dot{U}_1}{\dot{U}_2} \right|_{\dot{I}_1=0} = 0$$

通过例 9.4 可以看出，$H_{12} \neq -H_{21}$。这是由于双口网络内部含有受控电流源，即这种双口网络的独立变量有 4 个。

9.4 双口网络的 T 参数

T 参数用于计算已知出端电压 $\dot{U}_2$ 和流出电流 $-\dot{I}_2$（注意流出电流方向与图中参考电流方向 $\dot{I}_2$ 相反，故流出电流为 $-\dot{I}_2$），求入端电压 $\dot{U}_1$ 和流入电流 $\dot{I}_1$，描述的是双口网络的对外电气特性，如传输线的入口和出口之间的关系。

对于如图 9.19 所示的双口网络，其 T 参数方程为

$$\left.\begin{aligned}\dot{U}_1 &= T_{11}\dot{U}_2 + T_{12}(-\dot{I}_2) \\ \dot{I}_1 &= T_{21}\dot{U}_2 + T_{22}(-\dot{I}_2)\end{aligned}\right\} \qquad (9.13)$$

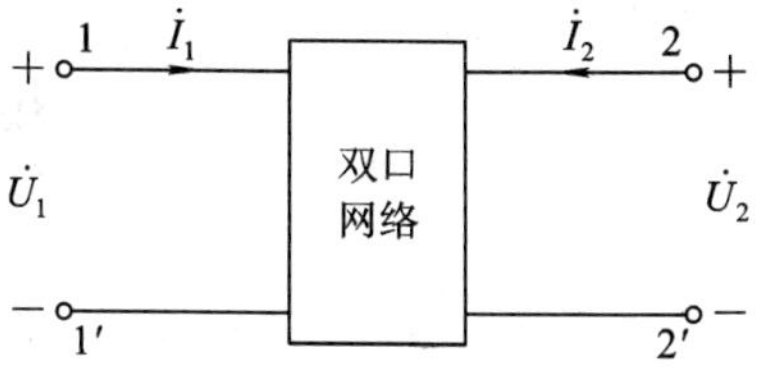

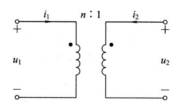

图 9.19 双口网络

式中，T_{11}、T_{12}、T_{21} 和 T_{22} 称为双口网络的 T 参数。有些教材将 T_{11}、T_{12}、T_{21} 和 T_{22} 写成 A、B、C 和 D（称为 A 参数）。式(9.13)还可以写成如下矩阵形式：

$$\begin{bmatrix}\dot{U}_1 \\ \dot{I}_1\end{bmatrix} = \begin{bmatrix}T_{11} & T_{12} \\ T_{21} & T_{22}\end{bmatrix}\begin{bmatrix}\dot{U}_2 \\ -\dot{I}_2\end{bmatrix} = \boldsymbol{T}\begin{bmatrix}\dot{U}_2 \\ -\dot{I}_2\end{bmatrix} \qquad (9.14)$$

式中，$\boldsymbol{T} = \begin{bmatrix}T_{11} & T_{12} \\ T_{21} & T_{22}\end{bmatrix}$ 称为双口网络的 T 参数矩阵，也称为传输参数矩阵（transmission parameter matrix）。

由式(9.14)可知，当 $2-2'$ 端口开路即 $-\dot{I}_2=0$ 时，有

$$T_{11} = \left.\frac{\dot{U}_1}{\dot{U}_2}\right|_{-\dot{I}_2=0}, \quad T_{21} = \left.\frac{\dot{I}_1}{\dot{U}_2}\right|_{-\dot{I}_2=0} \qquad (9.15)$$

当 $2-2'$ 端口短路即 $\dot{U}_2=0$ 时，有

$$T_{12} = \left.\frac{\dot{U}_1}{-\dot{I}_2}\right|_{\dot{U}_2=0}, \quad T_{22} = \left.\frac{\dot{I}_1}{-\dot{I}_2}\right|_{\dot{U}_2=0} \qquad (9.16)$$

式(9.15)是假设 $2-2'$ 端口开路，即 $\dot{I}_2=0$ 时得到，所以 T_{11} 为开路反向转移电压比（reverse transfer voltage ratio），T_{21} 为开路反向转移导纳（reverse transfer admittance）。式(9.16)是假设 $2-2'$ 短路，即 $\dot{U}_2=0$ 时得到，所以 T_{12} 为短路反向转移阻抗（reverse transfer impedance），T_{22} 为短路反向转移电流比（reverse transfer current ratio）。

对于互易双口网络，有 $T_{11}T_{22} - T_{12}T_{21} = 1$。而对于对称互易双口网络，有 $T_{11}T_{22} - T_{12}T_{21} = 1$，且 $T_{11} = T_{22}$。

［例 9.5］ 求如图 9.20 所示理想变压器的矩阵 $\boldsymbol{T}$。

图 9.20 例 9.5 电路图

解 根据理想变压器的伏安关系 $\dot{U}_1 = n\dot{U}_2$，$\dot{I}_1 = -\dfrac{1}{n}\dot{I}_2$ 可写出传输参数方程为

$$\begin{bmatrix}\dot{U}_1 \\ \dot{I}_1\end{bmatrix} = \begin{bmatrix}n & 0 \\ 0 & \dfrac{1}{n}\end{bmatrix}\begin{bmatrix}\dot{U}_2 \\ -\dot{I}_2\end{bmatrix}$$

理想变压器的传输矩阵为

$$\boldsymbol{T} = \begin{bmatrix}n & 0 \\ 0 & \dfrac{1}{n}\end{bmatrix}$$

显然此电路是互易双口网络。

9.5 双口网络的参数转换及连接

9.5.1 双口网络参数间的相互转换

Z参数、Y参数、H参数和T参数之间的互相转换关系可以根据前几节的基本方程推导出来。表 9-1 为无源双口网络 4 种参数的转换表。

表 9-1 无源双口网络 4 种参数的转换表

	Z参数		Y参数		H参数		T参数	
Z参数	Z_{11}	Z_{12}	$\dfrac{Y_{22}}{\Delta_y}$	$-\dfrac{Y_{12}}{\Delta_y}$	$\dfrac{\Delta_H}{H_{22}}$	$\dfrac{H_{12}}{H_{22}}$	$\dfrac{T_{11}}{T_{21}}$	$\dfrac{\Delta_T}{T_{21}}$
	Z_{21}	Z_{22}	$-\dfrac{Y_{21}}{\Delta_y}$	$\dfrac{Y_{11}}{\Delta_y}$	$-\dfrac{H_{21}}{H_{22}}$	$\dfrac{1}{H_{22}}$	$\dfrac{1}{T_{21}}$	$\dfrac{T_{22}}{T_{21}}$
Y参数	$\dfrac{Z_{22}}{\Delta_Z}$	$-\dfrac{Z_{12}}{\Delta_Z}$	Y_{11}	Y_{12}	$\dfrac{1}{H_{11}}$	$-\dfrac{H_{12}}{H_{11}}$	$\dfrac{T_{22}}{T_{12}}$	$-\dfrac{\Delta_T}{T_{12}}$
	$-\dfrac{Z_{21}}{\Delta_Z}$	$\dfrac{Z_{11}}{\Delta_Z}$	Y_{21}	Y_{22}	$\dfrac{H_{21}}{H_{11}}$	$\dfrac{\Delta_H}{H_{11}}$	$-\dfrac{1}{T_{12}}$	$\dfrac{T_{11}}{T_{12}}$
H参数	$\dfrac{\Delta_Z}{Z_{22}}$	$\dfrac{Z_{12}}{Z_{22}}$	$\dfrac{1}{Y_{11}}$	$-\dfrac{Y_{12}}{Y_{11}}$	H_{11}	H_{12}	$\dfrac{T_{12}}{T_{22}}$	$\dfrac{\Delta_T}{T_{22}}$
	$-\dfrac{Z_{21}}{Z_{22}}$	$\dfrac{1}{Z_{22}}$	$\dfrac{Y_{21}}{Y_{11}}$	$\dfrac{\Delta_y}{Y_{11}}$	H_{21}	H_{22}	$-\dfrac{1}{T_{22}}$	$\dfrac{T_{21}}{T_{22}}$
T参数	$\dfrac{Z_{11}}{Z_{21}}$	$\dfrac{\Delta_Z}{Z_{21}}$	$-\dfrac{Y_{22}}{Y_{21}}$	$-\dfrac{1}{Y_{21}}$	$-\dfrac{\Delta_H}{H_{21}}$	$-\dfrac{H_{11}}{H_{21}}$	T_{11}	T_{12}
	$\dfrac{1}{Z_{21}}$	$\dfrac{Z_{22}}{Z_{21}}$	$-\dfrac{\Delta_y}{Y_{21}}$	$-\dfrac{Y_{11}}{Y_{21}}$	$-\dfrac{H_{22}}{H_{21}}$	$-\dfrac{1}{H_{21}}$	T_{21}	T_{22}

9.5.2 双口网络的连接

对于复杂的网络，可将其等效为多个双口网络的连接。为了方便分析，下面将介绍几种比较常见的双口网络的连接，如级联、串联和并联。

1. 双口网络的级联

对于如图 9.21 所示的双口网络的级联（cascade connection），假设 N_1 和 N_2 的 T 参数矩阵分别为 $\boldsymbol{T}_1$ 和 $\boldsymbol{T}_2$，则其连接后的双口网络的 T 参数矩阵为 $\boldsymbol{T}_{12}$。有以下关系式：

$$\begin{bmatrix} \dot{U}_{11} \\ \dot{I}_{11} \end{bmatrix} = \boldsymbol{T}_1 \begin{bmatrix} \dot{U}_{21} \\ -\dot{I}_{21} \end{bmatrix} = \boldsymbol{T}_1 \begin{bmatrix} \dot{U}_{12} \\ \dot{I}_{12} \end{bmatrix}, \quad \begin{bmatrix} \dot{U}_{12} \\ \dot{I}_{12} \end{bmatrix} = \boldsymbol{T}_2 \begin{bmatrix} \dot{U}_{22} \\ -\dot{I}_{22} \end{bmatrix}$$

所以

$$\begin{bmatrix} \dot{U}_{11} \\ \dot{I}_{11} \end{bmatrix} = \boldsymbol{T}_1 \begin{bmatrix} \dot{U}_{21} \\ -\dot{I}_{21} \end{bmatrix} = \boldsymbol{T}_1 \begin{bmatrix} \dot{U}_{12} \\ \dot{I}_{12} \end{bmatrix} = \boldsymbol{T}_1 \boldsymbol{T}_2 \begin{bmatrix} \dot{U}_{22} \\ -\dot{I}_{22} \end{bmatrix}$$

可见，整个复合双口网络的 T 参数和两个部分的 T 参数矩阵之间有如下关系：

$$\boldsymbol{T}_{12} = \boldsymbol{T}_1 \boldsymbol{T}_2$$

推广开有：$\boldsymbol{T}_{1N} = \boldsymbol{T}_1 \cdot \boldsymbol{T}_2 \cdot \cdots \cdot \boldsymbol{T}_N$，即 N 个双口网络级联后的等效 T 参数矩阵等于各个双口网络 T 参数矩阵之积。

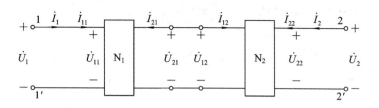

图 9.21 双口网络的级联

2. 双口网络的串联和并联

对于图 9.22(a)所示的两个串联(series connection)双口网络，假设 N_1 和 N_2 的 Z 参数矩阵分别为 $\boldsymbol{Z}_1$ 和 $\boldsymbol{Z}_2$，则其连接后的双口网络的 Z 参数矩阵为 $\boldsymbol{Z}_{12}$，即

第 9 章双口网络串联
例题.pdf

$$\begin{bmatrix} \dot{U}_1 \\ \dot{U}_2 \end{bmatrix} = \begin{bmatrix} \dot{U}_{11} \\ \dot{U}_{21} \end{bmatrix} + \begin{bmatrix} \dot{U}_{12} \\ \dot{U}_{22} \end{bmatrix} = \boldsymbol{Z}_1 \begin{bmatrix} \dot{I}_1 \\ \dot{I}_2 \end{bmatrix} + \boldsymbol{Z}_2 \begin{bmatrix} \dot{I}_1 \\ \dot{I}_2 \end{bmatrix}$$

$$= (\boldsymbol{Z}_1 + \boldsymbol{Z}_2) \begin{bmatrix} \dot{I}_1 \\ \dot{I}_2 \end{bmatrix} = \boldsymbol{Z}_{12} \begin{bmatrix} \dot{I}_1 \\ \dot{I}_2 \end{bmatrix}$$

即 $\boldsymbol{Z}_{12} = \boldsymbol{Z}_1 + \boldsymbol{Z}_2$（**双口网络串联后的等效 Z 参数矩阵等于各个双口网络 Z 参数矩阵之和**）。

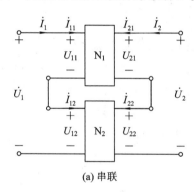
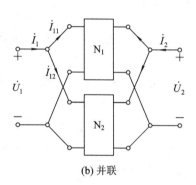

(a) 串联   (b) 并联

图 9.22 双口网络的连接

对于图 9.22(b)所示的两个并联(parallel connection)双口网络，假设 N_1 和 N_2 的 Y 参数矩阵分别为 $\boldsymbol{Y}_1$ 和 $\boldsymbol{Y}_2$，则其并联后的双口网络的 Y 参数矩阵为 $\boldsymbol{Y}_{12}$，即

第 9 章双口网络并联
例题.pdf

$$\begin{bmatrix} \dot{I}_1 \\ \dot{I}_2 \end{bmatrix} = \begin{bmatrix} \dot{I}_{11} \\ \dot{I}_{21} \end{bmatrix} + \begin{bmatrix} \dot{I}_{12} \\ \dot{I}_{22} \end{bmatrix} = \boldsymbol{Y}_1 \begin{bmatrix} \dot{U}_{11} \\ \dot{U}_{21} \end{bmatrix} + \boldsymbol{Y}_2 \begin{bmatrix} \dot{U}_{12} \\ \dot{U}_{22} \end{bmatrix}$$

$$= (\boldsymbol{Y}_1 + \boldsymbol{Y}_2) \begin{bmatrix} \dot{U}_1 \\ \dot{U}_2 \end{bmatrix} = \boldsymbol{Y}_{12} \begin{bmatrix} \dot{U}_1 \\ \dot{U}_2 \end{bmatrix}$$

即 $\boldsymbol{Y}_{12} = \boldsymbol{Y}_1 + \boldsymbol{Y}_2$（**双口网络并联后等效 Y 参数矩阵等于各个双口网络 Y 参数矩阵之和**）。

9.5.3 双口网络端接

在实际电路中，双口网络一般是按图 9.23 所示连接的，即输入端口接电源，输出端口接负载，双口网络起着对信号进行处理（放大、滤波）的作用。其中 Z_s 为电源的内阻抗，Z_L

为负载阻抗。作为一个信号处理电路，常需要研究以下内容：

（1）输入阻抗 $Z_i = \dot{U}_1 / \dot{I}_1$ 或输入导纳；

（2）对负载而言的戴维南等效电路：开路电压 $\dot{U}_{OC}$ 和输出等效阻抗 Z_{eq}；

（3）电压转移比 $A_u = \dot{U}_2 / \dot{U}_1$；

（4）电流转移比 $A_i = \dot{I}_2 / \dot{I}_1$。

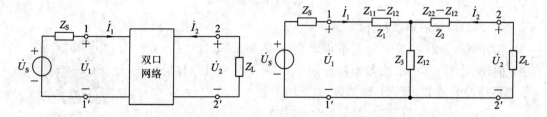

图 9.23 端接的双口网络　　　　　图 9.24 例题 9.6 等效电路图

[例 9.6] 图 9.23 所示电路中，已知 $\dot{U}_S = 6\angle 0°$ V，$Z_S = R_S = 3\ \Omega$，双口网络的 Z 参数矩阵为

$$Z = \begin{bmatrix} -j4 & -j10 \\ -j10 & -j16 \end{bmatrix} \Omega$$

当负载 Z_L 为多少时，负载 Z_L 上消耗的功率为最大？最大功率为多少？

解 首先从给定的 Z 参数矩阵可知 $Z_{12} = Z_{21}$，即双口为互易网络，将双口网络用 Z 参数的 T 形等效电路去替代，电路如图 9.24 所示。T 形等效电路的 3 个阻抗为

$$Z_1 = Z_{11} - Z_{12} = -j4 - (-j10) = j6\ \Omega$$

$$Z_2 = Z_{22} - Z_{12} = -j16 - (-j10) = -j6\ \Omega$$

$$Z_3 = Z_{12} = -j10\ \Omega$$

计算端口 $22'$ 的开路电压：

$$\dot{U}_{2OC} = \frac{Z_3}{3 + Z_1 + Z_3}\dot{U}_S = \frac{-j10}{3 + j6 - j10} \times 6\angle 0° = 12\angle(-37°)\text{V}$$

计算端口 $22'$ 向左侧看的戴维南等效阻抗：

$$Z_{eq} = (3 + Z_1)\ /\!/\ Z_3 + Z_2 = \frac{-j10 \times (3 + j6)}{(3 + j6) + (-j10)} - j6 = 12\ \Omega$$

所以当 $Z_L = Z_{eq}^* = 12\ \Omega$ 时 Z_L 获得最大功率，最大功率为

$$P_{Lmax} = \frac{U_{2OC}^2}{4R_{eq}} = \frac{12^2}{4 \times 12} = 3\ \text{W}$$

9.6 应用实例和电路设计

衰减器和回转器是十分常见的两种器件，本节利用双口网络的理论来分析这两种器件的电路设计。

9.6.1 衰减器

在电子设备或仪器中，为了调节信号的电平（如音量调节等），常用电阻组成衰减器（attenuator）。由于没有电抗元件，电路能在很宽的频率范围内实现阻抗匹配。在设计衰减器时，常用的参数为功率比，即

$$k_p = \frac{\text{电路输入功率 } P_1}{\text{电路输出功率 } P_2}$$

由于衰减器是纯电阻电路，其特性阻抗均为纯电阻，所以电路的输入功率 $P_1 = U_1 I_1$，输出功率 $P_2 = U_2 I_2$。

为了保证信号无反射衰减，要求电路必须完全匹配。常用的衰减器有 T 形、Ⅱ 形和桥 T 形等。下面以对称 T 形衰减器为例进行讨论。如图 9.25 所示，其特性阻抗为

$$Z_c = R_1 + \left[(R_1 + Z_c) /\!/ R_2 \right] = R_1 + \frac{(R_1 + Z_c) R_2}{R_1 + Z_c + R_2}$$

$$= \sqrt{R_1^2 + 2R_1 R_2} \tag{9.17}$$

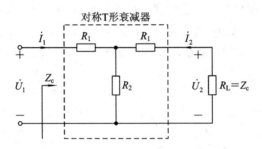

图 9.25　对称 T 形衰减器电路

因为 $\dot{U}_1 = Z_c \dot{I}_1$，$\dot{U}_2 = R_L \dot{I}_2 = Z_c \dot{I}_2$，所以

$$\sqrt{k_p} = \sqrt{\frac{U_1 I_1}{U_2 I_2}} = \sqrt{\frac{U_1^2 / Z_c}{U_2^2 / Z_c}} = \sqrt{\frac{Z_c I_1^2}{Z_c I_2^2}} = \frac{U_1}{U_2} = \frac{I_1}{I_2} \tag{9.18}$$

令电压比（或电流比）为 k（也称为电压衰减倍数），利用分流公式

$$I_2 = \frac{R_2}{R_1 + R_2 + Z_c} I_1$$

即得

$$k = \frac{I_1}{I_2} = \frac{R_1 + R_2 + Z_c}{R_2} \tag{9.19}$$

由式(9.17)和式(9.19)联立可解得

$$R_1 = Z_c \frac{k-1}{k+1} \tag{9.20}$$

$$R_2 = Z_c \frac{2k}{k^2 - 1} \tag{9.21}$$

9.6.2 回转器

回转器（gyrator）是一种线性非互易的、可以实现电压回转或电流回转的双口器件，它

可以实现将入口电流"回转"为出口电压或者将入口的电压"回转"为出口的电流,并且具有将电容回转成电感的特性,因而在微电子领域应用广泛。其电路图如图 9.26 所示。

其传输方程为

$$\dot{U}_1 = -R\dot{I}_2, \quad \dot{U}_2 = R\dot{I}_1 \tag{9.22}$$

或

$$\dot{I}_1 = G\dot{U}_2, \quad \dot{I}_2 = -G\dot{U}_1 \tag{9.23}$$

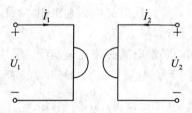

图 9.26　回转器

式(9.22)中的 R 具有电阻的量纲,所以称为回转电阻(gyration resistance),其等效图如图 9.27(a)所示。式(9.23)中的 G 具有电导的量纲,所以称为回转电导(gyration conductance),其等效图如图 9.27(b)所示。R 和 G 简称回转常数。通过以上两式也可以得出互易定理不适合于回转器。

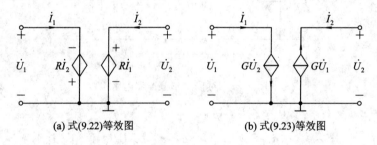

(a) 式(9.22)等效图　　　　　　　　(b) 式(9.23)等效图

图 9.27　等效图

对式(9.22)和式(9.23)分别考查它们的功率特性,可以得出回转器既不产生能量也不消耗能量,是一个无源器件,即

$$\dot{U}_1\dot{I}_1 + \dot{U}_2\dot{I}_2 = -R\dot{I}_2\dot{I}_1 + R\dot{I}_1\dot{I}_2 = 0$$

9.7　本章小结

1. 双口网络

满足一定端口条件的四端网络,即对于任一时刻、任一端口来说,流入一个端钮的电流等于流出另一个端钮的电流,此网络称为双口网络。注意本章所讨论的双口网络仅仅是由线性元件组成的,其内部不包含独立电源。

2. 双口网络的端口特性方程

参数方程	参数矩阵	参数物理含义	互易双口网络	对称互易双口网络
$\dot{U}_1 = Z_{11}\dot{I}_1 + Z_{12}\dot{I}_2$ $\dot{U}_2 = Z_{21}\dot{I}_1 + Z_{22}\dot{I}_2$	$Z = \begin{bmatrix} Z_{11} & Z_{12} \\ Z_{21} & Z_{22} \end{bmatrix}$	$Z_{11} = \dfrac{\dot{U}_1}{\dot{I}_1}\Big|_{\dot{I}_2=0}$ $Z_{12} = \dfrac{\dot{U}_1}{\dot{I}_2}\Big|_{\dot{I}_1=0}$ $Z_{21} = \dfrac{\dot{U}_2}{\dot{I}_1}\Big|_{\dot{I}_2=0}$ $Z_{22} = \dfrac{\dot{U}_2}{\dot{I}_2}\Big|_{\dot{I}_1=0}$	$Z_{12} = Z_{21}$	$Z_{12} = Z_{21}$ $Z_{11} = Z_{22}$
$\dot{I}_1 = Y_{11}\dot{U}_1 + Y_{12}\dot{U}_2$ $\dot{I}_2 = Y_{21}\dot{U}_1 + Y_{22}\dot{U}_2$	$Y = \begin{bmatrix} Y_{11} & Y_{12} \\ Y_{21} & Y_{22} \end{bmatrix}$	$Y_{11} = \dfrac{\dot{I}_1}{\dot{U}_1}\Big|_{\dot{U}_2=0}$ $Y_{12} = \dfrac{\dot{I}_1}{\dot{U}_2}\Big|_{\dot{U}_1=0}$ $Y_{21} = \dfrac{\dot{I}_2}{\dot{U}_1}\Big|_{\dot{U}_2=0}$ $Y_{22} = \dfrac{\dot{I}_2}{\dot{U}_2}\Big|_{\dot{U}_1=0}$	$Y_{12} = Y_{21}$	$Y_{12} = Y_{21}$ $Y_{11} = Y_{22}$
$\dot{U}_1 = H_{11}\dot{I}_1 + H_{12}\dot{U}_2$ $\dot{I}_2 = H_{21}\dot{I}_1 + H_{22}\dot{U}_2$	$H = \begin{bmatrix} H_{11} & H_{12} \\ H_{21} & H_{22} \end{bmatrix}$	$H_{11} = \dfrac{\dot{U}_1}{\dot{I}_1}\Big|_{\dot{U}_2=0}$ $H_{12} = \dfrac{\dot{U}_1}{\dot{U}_2}\Big|_{\dot{I}_1=0}$ $H_{21} = \dfrac{\dot{I}_2}{\dot{I}_1}\Big|_{\dot{U}_2=0}$ $H_{22} = \dfrac{\dot{I}_2}{\dot{U}_2}\Big|_{\dot{I}_1=0}$	$H_{12} = -H_{21}$	$H_{12} = -H_{21}$ $H_{11}H_{22} - H_{12}H_{21} = 1$
$\dot{I}_1 = H'_{11}\dot{U}_1 + H'_{12}\dot{I}_2$ $\dot{U}_2 = H'_{21}\dot{U}_1 + H'_{22}\dot{I}_2$	$H' = \begin{bmatrix} H'_{11} & H'_{12} \\ H'_{21} & H'_{22} \end{bmatrix}$	$H'_{11} = \dfrac{\dot{I}_1}{\dot{U}_1}\Big|_{\dot{I}_2=0}$ $H'_{12} = \dfrac{\dot{I}_1}{\dot{I}_2}\Big|_{\dot{U}_1=0}$ $H'_{21} = \dfrac{\dot{U}_2}{\dot{U}_1}\Big|_{\dot{I}_2=0}$ $H'_{22} = \dfrac{\dot{U}_2}{\dot{I}_2}\Big|_{\dot{U}_1=0}$	$H'_{12} = -H'_{21}$	$H'_{12} = -H'_{21}$ $H'_{11}H'_{22} - H'_{12}H'_{21} = 1$
$\dot{U}_1 = T_{11}\dot{U}_2 + T_{12}(-\dot{I}_2)$ $\dot{I}_1 = T_{21}\dot{U}_2 + T_{22}(-\dot{I}_2)$	$T = \begin{bmatrix} T_{11} & T_{12} \\ T_{21} & T_{22} \end{bmatrix}$	$T_{11} = \dfrac{\dot{U}_1}{\dot{U}_2}\Big|_{-\dot{I}_2=0}$ $T_{12} = \dfrac{\dot{U}_1}{-\dot{I}_2}\Big|_{\dot{U}_2=0}$ $T_{21} = \dfrac{\dot{I}_1}{\dot{U}_2}\Big|_{-\dot{I}_2=0}$ $T_{22} = \dfrac{\dot{I}_1}{-\dot{I}_2}\Big|_{\dot{U}_2=0}$	$T_{11}T_{22} - T_{12}T_{21} = 1$	$T_{11}T_{22} - T_{12}T_{21} = 1$ $T_{11} = T_{22}$
$\dot{U}_2 = T'_{11}\dot{U}_1 + T'_{12}\dot{I}_1$ $-\dot{I}_2 = T'_{21}\dot{U}_1 + T'_{22}\dot{I}_1$	$T' = \begin{bmatrix} T'_{11} & T'_{12} \\ T'_{21} & T'_{22} \end{bmatrix}$	$T'_{11} = \dfrac{\dot{U}_2}{\dot{U}_1}\Big|_{\dot{I}_1=0}$ $T'_{12} = \dfrac{\dot{U}_2}{\dot{I}_1}\Big|_{\dot{U}_1=0}$ $T'_{21} = \dfrac{-\dot{I}_2}{\dot{U}_1}\Big|_{\dot{I}_1=0}$ $T'_{22} = \dfrac{-\dot{I}_2}{\dot{I}_1}\Big|_{\dot{U}_1=0}$	$T'_{11}T'_{22} - T'_{12}T'_{21} = 1$	$T'_{11}T'_{22} - T'_{12}T'_{21} = 1$ $T'_{11} = T'_{22}$

3. 双口网络的级联

N 个双口网络级联后的等效 T 参数矩阵等于各个双口网络 T 参数矩阵之积。

双口网络串联后等效 Z 参数矩阵等于各个双口网络 Z 参数矩阵之和。

双口网络并联后等效 Y 参数矩阵等于各个双口网络 Y 参数矩阵之和。

习 题 9

9.1 判断题

(1) 对任何互易双口网络，只要两个独立参数就足以表征它的伏安特性。 （ ）

(2) 测量导纳参数 Y_{11} 时，需要将端口 $2-2'$ 短路，而测量阻抗参数 Z_{11} 时，需要将端口 $2-2'$ 开路。 （ ）

(3) 测量传输参数 T_{22} 时，需要将端口 $2-2'$ 开路，而测量阻抗参数 H_{12} 时，需要将端口 $2-2'$ 短路。 （ ）

(4) 两个线性无源双口网络 N_1、N_2 的开路阻抗矩阵分别为 $\boldsymbol{Z}_1$、$\boldsymbol{Z}_2$，若 N_1、N_2 串联后为新的双口网络 N，则 N 的开路阻抗矩阵为 $\boldsymbol{Z}_1 + \boldsymbol{Z}_2$。 （ ）

(5) 互易双口网络的独立参数有两个。 （ ）

(6) 对称互易双口网络的独立参数有两个。 （ ）

9.2 填空题

(1) 双口网络的端口条件是_____。

(2) 两个线性无源双口网络 N_1、N_2 的传输矩阵分别为 $\boldsymbol{T}_1$、$\boldsymbol{T}_2$，若 N_1、N_2 级联后为新的双口网络 N，则 N 的传输矩阵为_____。

(3) 两个线性无源双口网络 N_1、N_2 的短路导纳矩阵分别为 $\boldsymbol{Y}_1$、$\boldsymbol{Y}_2$，若 N_1、N_2 并联后为新的双口网络 N，则 N 的短路导纳矩阵为_____。

(4) 选择一组合适的双口网络参数，能非常方便地求出某种等效电路，一般采用 Z 参数确定_____形等效电路；采用 Y 参数确定_____形等效电路。

(5) 对于所有时间 t，通过理想回转器两个端口的功率之和等于_____。

(6) 回转器具有把一个端口上的_____回转为另一端口上的_____或相反过程的性质，正是这性质，使回转器具有把电容回转为一个_____的功能。

(7) 若双口网络的 Y 参数矩阵为 $\begin{bmatrix} 0 & 0 \\ g & 0 \end{bmatrix}$，则其 H 参数矩阵为_____。

(8) 若双口网络的 T 参数矩阵为 $\begin{bmatrix} 0 & -\dfrac{1}{g} \\ 0 & 0 \end{bmatrix}$，则其 Z 参数矩阵为_____。

9.3 选择题

(1) 对于互易双口网络，下列关系中（   ）是错误的。

A. $Y_{12} = Y_{21}$ B. $Z_{12} = Z_{21}$ C. $H_{12} = H_{21}$ D. $T_{11}T_{22} - T_{12}T_{21} = 1$

(2) 对于对称双口网络，下列关系中（   ）是错误的。

A. $Y_{11} = Y_{22}$ B. $Z_{11} = Z_{22}$ C. $T_{11} = T_{22}$ D. $H_{11} = H_{22}$

(3) 题 9.3-3 图所示双口网络的 Z 参数矩阵为（   ）。

A. $\begin{bmatrix} Z & Z \\ Z & Z \end{bmatrix}$ B. $\begin{bmatrix} Z & -Z \\ -Z & Z \end{bmatrix}$ C. $\begin{bmatrix} 1/Z & 1/Z \\ 1/Z & 1/Z \end{bmatrix}$ D. $\begin{bmatrix} 1/Z & -1/Z \\ -1/Z & 1/Z \end{bmatrix}$

(4) 题 9.3 - 4 图所示双口网络的 Y 参数矩阵为(　　)。

A. $\begin{bmatrix} \dfrac{1}{Z} & \dfrac{1}{Z} \\ \dfrac{1}{Z} & \dfrac{1}{Z} \end{bmatrix}$ B. $\begin{bmatrix} -\dfrac{1}{Z} & -\dfrac{1}{Z} \\ -\dfrac{1}{Z} & -\dfrac{1}{Z} \end{bmatrix}$ C. $\begin{bmatrix} -\dfrac{1}{Z} & \dfrac{1}{Z} \\ \dfrac{1}{Z} & -\dfrac{1}{Z} \end{bmatrix}$ D. $\begin{bmatrix} \dfrac{1}{Z} & -\dfrac{1}{Z} \\ -\dfrac{1}{Z} & \dfrac{1}{Z} \end{bmatrix}$

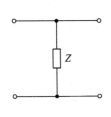

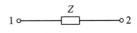

题 9.3 - 3 图　　　　　　　　　　　　　题 9.3 - 4 图

(5) 题 9.3 - 5 图所示双口网络的 T 参数矩阵为(　　)。

A. $\begin{bmatrix} 1 & 0 \\ 0 & -1 \end{bmatrix}$ B. $\begin{bmatrix} 1 & 0 \\ 0 & 1 \end{bmatrix}$ C. $\begin{bmatrix} -1 & 0 \\ 0 & -1 \end{bmatrix}$ D. $\begin{bmatrix} -1 & 0 \\ 0 & 1 \end{bmatrix}$

(6) 题 9.3 - 6 图所示双口网络的 T 参数矩阵为(　　)。

A. $\begin{bmatrix} 1 & 0 \\ j\omega C & -1 \end{bmatrix}$ B. $\begin{bmatrix} 1 & 0 \\ -j\omega C & 1 \end{bmatrix}$ C. $\begin{bmatrix} 1 & 0 \\ j\omega C & 1 \end{bmatrix}$ D. $\begin{bmatrix} -1 & 0 \\ j\omega C & 1 \end{bmatrix}$

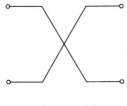

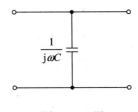

题 9.3 - 5 图　　　　　　　　　　　　　题 9.3 - 6 图

9.4　求题 9.4 图所示网络的 Z 参数和 Y 参数矩阵。

9.5　求题 9.5 图所示网络的 Z 参数和 Y 参数矩阵。

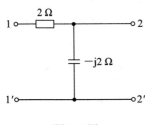

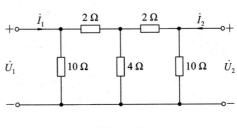

题 9.4 图　　　　　　　　　　　　　　题 9.5 图

9.6　求题 9.6 图所示网络的 Z 参数矩阵。

9.7　求题 9.7 图所示网络的 H 参数矩阵。

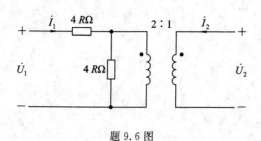

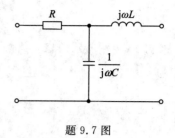

题 9.6 图   题 9.7 图

9.8   求题 9.8 图所示网络的 H 参数矩阵。

9.9   求题 9.9 图所示网络的 H 参数矩阵。

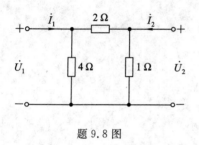

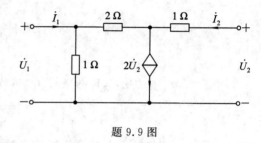

题 9.8 图   题 9.9 图

9.10   求题 9.10 图所示电路的 T 参数矩阵。

9.11   求题 9.11 图所示电路的 T 参数矩阵。

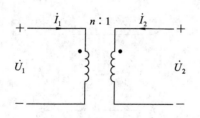

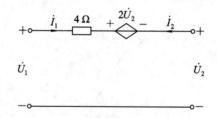

题 9.10 图   题 9.11 图

9.12   已知 $\begin{cases} \dot{U}_1 = Z_{11}\dot{I}_1 + Z_{12}\dot{I}_2 \\ \dot{U}_2 = Z_{21}\dot{I}_1 + Z_{22}\dot{I}_2 \end{cases}$，求 T 参数。

9.13   对于题 9.13 图所示双口网络，已知 $\dot{U}_S = 500$ V，$Z_S = 300$ Ω，$Z_L = 5$ kΩ，双口网络的 Z 参数 $Z_{11} = 100$ Ω，$Z_{12} = -500$ Ω，$Z_{21} = 1$ kΩ，$Z_{22} = 10$ kΩ，试求：(1) 电压 $\dot{U}_2$；(2) 负载功率；(3) 双口网络输入端口的功率。

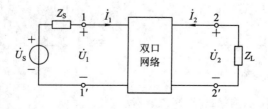

题 9.13 图

9.14 题 9.14 图的 Z 参数为 $Z_{11}=1\ \text{k}\Omega$，$Z_{12}=Z_{21}=500\ \Omega$，$Z_{22}=200\ \Omega$，试求电流 i_1 和电压 u_2。

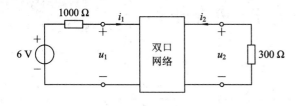

题 9.14 图

第 9 章习题 9.14 解答.ppt

第 10 章　动态电路的时域分析

第 10 章的知识点.mp4

【内容提要及要求】　本章主要介绍含有电容和电感的动态电路的过渡过程的分析。分析动态电路的过渡过程实际上是求解微分方程的过程。

本章首先介绍换路定律和初始值计算方法；然后介绍一阶动态电路的零输入响应、零状态响应、全响应及其分解，三要素法求一阶动态电路的全响应，一阶动态电路的阶跃响应与冲激响应，微分电路和积分电路；最后介绍二阶动态电路的分析以及利用计算机辅助分析 *RC* 电路的零输入响应。

要求熟练掌握换路定律和初始值计算方法；理解一阶动态电路的零输入响应、零状态响应、全响应；熟练掌握一阶动态电路的全响应求法；了解一阶动态电路的阶跃响应与冲激响应、微分电路和积分电路；掌握二阶动态电路的分析。

【重点】　换路定律；初始值及其计算；零输入响应、零状态响应及全响应的分析；全响应的三要素求法；二阶动态电路的分析。

【难点】　一阶动态电路初始值及其计算；全响应的三要素求法；二阶动态电路的分析。

在前面的章节里讨论了电路在正弦周期量激励下的响应，电路都是工作在稳定状态，简称稳态。实际上，这样的响应只是电路全部响应中的一部分，而不是响应的全部。当电路在接通、断开或参数、结构发生变化时，电路的状态就可能会从一种稳定的状态向另一种稳定的状态变化，这个变化过程是暂时的，称为瞬态或过渡过程。

含有电容、电感的电路称为动态电路。由于电容、电感的伏安关系是微分或积分关系，因而由基尔霍夫定律和支路方程建立的电路方程将是微分/积分方程，一般写成微分方程的形式。也就是说，动态电路的数学模型为微分方程，分析动态电路的过渡过程实际上就是求解微分方程。用一阶微分方程描述的电路称为一阶动态电路，简称一阶电路。相应地，用 *n* 阶微分方程描述的电路称为 *n* 阶动态电路。对动态电路进行分析需要用微分方程来描述，即在时间 *t* 中分析动态电路，故也称为**时域分析法**。

10.1　换路定律和初始条件的计算

本节讲述的是电感电流和电容电压在换路时不能发生跃变，即换路定律，并讨论电路中初始值的计算方法。

10.1.1　过渡过程的概念

自然界中的物质运动过程通常都存在稳定状态(稳态)和过渡过程。例如电动机从静止状态(一种稳定状态)启动，其转速由零逐渐上升，需要一个加速过程，最后到达恒速状态(另一种稳定状态)；同样，当电动机制动时，电动机的转速将由原来的恒速逐渐下降，即需要一个减速过程，最后下降为零。这就是说，物质从一种稳定状态转变到另一种新的稳定状态往往需要一个过程，这个过程称为过渡过程或暂态过程。

电路中也存在过渡过程。如图 10.1(a)所示的 R、C、开关 S 和直流电源 U_S 组成的充电电路。当开关 S 未闭合前电容上的电压 $u_C = 0$ V(一种稳定状态)。当开关 S 闭合后，直流电源 U_S 给电容充电，但电容上的端电压 u_C 也不是马上就等于 U_S，而是由零逐渐过渡到 U_S(新的稳定状态)。电容上电压 u_C 的变化规律如图 10.1(b)所示。可见，电路从原来的稳定状态变化到另一个稳定状态是需要一个过程的，这个过程就是电路的过渡过程。

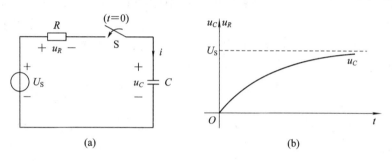

图 10.1　RC 充电电路的过渡过程

过渡过程是由于电源的突然接入或改变、电路的接通或断开，以及元件参数或电路结构突然改变等引起的，从而导致电路的工作状态的改变，这些改变统称为**换路**(switching)，并认为换路是瞬时完成的。经过换路，电路的工作状态发生改变。

研究电路的过渡过程在工程中颇为重要。在电子技术中常以 RC 电路电容的充放电过渡过程的特性来构成各种脉冲电路或者延时电路。在电力系统中，由于过渡过程的存在，将会出现过电压或过电流现象，有时会损坏电气设备，造成严重事故。因此人们必须认识过渡过程的规律，从而在工程实践上充分利用它，又能设法防止它的危害。

10.1.2　换路定律

我们知道，进行暂态分析需要求解微分方程，而微分方程通解中的待定系数需要根据初始条件来确定。由于动态电路中的变量是电压或电流，因此，动态电路的初始条件就是待求电压或电流的初始值。确定电压、电流的初始值是对动态电路进行暂态分析的一个重要环节，为了求解初始条件，我们引入了换路定律。

分析电路的过渡过程时，为了研究方便，一般认为换路是在 $t=0$ 时刻进行的。用 $t=0_-$ 表示换路前一瞬间，用 $t=0_+$ 表示换路后一瞬间，换路所经历的时间为 $t=0_-$ 到 $t=0_+$。0_- 与 0、0 与 0_+ 之间的时间间隔则都趋近于零。

在换路瞬间，电容元件的电流值为有限时，其电压不能跃变；电感元件电压值为有限时，其电流不能跃变。这一结论称为换路定律。

其表达式为

$$\begin{cases} u_C(0_+) = u_C(0_-) \\ i_L(0_+) = i_L(0_-) \end{cases} \qquad (10.1)$$

在动态电路的分析中，常借助换路定律来确定换路后的电压、电流的初始值。但需要指出的是，除了电容电压和电感电流外，电路中其余的电量均可发生跃变，例如电容电流、电感电压、电阻的电压和电流、电流源的电压、电压源的电流等。

10.1.3 初始值及其计算

电路在换路后的最初瞬间即 $t=0_+$ 时刻，各部分电流、电压的数值 $i(0_+)$ 和 $u(0_+)$ 统称为初始值。

对于动态电路，电路中电压和电流的初始值可分为两类。一类是电容电压和电感电流的初始值，即 $u_C(0_+)$ 和 $i_L(0_+)$，它们的初始值由换路前的电路状态决定，称为**独立初始值**，可以直接利用换路定律，通过换路前瞬间的 $u_C(0_-)$ 和 $i_L(0_-)$ 求出。电路中其余变量的初始值则属于另一类，如电容电流、电感电压、电阻电流及电阻电压的初始值，称为**非独立初始值**，该类初始值可根据独立初始值，应用 KCL、KVL 及元件的 VCR 来确定。

独立初始值和非独立初始值统称为动态电路的初始值。

初始值的计算方法如下：

(1) 确定换路前电路中的电容电压 $u_C(0_-)$ 和电感电流 $i_L(0_-)$ 的值，可以画出 $t=0_-$ 时刻的等效电路图，求出 $u_C(0_-)$ 和 $i_L(0_-)$；

(2) 由换路定律 $u_C(0_+)=u_C(0_-)$、$i_L(0_+)=i_L(0_-)$ 来确定 $u_C(0_+)$ 和 $i_L(0_+)$；

(3) 画出 $t=0_+$ 时刻的等效电路图：将电路中的电容元件代以电压为 $u_C(0_+)$ 的电压源，电感元件代以电流为 $i_L(0_+)$ 的电流源，此时该电路图为纯电阻电路；

(4) 在(3)中的纯电阻电路图中，利用 KCL、KVL 及元件的 VCR 求解非独立初始值。

[例 10.1] 在如图 10.2(a)所示的电路中，直流电压源电压 $U_s=10$ V，$R_1=2$ Ω，$R_2=3$ Ω，电路原已稳定，在 $t=0$ 时打开开关 S，试求电容电压的初始值及电阻 R_1 上电流的初始值。

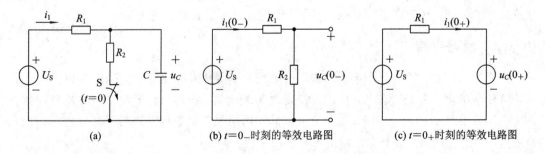

(a)　　　　　(b) $t=0_-$ 时刻的等效电路图　　　　　(c) $t=0_+$ 时刻的等效电路图

图 10.2　例 10.1 电路图

解　根据题意，开关打开前电路已稳定，此时电容开路，画出此时 ($t=0_-$) 的电路图，如图 10.2(b)所示。从图中求得

$$u_C(0_-) = U_{R2} = i_1(0_-) \times R_2 = \frac{U_s}{R_1 + R_2} \cdot R_2 = 6 \text{ V}$$

根据换路定律有

$$u_C(0_+) = u_C(0_-) = 6 \text{ V}$$

作 $t=0_+$ 的等效电路图，如图 10.1(c)所示，则

$$i_1(0_+) = \frac{U_S - u_C(0_+)}{R_1} = 2 \text{ A}$$

[**例 10.2**] 开关闭合前图 10.3(a)所示电路已稳定且电容未储能，$t=0$ 时开关闭合，求 $i(0_+)$ 和 $u(0_+)$。

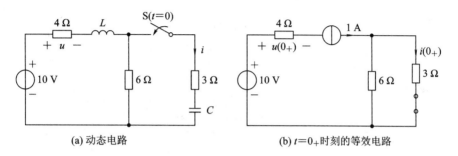

(a) 动态电路   (b) $t=0_+$ 时刻的等效电路

图 10.3 例 10.2 电路图

解 由题意得，换路前电路已达到稳定且电容无储能（$u_C(0_-)=0$），故电容相当于短路，即

$$i_L(0_-) = \frac{10}{4+6} = 1 \text{ A}, \quad u_C(0_-) = 0 \text{ V}$$

由换路定律得

$$u_C(0_+) = u_C(0_-) = 0, \quad i_L(0_+) = i_L(0_-) = 1 \text{ A}$$

换路后瞬间即 $t=0_+$ 时的等效电路如图 10.2(b)所示，求得

第 10 章 10.1 总结.mp4

$$u(0_+) = 1 \times 4 = 4 \text{ V}, \quad i(0_+) = \frac{6}{6+3} \times 1 = \frac{2}{3} \text{ A}$$

10.2 一阶动态电路的零输入响应

如果在换路前，动态元件储存有能量，则即使电路中没有外加独立激励源，换路后的电路中仍然会产生响应，这种虽没有外加输入激励源，但具有初始储能状态的电路称为零输入电路，电路仅由初始储能作用所产生的响应称为**零输入响应**（zero-input response）。

本节讲述的是一阶 RC 电路和 RL 电路在初始储能的作用下所产生的零输入响应，即电容和电感在放电过程中电压和电流的变化情况，同时引入时间常数 τ。

10.2.1 一阶 RC 电路的零输入响应

如图 10.4 所示电路，设开关 S 合上之前电容 C 已充电，电压 $u_C(0_-)=U_0$。根据换路定律，开关合上之后 $u_C(0_+)=U_0$，电容的初始储能为 $CU_0^2/2$。换路后，电容储能通过电阻 R 放电，在电路中产生零输入响应。随着放电过程的进行，电容初始储能逐渐被电阻消耗，电路零输入响应则从初始电压 U_0 逐渐减小，最后趋于零。

列换路之后的电路方程，取各元件的电压、电流为关联参考方向，由 KVL 得

$$u_R + u_C = 0$$

把电阻、电容元件的 VCR 关系

$$u_R = iR, \quad i = C \frac{\mathrm{d}u_C}{\mathrm{d}t}$$

代入上式得

$$RC \frac{\mathrm{d}u_C}{\mathrm{d}t} + u_C = 0$$

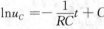

图 10.4 RC 电路的零输入响应

这是一个一阶常系数线性齐次微分方程，分离变量得

$$\frac{\mathrm{d}u_C}{u_C} = -\frac{1}{RC}\mathrm{d}t$$

等式两边积分后为

$$\ln u_C = -\frac{1}{RC}t + C$$

即

$$u_C = \mathrm{e}^{-\frac{1}{RC}t + C} = \mathrm{e}^{-\frac{1}{RC}t}\mathrm{e}^C = A\mathrm{e}^{-\frac{1}{RC}t}$$

式中待定系数 A 可由电路的初始条件 $u_C(0_+) = U_0$ 确定，令 $t = 0_+$，得

$$u_C(0_+) = A\mathrm{e}^{-\frac{1}{RC}0_+} = A\mathrm{e}^0 = A = U_0$$

从而得到电容的电压方程为

$$\boxed{u_C(t) = U_0 \mathrm{e}^{-\frac{t}{RC}}} \qquad (t > 0) \tag{10.2}$$

此式即为一阶 RC 电路的零输入响应，也即是该电路在放电过程中电容两端电压随时间变化的规律。其波形如图 10.5 所示。它随时间 $t \to \infty$ 最终变为零，这是一种暂态响应。

电阻上的电压和回路的放电电流为

$$u_R(t) = -u_C(t) = -U_0 \mathrm{e}^{-\frac{t}{RC}} \qquad (t > 0) \tag{10.3}$$

$$i(t) = \frac{u_R}{R} = \frac{-U_0 \mathrm{e}^{-\frac{t}{RC}}}{R} = -\frac{U_0}{R} \mathrm{e}^{-\frac{t}{RC}} \qquad (t > 0) \tag{10.4}$$

将 $i(t)$ 的变化曲线用图 10.5 表示，可以看出 $i(t)$ 随时间 t $\to \infty$ 最终变为零。

总结可得，在 $t < 0$ 时，电路处于稳定状态，即已被充电结束并保持电压为 U_0，$t = 0$ 时刻发生换路。换路时刻，电容电压保持连续无跃变，即 $u_C(0_+) = u_C(0_-) = U_0$，而放电电流发生了跃变，即从 $i_C(0_-) = 0$ 跃变到 $i_C(0_+) = U_0/R$，电阻上电压也从 $u_R(0_-) = 0$ 跃变到 $u_R(0_+) = U_0$。从以上 $u_C(t)$、$u_R(t)$、$i_C(t)$ 以及特性曲线可知，RC 电路中的放电电压、电流按同样的规律从初始

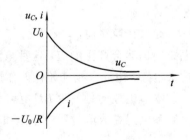

图 10.5 RC 电路的零输入响应的 u_C 和 i 的关系

值逐渐减至零，这一过程称为过渡过程或暂态过程。在 $t \to \infty$ 时，暂态过程结束，电路进入新的稳态。

暂态过程的长短，在 RC 电路中即为放电过程按指数函数衰减的快慢，取决于指数中

$1/(RC)$（或 RC）的大小。当初始电压值为 U_0，电阻 R 一定时，电容 C 越大，电容所储存的电场能量越多，放电的时间就越长。如果 U_0、C 一定，而电阻 R 越大，则放电电流就越小，电荷释放的过程就越缓慢，过渡过程就越长。因此零输入响应衰减的快慢，取决于电阻 R 和电容 C 的乘积。这一电路常数称为时间常数 τ。令 $\boxed{\tau = RC}$，单位为秒。引入 τ 后，电容电压 u_C 和电流 i 可分别表示为

$$\boxed{u_C(t) = U_0 \mathrm{e}^{-\frac{t}{\tau}}} \quad (t > 0) \tag{10.5}$$

$$i(t) = -\frac{U_0}{R} \mathrm{e}^{-\frac{t}{\tau}} \quad (t > 0) \tag{10.6}$$

时间常数 τ 的大小反映了电路暂态过程的进展速度。τ 越大，零输入响应衰减越慢，暂态过程进展也越慢；反之则越长。

电路开始放电时，$u_C = U_0$，经过一段时间 τ 后，u_C 衰减为

$$\mathrm{e}^{-1} U_0 = \frac{1}{\mathrm{e}} U_0 \approx 0.368 U_0 \tag{10.7}$$

因此，时间常数 τ 可以理解为指数函数衰减到初始值的 36.8% 时所需的时间。

把 $t = 0$，τ，2τ，3τ，$\cdots$ 等各时刻的 u_C 的数值列在表 10.1 中。

表 **10.1**

t	0	1τ	2τ	3τ	4τ	5τ	$\cdots$	∞
$u_C(t) = U_0 \mathrm{e}^{-\frac{t}{\tau}}$	U_0	$0.368U_0$	$0.135U_0$	$0.05U_0$	$0.018U_0$	$0.007U_0$	$\cdots$	0

从表 10.1 可以看出，理论上，$u_C(t)$ 要到 $t \to \infty$ 时才衰减到零。但在工程实际应用中，只需经过 $3\tau \sim 5\tau$ 的时间，指数函数就已衰减至 5% 以下，即可以表示过渡过程已基本结束，电路已达到新的稳态过程。

在整个放电过程中，电容中的储能逐渐释放，电阻 R 上所消耗的能量恰好等于电容在换路前的初始储能。

[例 10.3] 如图 10.6(a) 所示电路，已知 $U_S = 12$ V，$R_1 = 4$ Ω，$R_2 = 3$ Ω，$R_3 = 2$ Ω，$R_4 = 1$ Ω，$C = \frac{1}{3}$ F。电路原已稳定，在 $t = 0$ 时打开开关 S，试求换路后的 $u_C(t)$、$i(t)$。

解 换路前 RC 电路处于稳态，根据电容在直流电路中相当于开路的特点可知，电容上的电压与电源电压相同，如图 10.6(b) 所示，即

$$u_C(0_-) = U_S = 12 \text{ V}$$

根据换路定律，电容电压不能跃变，即

$$u_C(0_+) = u_C(0_-) = 12 \text{ V}$$

换路之后的电路如图 10.6(c) 所示，电路的时间常数为

$$\tau = (R_2 + R_3 + R_4)C = 6 \times \frac{1}{3} = 2 \text{ s}$$

根据式 (10.5) 和式 (10.6) 可知

$$u_C(t) = U_0 \mathrm{e}^{-\frac{t}{\tau}} = 12 \mathrm{e}^{-\frac{1}{2}t} \text{ V} \quad (t > 0)$$

$$i(t) = \frac{U_0}{R_2 + R_3 + R_4} \mathrm{e}^{-\frac{t}{\tau}} = 2 \mathrm{e}^{-\frac{1}{2}t} \text{ A} \quad (t > 0)$$

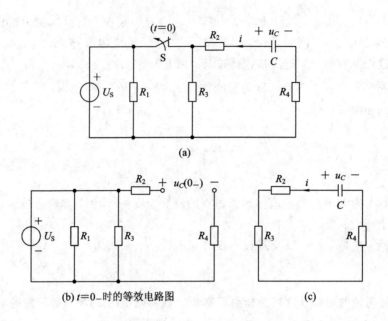

(a)

(b) $t=0_-$时的等效电路图 (c)

图 10.6 例 10.3 电路图

10.2.2 一阶 RL 电路的零输入响应

一阶电路如图 10.7(a)所示。换路前开关 S 一直处于位置 1，直流电源与电感 L 相连，电路已达到稳定状态，此时电感中电流 $i_L(0_-)=U_S/R_S$。在 $t=0$ 时刻，将开关 S 由位置 1 切换至位置 2，取 $t=0$ 时刻作为换路时刻，根据换路定律，在 RL 电路中电感元件中的电流不能跃变，存在初始电流 $I_0=i_L(0_+)=i_L(0_-)=U_S/R_S$，电感元件初始储能为 $\frac{1}{2}LI_0^2$。换路后，在电感初始储能的作用下，通过电阻 R 放电，电路产生零输入响应。

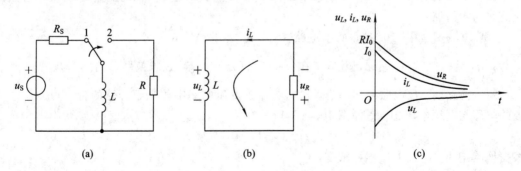

(a) (b) (c)

图 10.7 一阶 RL 电路的零输入响应

假定电感电流 i_L 及电压的参考方向如图 10.7(b)所示，根据 KVL，列写换路后的电路微分方程为

$$u_L + u_R = 0$$

把电感、电阻元件的 VCR 关系

$$u_L = L\frac{\mathrm{d}i_L}{\mathrm{d}t}, \qquad u_R = Ri_L$$

代入上式，得

$$L \frac{\mathrm{d}i_L}{\mathrm{d}t} + Ri_L = 0$$

这也是一个一阶常系数线性齐次微分方程，采用与解式（10.2）相同的方法，可得电感电流为

$$\boxed{i_L(t) = I_0 e^{-\frac{t}{\tau}}} \qquad (t > 0) \tag{10.8}$$

式（10.8）即为一阶 RL 电路的零输入响应电流。

根据 $u_R + u_L = 0$，$u_R = Ri$ 可得

$$u_R(t) = Ri_L(t) = RI_0 e^{-\frac{t}{\tau}} \qquad (t > 0) \tag{10.9}$$

$$u_L(t) = -u_R(t) = -RI_0 e^{-\frac{t}{\tau}} \qquad (t > 0) \tag{10.10}$$

式中 $\boxed{\tau = L/R}$，单位为 s，为 RL 串联电路的时间常数。时间常数只取决于电路的参数，与电路的初始情况无关。

对 $i_L(t)$、$u_R(t)$ 和 $u_L(t)$ 作特性曲线，如图 10.7(c) 所示，可以看出 $u_L(t)$、$i_L(t)$、$u_R(t)$ 均随时间 $t \rightarrow \infty$ 最终变为零，说明 RL 电路的零输入响应实质上就是具有磁场储能的电感对电阻释放储能的响应。当电感中的初始电流 I_0 一定时，电感 L 越大，换路前电感中储存的磁场能力越多，放电时间就越长；当放电电流一定时，若电阻越小，电阻所消耗的电能量也越小，则放电时间越长。所以，时间常数 τ 越大，磁场能量释放得越慢，过渡过程时间越长。

从以上求得的一阶 RC 和 RL 电路的零输入响应进一步分析可知，对于一阶电路，不仅电容电压、电感电流，包括电路中其他电压和电流的零输入响应，都是从其初始值按照指数规律衰减到零的，且同一电路中的时间常数 τ 相同。

[例 10.4] 图 10.8 所示电路，已知电阻 $R = 4\ \Omega$，电感 $L = 0.1\ \mathrm{H}$，直流电压源电压 $U_S = 24\ \mathrm{V}$。开关 S 在 $t = 0$ 时打开，电压表的量程为 $100\ \mathrm{V}$，内阻为 $R_V = 10\ \mathrm{k\Omega}$，电路原已稳定。试求：（1）换路后电路的时间常数；（2）$i(t)$，$u(t)$；（3）开关断开时，电压表有无危险？

解 （1）电路的时间常数为

$$\tau = \frac{L}{R_V} = \frac{0.1}{10\ 000} = 10\ \mu s$$

（2）开关断开前，电路原已稳定，电感相当于短路，此时电感上的电流为

$$i(0_-) = \frac{U_S}{R} = \frac{24}{4} = 6\ \mathrm{A}$$

根据换路定律，可得

$$I_0 = i(0_+) = i(0_-) = 6\ \mathrm{A}$$

代入式（10.8）、式（10.10）可得

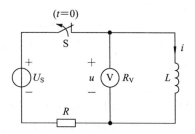

图 10.8　例 10.4 电路图

$$i(t) = I_0 e^{-\frac{t}{\tau}} = 6 e^{-\frac{t}{10 \times 10^{-6}}} = 6 e^{-10^5 t}\ \mathrm{A}$$

$$u(t) = -R_V i = -10\ 000 \times 6 e^{-10^5 t} = -60\ 000 e^{-10^5 t}\ \mathrm{V}$$

（3）开关断开瞬间，电压表两端的电压为

$$u(0_+) = -60\ 000 = -60\ \text{kV}$$

由此可见，在开关打开瞬间，电压表两端要承受 60 kV 的高压，而表的量程只有 100 V，所以电压表立即被烧坏。工程中为安全起见，应在开关断开前先把电压表移去。或者将电感和一个小电阻并联，这个小电阻又称为续流电阻。续流电阻又不宜过小，否则会造成 τ 增大，过渡过程持续时间较长。

第 10 章 10.2 总结.mp4

10.3 一阶动态电路的零状态响应

动态电路中所有动态元件的 $u_C(0_+)$、$i_L(0_+)$ 均为零的情况，**称为零状态**。处于零状态的动态电路在外施激励作用下的响应，**称为零状态响应**（zero-state response）。

本节讲述的是在有外加激励并且在电容和电感的初始储能为零的情况下，一阶 RC 电路和 RL 电路的响应，即电容和电感充电过程中电压和电流的变化情况。

10.3.1 直流激励下 RC 电路的零状态响应

如图 10.9 所示电路，电容原来未充电，$u_C(0_-) = 0$。$t = 0$ 时开关闭合，电压源通过电阻对电容充电。根据换路定律，开关合上之后，$u_C(0_+) = u_C(0_-) = 0$。最初电容充电速度最快，u_C 上升最快。随着极板上电荷不断增加，回路电流逐渐减小，充电速度逐渐变慢，u_C 上升变慢，直到 u_C 等于电压源电压 U_S，电流变为零（此时相当于电容开路），充电结束，电路达到新的稳定状态。列换路之后的电路方程，取各元件的电压、电流为关联参考方向，由 KVL 得

$$u_R + u_C = U_S$$

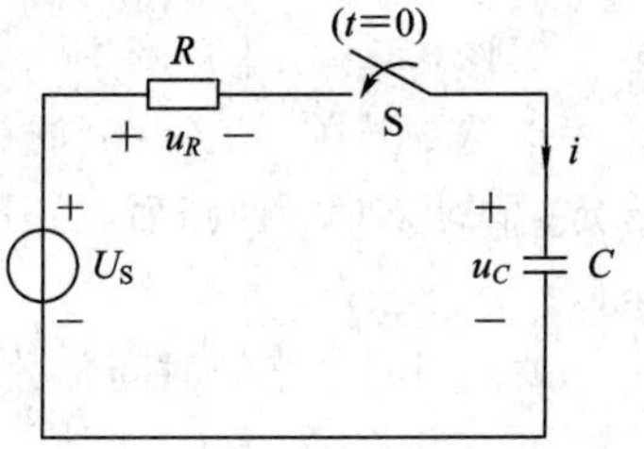

把电阻、电容元件的 VCR 方程 $u_R = iR$，$i = C\dfrac{\mathrm{d}u_C}{\mathrm{d}t}$ 代入公式并整理得

$$RC\frac{\mathrm{d}u_C}{\mathrm{d}t} + u_C = U_S \tag{10.11}$$

此式为一阶常系数非齐次微分方程，其解由两个部分组成，即

图 10.9 RC 电路的零状态响应

$$u_C(t) = u_C{}'(t) + u_C{}''(t)$$

式中，$u_C{}'(t)$ 为非齐次方程的特解，$u_C{}''(t)$ 为齐次方程的通解。

式（10.11）相应的齐次方程为

$$RC\frac{\mathrm{d}u_C}{\mathrm{d}t} + u_C = 0$$

由前一节所学内容可知

$$u_C{}'' = A\mathrm{e}^{-\frac{t}{\tau}}$$

式中，τ 的求法与零输入响应相同；A 为待定系数。通解与外激励无关，也称为自由响应。特解是换路后电路达到新的稳定状态时（$t = \infty$）的稳态解，与外激励有关，也称为强制响

应，由换路后的稳态电路可以看出，U_s 为该方程的特解，即稳态解，因此取 $u_C'(t)=u_C(\infty)=U_\mathrm{s}$。

所以，式(10.11)的通解为

$$u_C(t)=U_\mathrm{s}+A\mathrm{e}^{-\frac{t}{\tau}}$$

将初始条件 $u_C(0_+)=u_C(0_-)=0$ 代入上式得

$$0=U_\mathrm{s}+A\mathrm{e}^0=U_\mathrm{s}+A$$
$$A=-U_\mathrm{s}$$

最后解得电容上的电压为

$$\boxed{u_C(t)=U_\mathrm{s}-U_\mathrm{s}\mathrm{e}^{-\frac{t}{\tau}}=U_\mathrm{s}(1-\mathrm{e}^{-\frac{t}{\tau}})=u_C(\infty)(1-\mathrm{e}^{-\frac{t}{\tau}})} \quad (t>0) \quad (10.12)$$

由 $u_R+u_C=U_\mathrm{s}$、$u_R=iR$ 可得

$$u_R(t)=U_\mathrm{s}-u_C(t)=U_\mathrm{s}\mathrm{e}^{-\frac{t}{\tau}} \quad (t>0) \tag{10.13}$$

$$i(t)=\frac{u_R(t)}{R}=\frac{U_\mathrm{s}}{R}\mathrm{e}^{-\frac{t}{\tau}} \quad (t>0) \tag{10.14}$$

$u_C(t)$、$u_R(t)$、$i(t)$ 的波形如图 10.10 所示。

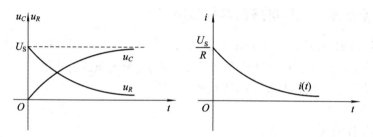

图 10.10 *RC* 电路的零状态响应

由式(10.12)～式(10.14)及图 10.10 可以看出，一阶 *RC* 电路在直流激励下的零状态响应，即换路后 *RC* 电路的充电过程。电容电压 u_C 的零状态响应由零开始以指数规律逐渐增加，最终趋近于外加电源电压 U_s。电路中的电流 i 则从初始值 U_s/R 以指数规律衰减到零。零状态响应变化的快慢也取决于时间常数 $\tau=RC$，τ 越大，充电过程就越长。电容充电结束后，电路达到新的稳态，相当于直流稳态电路中，$u_C=U_\mathrm{s}$，$i=0$，$u_R=0$。在充电完毕后，电容的储能为 $W_C=CU_\mathrm{s}^2/2$。

从能量的关系上来看，在 *RC* 电路的充电过程中，不论电容 *C* 和电阻 *R* 的数值为多少，电流所提供的能量一半被电容转换成电场能储存起来了，而另一半则由电阻转化为热量消耗掉了。

[**例 10.5**] 如图 10.11 所示电路中，$i_\mathrm{s}=10$ A，$R=5\ \Omega$，$C=\dfrac{1}{2}$ F。已知换路前 $u_C(0_-)=0$，在 $t=0$ 时，开关 S 打开，求 $u_C(t)$。

解 由于换路前 $u_C(0_-)=0$，且换路后电流源被接入，故此题是关于零状态问题的求解。换路后的等效电阻为

$$R_\mathrm{eq}=R+R=5+5=10\ \Omega$$

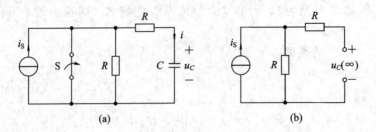

图 10.11 例 10.5 题图

故时间常数为

$$\tau = R_{eq}C = 10 \times \frac{1}{2} = 5 \text{ s}$$

当 $t \to \infty$ 时，电路进入直流稳态，电容相当于开路，如图 10.11(b)所示，则

$$u_C(\infty) = R \times i_S = 5 \times 10 = 50 \text{ V}$$

根据式(10.12)，可得

$$u_C(t) = u_C(\infty)(1 - e^{-\frac{t}{\tau}}) = 50(1 - e^{-0.2t}) \text{ V}$$

10.3.2 直流激励下 RL 电路的零状态响应

电路如图 10.12 所示，U_S 为直流电压源。$t < 0$ 时，开关 S 处于打开状态，且电感中无初始储能，即 $i_L(0_-) = 0$。在 $t = 0$ 时合上开关 S，在直流电压源的激励下，电路将产生零状态响应。分析图 10.12，换路后，由 KVL 得

$$u_R + u_L = U_S$$

把电阻、电感元件的 VCR 关系

$$u_R = Ri_L, \quad u_L = L\frac{di_L}{dt}$$

代入上式，得

$$L\frac{di_L}{dt} + Ri_L = U_S$$

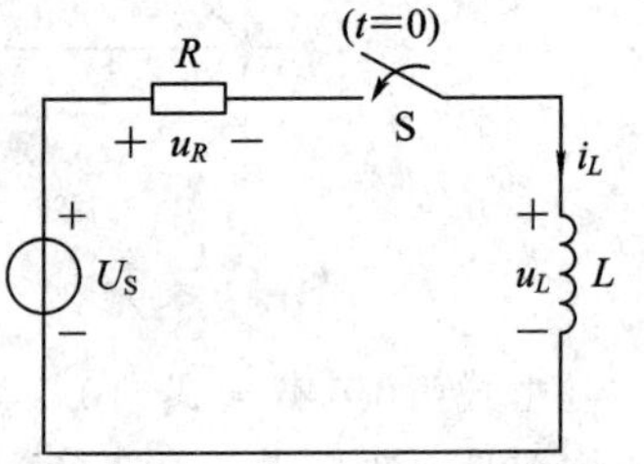

图 10.12　RL 电路的零状态响应

此式为 $i_L(t)$ 的一阶常系数线性非齐次微分方程，此方程的求解与 RC 电路的零状态响应的方程的求解步骤相同，可解得微分方程的通解为

$$i_L(t) = \frac{U_S}{R}(1 - e^{-\frac{t}{\tau}}) = i_L(\infty)(1 - e^{-\frac{t}{\tau}}) \quad (t > 0) \tag{10.15}$$

由 $u_R + u_L = U_S$、$u_R = i_L R$ 可得

$$u_R(t) = U_S(1 - e^{-\frac{t}{\tau}}) \quad (t > 0) \tag{10.16}$$

$$u_L(t) = U_S - u_R(t) = U_S e^{-\frac{t}{\tau}} \quad (t > 0) \tag{10.17}$$

$i_L(t)$、$u_L(t)$、$u_R(t)$ 的波形如图 10.13 所示。

由图 10.13 可见，电感电流的零状态响应由零开始以指数规律上升到稳定值 U_S/R，电感电压则从 U_S 以指数规律衰减到零，电阻电压变化则与电感电压变化规律相反。电路达到新的稳态后，电感相当于短路，其储存的能量为 $\frac{1}{2}L\left(\frac{U_S}{R}\right)^2$。零状态响应变化的快慢也

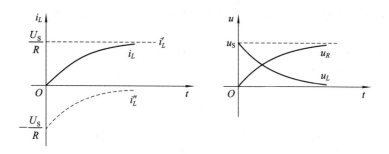

图 10.13　RL 电路的零状态响应波形

取决于时间常数 $\tau = \dfrac{L}{R}$，τ 越大，充电过程就越长。

[**例 10.6**]　如图 10.14 所示电路中，直流电压源电压 $U_s = 6$ V，$R = 4$ Ω，$L = 1$ H，$i_L(0_-) = 0$。电路原先已达稳定，在 $t = 0$ 时开关 S 合上。试求换路后电感的电流和电压。

解　(1) 电路的时间常数为

$$\tau = \frac{L}{R} = \frac{1}{4} \text{ s}$$

(2) 根据式(10.15)和式(10.17)，电感上的电流和电压分别为

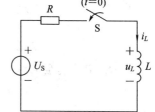

图 10.14　例 10.6 电路图

$$i_L(t) = \frac{U_s}{R}(1 - \mathrm{e}^{-\frac{t}{\tau}}) = 1.5(1 - \mathrm{e}^{-4t}) \text{A}$$

$$u_L(t) = U_s \mathrm{e}^{-\frac{t}{\tau}} = 6\mathrm{e}^{-4t} \text{ V}$$

10.4　一阶动态电路的全响应及三要素

当外加激励和初始状态都不为零时，一阶电路的响应称为**全响应**(complete response)。

本节讲述的是一阶 RC 电路和 RL 电路产生的全响应，分析方法分为微分方程求解(即经典分析法)和三要素法求解，另外还将讲述全响应的两种分解：稳态响应＋暂态响应，零输入响应＋零状态响应。

10.4.1　时域经典法求全响应

1. RC 电路的全响应

以图 10.9 所示的电路为例，假设电容之前已充过电，$u_c(0_-) = U_0$，当接入直流电压源 U_s，开关闭合后，其响应为全响应。下面对其进行具体分析。

由 KVL、元件 VCR 以及初始条件列写方程组：

$$\begin{cases} RC\dfrac{\mathrm{d}u_c}{\mathrm{d}t} + u_c = U_s \\ u_c(0_+) = u_c(0_-) = U_0 \end{cases}$$

由上式可以看出，计算一阶电路的全响应仍然是分析计算一阶常系数非齐次微分方程

的问题，其求解过程与计算一阶电路的零状态响应相同，只是在确定积分常数时，初始条件不同而已。

由求解零状态响应的步骤与方法，可得电容上电压的全响应为

$$\boxed{u_C(t) = U_S + (U_0 - U_S)e^{-\frac{t}{\tau}}} \quad (t > 0) \tag{10.18}$$

电阻电压、电容电流的全响应为

$$u_R(t) = U_S - u_C(t) = (U_S - U_0)e^{-\frac{t}{\tau}} \quad (t > 0) \tag{10.19}$$

$$i(t) = \frac{u_R(t)}{R} = \frac{(U_S - U_0)}{R}e^{-\frac{t}{\tau}} \quad (t > 0) \tag{10.20}$$

① 在 $U_0 < U_S$ 的情况下，当 $t > 0$ 时，$i_C(t) > 0$，整个过程中电容一直在充电，电容电压从它的初始值 U_0 开始按照指数规律逐渐增长到 U_S；② 在 $U_0 > U_S$ 的情况下，当 $t > 0$ 时，$i_C(t) < 0$，这说明电流的实际方向与图 10.9 中的参考方向相反，整个过程中电容一直在放电，电容电压从它的初始值 U_0 开始按照指数规律逐渐下降到 U_S；③ 在 $U_0 = U_S$ 的情况下，当 $t > 0$ 时，$i_C(t) = 0$，$u_C(t) = U_S$，说明电路换路后，立即进入到稳定状态。这是由于换路前后电容中的电场能量并没有发生变化的缘故。

2. RL 电路的全响应

以图 10.12 所示的电路为例，假设电感之前已充过电，$i_L(0_-) = I_0$，开关闭合后，其响应为全响应。

由求解 RC 电路全响应的方法求得电感上的电流为

$$\boxed{i_L(t) = \frac{U_S}{R} + \left(I_0 - \frac{U_S}{R}\right)e^{-\frac{t}{\tau}}} \quad (t > 0) \tag{10.21}$$

电感上电压、电阻上电压分别为

$$u_R(t) = i_L R = U_S + (I_0 R - U_S)e^{-\frac{t}{\tau}} \quad (t > 0) \tag{10.22}$$

$$u_L(t) = U_S - u_R(t) = (U_S - I_0 R)e^{-\frac{t}{\tau}} \quad (t > 0) \tag{10.23}$$

综上所述，**求解全响应的步骤**可归纳如下：

(1) 根据两类约束(KVL、VCR)，列出换路后电路的微分方程，并求出相应的初始值；

(2) 计算输出的强制响应(特解)；

(3) 计算输出的自由响应(通解)；

(4) 将上述两个响应相加，并用初始值确定积分常数，即可得输出的全响应。

按照上述步骤分析动态电路的方法称为**经典分析法**。这一方法属于时域分析法，适用于任何线性动态电路。

3. 全响应的两种分解

(1) 全响应分解为稳态响应与暂态响应之和。

$$u_C(t) = U_S + (U_0 - U_S)e^{-\frac{t}{\tau}}$$

$$i_L(t) = \frac{U_S}{R} + \left(I_0 - \frac{U_S}{R}\right)e^{-\frac{t}{\tau}} \tag{10.24}$$

式中，第一项是对应微分方程的特解，它的变化规律一般与输入激励相同，故称之为强制响应。当强制响应为常量或周期函数时，又称其为稳态响应。第二项是对应微分方程的通

解，它的模式仅决定于电路的拓扑结构和元件参数，而与输入无关，因此称之为自由响应，对于一阶电路，它的一般形式为 $Ke^{\lambda t}$，其变化方式完全由电路本身的特征根 λ 所确定，随着时间的增长，自由响应将最终衰减到零，在这种情况下，又称之为暂态响应。所以有

$$全响应 ＝ 强制响应 ＋ 自由响应$$

或

$$全响应 ＝ 稳态响应 ＋ 暂态响应$$

（2）全响应分解为零输入响应与零状态响应之和。

把电容的全响应 $u_C(t) = U_S + (U_0 - U_S)e^{-\frac{t}{\tau}}$ 及电感的全响应 $i_L(t) = \dfrac{U_S}{R} + \left(I_0 - \dfrac{U_S}{R}\right)e^{-\frac{t}{\tau}}$ 改写为以下形式：

$$u_C(t) = U_0 e^{-\frac{t}{\tau}} + U_S(1 - e^{-\frac{t}{\tau}}) \tag{10.25}$$

$$i_L(t) = I_0 e^{-\frac{t}{\tau}} + \frac{U_S}{R}(1 - e^{-\frac{t}{\tau}}) \tag{10.26}$$

上面两式中，第一项与 10.2 节中所求的零输入响应相同，即外加激励为零，仅由电路的初始储能引起。第二项与 10.3 节中所求的零状态响应相同，即电路在零状态下仅由外加激励信号引起。也就是说电路的全响应等于零输入响应与零状态响应之和，这是线性动态电路的一个基本性质，是响应可以叠加的一种体现。在图 10.15 中，作出了这两种分解后的波形。

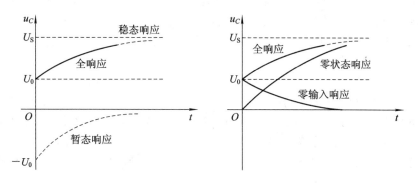

图 10.15　全响应的两种分解

实际电路中存在的是电压、电流的全响应。利用全响应的这两种分解方法，可以简化电路的分析计算。第一种分解较明显地反映了电路的工作状态，便于分析过渡过程的特点。第二种分解则明显地反映了响应与激励在能量方面的因果关系，也体现了一阶线性电路的叠加性质。

10.4.2　三要素法求全响应

截至目前，分析一阶电路的响应时，都需要先列出换路后的微分方程才能求解。本节介绍一种简便的方法——三要素法。观察全响应的表达式(10.21)可以看出，全响应总是由特解、初始值和时间常数三个要素确定。而且总结已讨论过的各种一阶电路以及各种响应的特征，不难发现，不论是齐次微分方程还是非齐次微分方程，只要抓住了一阶电路的特解、初始值和时间常数，总是可以用一个统一的标准公式来归纳一阶电路的响应，而这种通过分析计算这三个量而确定电路中任一响应的方法，称为三要素法。

在直流激励下，若初始值为 $f(0_+)$，特解为 $f(\infty)$，时间常数为 τ，则用三要素法表征的任一时刻电路的全响应 $f(t)$ 可表示为

$$\boxed{f(t) = f(\infty) + [f(0_+) - f(\infty)]\mathrm{e}^{-\frac{t}{\tau}}} \qquad (t > 0) \qquad (10.27)$$

$$\tau = R_{\mathrm{eq}}C \quad \text{或} \quad \tau = \frac{L}{R_{\mathrm{eq}}}$$

式中：**全响应的初始值 $f(0_+)$、稳态值 $f(\infty)$ 及时间常数 τ 三者统称为一阶电路全响应的三要素**，只要分别计算出这三个要素，就能够确定全响应。三要素法是一种求解一阶电路的简便方法。

具体地，对电压响应和电流响应可分别表示为

$$\boxed{u(t) = u(\infty) + [u(0_+) - u(\infty)]\mathrm{e}^{-\frac{t}{\tau}}} \qquad (t > 0) \qquad (10.28)$$

$$\boxed{i(t) = i(\infty) + [i(0_+) - i(\infty)]\mathrm{e}^{-\frac{t}{\tau}}} \qquad (t > 0) \qquad (10.29)$$

下面来说明**三要素的求法**。

（1）求初始值 $u_C(0_+)$ 或 $i_L(0_+)$。有关初始值的计算按照本章 10.1.3 小节所述的方法进行。首先根据换路前，即 $t = 0_-$ 时电路所处的状态求出 $u_C(0_-)$ 或 $i_L(0_-)$，然后根据换路定律求出 $u_C(0_+)$ 或 $i_L(0_+)$。若要求其他元件（电阻等）的电压或电流的初始值，则可根据替代定理，将电路中的电容元件代以电压为 $u_C(0_+)$ 的电压源、电感元件代以电流为 $i_L(0_+)$ 的电流源，在 $t = 0_+$ 的电阻电路中求解各初始值。

（2）求稳态值 $u_C(\infty)$ 或 $i_L(\infty)$。在换路以后，作出 $t \to \infty$ 时的等效电路。在直流激励下达到稳态时，电容相当于开路，电感相当于短路，求出相应的 $u_C(\infty)$ 或 $i_L(\infty)$，还可求得其他 $f(\infty)$。

（3）求时间常数 τ。因为时间常数是反映换路后暂态响应变化快慢的量，所以求 τ 必须在换路后（$t > 0$）的电路中进行。同一个一阶电路中各响应的时间常数 τ 都是相同的。含电阻和电容的电路，时间常数 $\tau = R_{\mathrm{eq}}C$；含电阻和电感的电路，时间常数 $\tau = L/R_{\mathrm{eq}}$，其中 R_{eq} 是换路后从 C 或 L 看过去的戴维南等效电路的等效电阻。

（4）将 $u_C(0_+)$、$u_C(\infty)$ 和 τ 代入式(10.28)，或将 $i_L(0_+)$、$i_L(\infty)$ 和 τ 代入式(10.29)，得到全响应的一般表达式。

[例 10.7] 如图 10.16 所示电路在 $t = 0$ 时闭合，电路原已稳定，求 $t > 0$ 时的 u_C 及 i。

解　（1）电容电压的初始值为

$$u_C(0_+) = u_C(0_-) = 10 \text{ V}$$

（2）电容电压的稳态值为

$$u_C(\infty) = 5 \times 1 + 10 = 15 \text{ V}$$

（3）时间常数为

$$\tau = 0.2 \times 5 = 1 \text{ s}$$

利用三要素法公式得

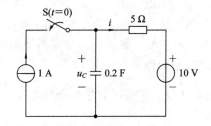

图 10.16　例 10.7 电路图

$$u_C(t) = u_C(\infty) + [u_C(0_+) - u_C(\infty)]\mathrm{e}^{-\frac{t}{\tau}} = 15 - 5\mathrm{e}^{-t} \text{ V}$$

（4）用电压为 $u_C(t)$ 的电压源替代电容，在纯电阻电路中，求得

$$i(t) = \frac{u_C - 10}{5} = 1 - \mathrm{e}^{-t} \text{ A}$$

注意：一旦用三要素法求得电容电压或电感电流的全响应后，可以应用替代定理，用

电压为 $u_C(t)$ 的电压源替代电容或用电流为 $i_L(t)$ 的电流源替代电感，得到一个纯电阻电路，由此纯电阻电路求得其他电压和电流的全响应。

[例 10.8]　电路如图 10.17 所示，已知 $U_{S1}=12$ V，$U_{S2}=4$ V，$R=1$ Ω，$R_1=R_2=2$ Ω，$L=1$ H，电路原已稳定。当 $t=0$ 时开关由 1 扳向 2，试求 $i_L(t)$，并画出 $i_L(t)$ 的变化曲线。

解　(1) 确定初始值求 $i_L(0_+)$。开关没打到 2 时电路原已稳定，电感相当于短路，所以

$$i_L(0_+)=i_L(0_-)=\frac{U_S}{R+R_1}=\frac{12}{3}=4\text{ A}$$

(2) 确定稳态值 $i_L(\infty)$。开关打到 2 后电路达到新稳定状态，电感相当于短路。

$$i_L(\infty)=\frac{U_{S2}}{R_1}=\frac{4}{2}=2\text{ A}$$

(3) 求时间常数 τ。

从 L 两端看过去的戴维南等效电阻 R_{eq} 相当于 R_1 和 R_2 并联，即

$$\tau=\frac{L}{R_{eq}}=\frac{1}{1}=1\text{ s}$$

(4) 根据三要素公式求 $i_L(t)$。

$$i_L(t)=i(\infty)+[i(0_+)-i(\infty)]e^{-\frac{t}{\tau}}=2+(4-2)e^{-\frac{t}{1}}=(2+2e^{-t})\text{A}$$

$i_L(t)$ 的变化曲线如图 10.18 所示。

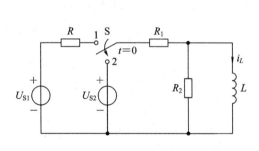

图 10.17　例 10.8 电路图

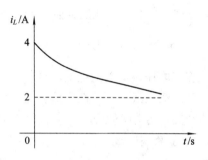

图 10.18　$i(t)$ 变化曲线

[例 10.9]　如图 10.19 所示电路，$U_S=12$ V，在开关 S 打开之前电路已处于稳态，求开关打开后的电压 u_{ab}。

解　设 $t=0$ 时刻开关 S 打开。开关打开之后，电路被分解为两个一阶电路，所以仍可用三要素法求解。先求 $t=0_+$ 时刻的初始值。电路处于稳态，电容相当于开路，电感相当于短路。

由图可知：

$$u_C(0_-)=\frac{3\ /\!/\ 6}{2+3\ /\!/\ 6}\times12=6\text{ V}$$

$$i_L(0_-)=u_C(0_-)\div3=2\text{ A}$$

根据换路定律

$$u_C(0_+)=u_C(0_-)=6\text{ V}$$

$$i_L(0_+)=i_L(0_-)=2\text{ A}$$

在左侧 RC 电路中可以求得

$$u_C(\infty)=12\text{ V}$$

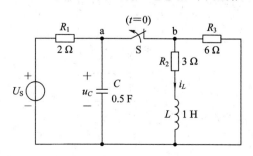

图 10.19　例 10.9 电路图

$$\tau_1 = R_1 C = 2 \times 0.5 = 1 \text{ s}$$

所以

$$u_C(t) = u_C(\infty) + [u_C(0_+) - u_C(\infty)]e^{-\frac{t}{\tau_1}} = (12 - 6e^{-t})\text{V} = V_a$$

在右侧 RL 电路中可以求得

$$i_L(\infty) = 0 \text{ A}$$

$$\tau_2 = \frac{L}{R_2 + R_3} = \frac{1}{9} \text{ s}$$

所以

$$i_L(t) = i_L(\infty) + [i_L(0_+) - i_L(\infty)]e^{-\frac{t}{\tau_2}} = 2e^{-9t} \text{ A}$$

第 10 章 10.3、10.4 总结.mp4

则有

$$V_b = -R_3 i_L(t) = -12e^{-9t} \text{ V}$$

$$u_{ab} = V_a - V_b = (12 - 6e^{-t} + 12e^{-9t}) \text{ V}$$

10.5 一阶动态电路的阶跃响应与冲激响应

作为输入信号(激励)的典型函数除了直流、正弦函数外,还有阶跃函数和冲激函数等。本节将讲述当外加激励为阶跃函数和冲激函数时,一阶电路所产生的响应。

10.5.1 阶跃响应

当直流电压源或直流电流源通过一个开关将电压或电流施加到某个电路时,可以表示为一个阶跃电压或一个阶跃电流作用于该电路。引入阶跃电压源和阶跃电流源可以省去电路中的开关,使电路的分析研究变得更加方便。

1. 单位阶跃函数

单位阶跃函数(unit step function),记为 $\varepsilon(t)$,其定义为

$$\varepsilon(t) = \begin{cases} 0 & (t < 0) \\ 1 & (t > 0) \end{cases} \tag{10.30}$$

其波形如图 10.20(a)所示。它在 $t=0$ 处发生了阶跃,因其阶跃的幅度为 1,故称为**单位阶跃函数**。单位阶跃函数可以描述图 10.20(b)所示电路的开关动作,它表示在 $t=0$ 时把电路接到单位直流电压时 $u(t)$ 的值。

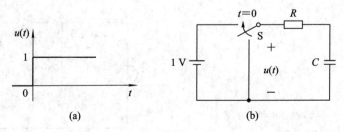

图 10.20 单位阶跃函数

若单位阶跃函数在时间轴上移动 t_0，可得到延时单位阶跃函数，即

$$\varepsilon(t - t_0) = \begin{cases} 0 & (t < t_0) \\ 1 & (t > t_0) \end{cases} \tag{10.31}$$

其波形如图 10.21 所示。

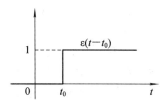

图 10.21　延迟的单位阶跃函数

2. 阶跃响应

初始状态为零的动态电路，在单位阶跃信号作用下产生的零状态响应称为电路的阶跃响应(step response)，**记为** $s(t)$。对于一阶电路，其求解方法与前述电路在直流激励下的零状态响应的求解方法完全相同，不过为表示此响应仅适用于 $t > 0$，可在所得结果的后面乘以单位阶跃函数 $\varepsilon(t)$。如果一个由多个阶跃函数组成的函数作为激励作用于电路，则它产生的零状态响应相当于组成它的各个阶跃函数单独作用时所产生零状态响应的叠加之和。

[**例 10.10**]　电路如图 10.22 所示，已知 $i_S(t)$ 作用于电路，$u_C(0) = 0$，求：$u_C(t)$，$t > 0$。

解　首先把 $i_S(t)$ 分成两项，即

$$i_S(t) = I_S\varepsilon(t) - I_S\varepsilon(t - t_0)$$

其中，$i_S'(t) = I_S\varepsilon(t)$ 为阶跃输入信号，$i_S''(t) = -I_S\varepsilon(t - t_0)$ 为延迟阶跃输入信号。

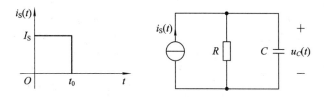

图 10.22　例 10.10 图

$i_S'(t)$ 作用时，$u_C'(t) = RI_S(1 - e^{-\frac{1}{RC}t})\varepsilon(t)$；

$i_S''(t)$ 作用时，$u_C''(t) = -RI_S(1 - e^{-\frac{1}{RC}(t - t_0)})\varepsilon(t - t_0)$；

由叠加定理可得

$$u_C(t) = RI_S(1 - e^{-\frac{t}{RC}})\varepsilon(t) - RI_S(1 - e^{-\frac{1}{RC}(t - t_0)})\varepsilon(t - t_0)$$

电路响应波形如图 10.23 所示。应注意上式的写法。

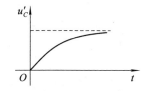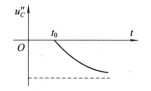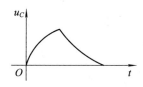

图 10.23　电路响应波形

10.5.2 冲激响应

1. 单位冲激函数

单位冲激函数(unit impulse function)是 1930 年英国物理学家狄拉克在研究量子力学时首先提出的。在现代电路理论中，常采用冲激函数来描述快速变化的电压和电流。该函数在信号与系统分析中占有非常重要的地位。

冲激函数的提出有着广泛的物理基础。例如，怎样描述钉子在一瞬间受到极大作用力的过程？当打乒乓球时，如何描述运动员发球瞬间的作用力？如何描述在极短时间内给电容以极大电流充电的情况？如此等等，都需要定义一个理想函数以满足各种应用。

单位冲激函数记为 $\delta(t)$，其定义为

$$\begin{cases} \delta(t) = \begin{cases} \infty & (t = 0) \\ 0 & (t \neq 0) \end{cases} \\ \int_{-\infty}^{\infty} \delta(t)\, \mathrm{d}t = 1 \end{cases} \tag{10.32}$$

$\delta(t)$ 的波形如图 10.24 所示。

单位阶跃函数与单位冲激函数的关系：

$$\delta(t) = \frac{\mathrm{d}\varepsilon(t)}{\mathrm{d}t} \tag{10.33}$$

$$\varepsilon(t) = \int_{-\infty}^{t} \delta(\xi)\, \mathrm{d}\xi \tag{10.34}$$

图 10.24　单位冲激函数波形

2. 冲激响应

冲激响应定义如下：

初始状态为零的电路，在单位冲激信号作用下产生的零状态响应，称为冲激响应，记为 $h(t)$。计算任何线性时不变电路冲激响应的一个方法是先求出电路的单位阶跃响应 $s(t)$，再将它对时间求导，即可得到单位冲激响应，即

$$h(t) = \frac{\mathrm{d}s(t)}{\mathrm{d}t} \tag{10.35}$$

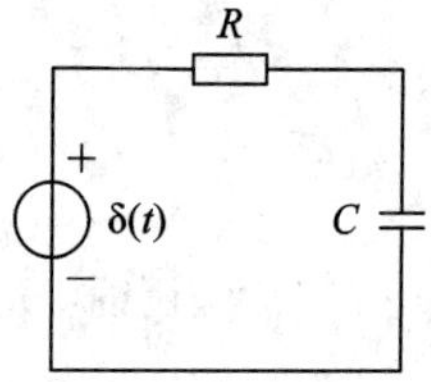

例如图 10.25 所示 RC 串联电路的单位阶跃响应为

$$s(t) = (1 - \mathrm{e}^{-\frac{t}{RC}})\varepsilon(t)$$

则单位冲激响应为

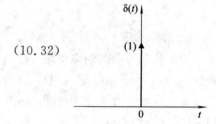

图 10.25　RC 串联电路

$$h(t) = \frac{\mathrm{d}s(t)}{\mathrm{d}t} = \frac{\mathrm{d}\left[(1 - \mathrm{e}^{-\frac{t}{RC}})\varepsilon(t)\right]}{\mathrm{d}t}$$

$$= (1 - \mathrm{e}^{-\frac{t}{RC}})\delta(t) + \frac{1}{RC}\mathrm{e}^{-\frac{t}{RC}}\varepsilon(t)$$

上式第一项中，当 $t=0$ 时，$1-\mathrm{e}^{-\frac{t}{RC}}=0$，当 $t \neq 0$ 时，根据公式(10.32)，$\delta(t)=0$，因此上式第一项 $(1-\mathrm{e}^{-\frac{t}{RC}})\delta(t)=0$，从而 $h(t)=\frac{1}{RC}\mathrm{e}^{-\frac{t}{RC}}\varepsilon(t)$，此公式为图 10.25 所示 RC 串联电路的单位阶跃响应。

10.6 微分电路和积分电路

实际工程中还广泛应用着由 R 和 C 构成的对输入方波脉冲产生尖脉冲的电路。若选择不同的时间常数，可构成输出电压波形与输入电压波形之间的特定(微分或积分)的关系。这两种电路处理的信号多为矩形脉冲信号，实际中常用于脉冲的产生和整形。

本节讲述的是输出信号与输入信号的微分或积分成正比关系的电路：微分电路和积分电路。

10.6.1 微分电路

微分电路是输出信号与输入信号的微分成正比关系的电路，一般可用于电子开关加速电路、整形电路和触发信号电路中。微分电路如图 10.26 所示，当 R 和 C 参数选择合适时就可以满足微分电路的条件。下面分析图 10.26 微分电路在图 10.27 所示的矩形脉冲电压作用下的输出电压 u_o。

第 10 章微分电路
仿真.wmv

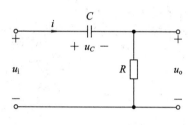

图 10.26 微分电路

图 10.27 矩形脉冲电压

根据 KVL、KCL 和元件的 VCR 可列出方程

$$u_i = u_C + u_o, \quad u_o = iR, \quad i = C \frac{du_C}{dt}$$

整理得

$$u_i = u_C + RC \frac{du_C}{dt}$$

当 R 很小，即 $\tau = RC \ll t_p$ 时，可知 u_o 很小，有

$$u_o = RC \frac{du_C}{dt} \approx RC \frac{du_i}{dt} \quad (10.36)$$

式(10.36)表明：输出电压 u_o 近似与输入电压 u_i 对时间的微分成正比。

显然微分电路具有两个条件：① $\tau = RC \ll t_p$；② 电压从电阻两端输出。

可求得微分电路在如图 10.27 所示的矩形脉冲电压作用下的输出电压 u_o 波形如图 10.28 所示。

在脉冲电路中，常应用微分电路把矩形脉冲变换

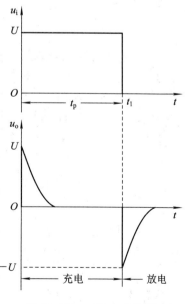

图 10.28 u_i 和 u_o 的波形

为尖脉冲，作为触发信号。

10.6.2 积分电路

积分电路是输出信号与输入信号的积分成正比关系的电路，一般可用于电视机的扫描电路中。电路如图 10.29(a)所示，若 R 和 C 参数选择合适，就可以满足积分电路的条件。

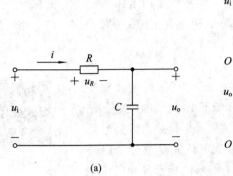
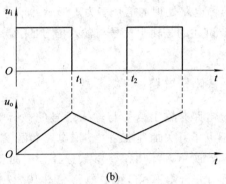

图 10.29　积分电路的波形

下面分析图 10.29(a)积分电路在图 10.29(b)所示的矩形脉冲电压 u_i 作用下的输出电压 u_o。根据 KVL、KCL 和元件 VCR 可列出方程，当 R 很大，即 $\tau = RC \gg t_p$ 时，可知 u_o 很小，有

$$u_i = u_R + u_o \approx u_R = Ri$$

或

$$i \approx \frac{u_i}{R}$$

第 10 章积分电路的
仿真.wmv

所以输出电压为

$$u_o = u_C = \frac{1}{C}\int i \ \mathrm{d}t \approx \frac{1}{RC}\int u_i \ \mathrm{d}t \tag{10.37}$$

可见，输出电压 u_o 与输入电压 u_i 近于成积分关系。

显然，积分电路具有两个条件：① $\tau = RC \gg t_p$；② 电压从电容两端输出。

可求得积分电路在图 10.29(b)所示的矩形脉冲电压作用下的输出电压 u_o 波形如图 10.29(b)所示。积分电路可将矩形波转换成锯齿波或三角波。积分电路可构成电视机场扫描电路中的场积分电路，此电路可在混合的同步信号中提取出场脉冲信号。

10.7　二阶动态电路的暂态响应

由二阶微分方程描述的电路称为二阶电路。分析二阶电路的方法仍然是建立二阶微分方程，并利用初始条件求解得到电路的响应。和一阶电路的不同之处在于，它的响应可能出现振荡现象。

本节以 RLC 串联电路为例，讲述二阶电路的基本分析方法。

10.7.1　RLC 串联电路的微分方程

RLC 电路如图 10.30 所示，没有外加独立电源，假设在开关闭合之前电容和电感都有初始储能，$u_C(0_-) = U_0$，$i_L(0_-) = I_0$，$t = 0$ 时，开关 S 闭合，此电路的响应过程即为二阶电路的零输入响应，由 KVL 可得下列方程

$$-u_C + u_R + u_L = 0$$

且 $i = -C\dfrac{\mathrm{d}u_C}{\mathrm{d}t}$，$u_R = Ri = -RC\dfrac{\mathrm{d}u_C}{\mathrm{d}t}$，$u_L = L\dfrac{\mathrm{d}i}{\mathrm{d}t} = -LC$

$\dfrac{\mathrm{d}^2 u_C}{\mathrm{d}t^2}$

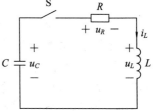

图 10.30　RLC 串联电路的动态分析

代入 KVL 方程并整理，得

$$LC\frac{\mathrm{d}^2 u_C}{\mathrm{d}t^2} + RC\frac{\mathrm{d}u_C}{\mathrm{d}t} + u_C = 0 \tag{10.38}$$

它是一个二阶常系数的线性齐次微分方程，其特征方程为

$$LCp^2 + RCp + 1 = 0$$

解得特征根为

$$p = -\frac{R}{2L} \pm \sqrt{\left(\frac{R}{2L}\right)^2 - \frac{1}{LC}}$$

即特征根 p 有两个值，因此电压 u_C 可写为

$$u_C = A_1 \mathrm{e}^{p_1 t} + A_2 \mathrm{e}^{p_2 t} \tag{10.39}$$

其中

$$p_{1,2} = -\frac{R}{2L} \pm \sqrt{\left(\frac{R}{2L}\right)^2 - \frac{1}{LC}} \tag{10.40}$$

$$A_1 = \frac{p_2 U_0}{p_2 - p_1}, \quad A_2 = -\frac{p_1 U_0}{p_2 - p_1}$$

10.7.2　零输入响应

电路微分方程的特征根，称为电路的固有频率。当 RLC 串联电路的电路元件参数 R、L、C 的量值不同时，**特征根可能出现以下三种情况：**

（1）$R > 2\sqrt{\dfrac{L}{C}}$ 时，p_1 和 p_2 为不相等的负实根，称为过阻尼情况。

（2）$R = 2\sqrt{\dfrac{L}{C}}$ 时，p_1 和 p_2 为相等的负实根，称为临界阻尼情况。

（3）$R < 2\sqrt{\dfrac{L}{C}}$ 时，p_1 和 p_2 为一对共轭复根，称为欠阻尼情况。

以下分别讨论这三种情况。

1. 过阻尼情况

当 $\left(\dfrac{R}{2L}\right)^2 > \dfrac{1}{LC}$，即 $R > 2\sqrt{\dfrac{L}{C}}$ 时，p_1 和 p_2 为不相等的负实根，齐次方程通解的形式为

$$u_C = \frac{U_0}{p_2 - p_1}(p_2 e^{p_1 t} - p_1 e^{p_2 t}) \tag{10.41}$$

$$i = -C\frac{\mathrm{d}u_C}{\mathrm{d}t} = -\frac{U_0}{L(p_2 - p_1)}(e^{p_1 t} - e^{p_2 t}) \tag{10.42}$$

$$u_L = L\frac{\mathrm{d}i}{\mathrm{d}t} = -\frac{U_0}{p_2 - p_1}(p_1 e^{p_1 t} - p_2 e^{p_2 t}) \tag{10.43}$$

上面三式均按指数规律单调地衰减到零，因而过阻尼现象是一种非振荡放电过程。图 10.31 画出了过阻尼情况 u_C、i、u_L 随时间变化的曲线。假设初始时刻能量全部储存在电容中，$u_C(0) = U_0(i_L(0) = 0)$，电容的初始储能通过回路放电，电容电压下降，因为电阻较大，电场能量大部分为电阻所消耗，少部分转变为磁场能量。在 $0 < t < t_1$ 区间，$u_C i_L < 0$，电容继续释放能量，$u_L i_L > 0$，电感吸收能量，建立磁场；$t > t_1$ 以后，$u_C i_L < 0$，$u_L i_L < 0$，电容继续释放能量，电感也释放能量，磁场和电场储能被电阻 R 所消耗。从图中可以看出，电容电压在整个过程中一直释放储存的电能，为非振荡放电。

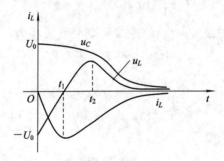

图 10.31　非振荡过阻尼 u_C、u_L、i 的变化曲线

2. 临界阻尼情况

当 $R = 2\sqrt{\dfrac{L}{C}}$ 时，p_1 和 p_2 为相等的负实根，此时 $p_1 = p_2 = -\dfrac{R}{2L} = -\alpha$，根据初始条件，$A_1 = U_0$，$A_2 = \alpha U_0$。因此，齐次方程的通解的形式为

$$u_C = U_0(1 + \alpha t)e^{-\alpha t} \quad (t \geqslant 0) \tag{10.44}$$

$$i = -C\frac{\mathrm{d}u_C}{\mathrm{d}t} = \frac{U_0}{L}t e^{-\alpha t} \tag{10.45}$$

$$u_L = L\frac{\mathrm{d}i}{\mathrm{d}t} = U_0 e^{-\alpha t}(1 - \alpha t) \tag{10.46}$$

此时 u_C、u_L、i 的波形以及物理过程与过阻尼情况类似，仍是一种非振荡响应，只是在 $\alpha = \omega_0 = \dfrac{1}{\sqrt{LC}}$ 处出现振荡的临界值，所以称为临界阻尼现象。

3. 欠阻尼情况

当 $R < 2\sqrt{\dfrac{L}{C}}$ 时，p_1 和 p_2 为一对共轭复根，令 $\alpha = -\dfrac{R}{2L}$，$\omega^2 = \dfrac{1}{LC} - \left(\dfrac{R}{2L}\right)^2$，则 $p_{1,2} = -\alpha \pm \mathrm{j}\omega$，此时齐次方程通解的形式为

$$令\ \omega_0 = \sqrt{\alpha^2 + \omega^2}$$

$$u_C = \frac{U_0 \omega_0}{\omega} \mathrm{e}^{-at} \sin\left(\omega t + \arctan\frac{\omega}{\alpha}\right) \tag{10.47}$$

$$i = -C\frac{\mathrm{d}u_C}{\mathrm{d}t} = \frac{U_0}{\omega L}\mathrm{e}^{-at}\sin\omega t \tag{10.48}$$

$$u_L = L\frac{\mathrm{d}i}{\mathrm{d}t} = -\frac{U_0\omega_0}{\omega}\mathrm{e}^{-at}\sin\left(\omega t - \arctan\frac{\omega}{\alpha}\right) \tag{10.49}$$

图 10.32 画出了欠阻尼情况 u_C、i、u_L 随时间变化的曲线。可以看出，在欠阻尼状态下电容电压 u_C 和 i 的波形都呈振荡衰减，表达式中含有正弦函数和指数衰减函数两个因子，前者使波形沿时间轴作周期性振荡，后者构成波形的包络线，使振荡幅度按指数规律逐渐减小。

从物理意义上来说，u_C 和 i 的波形呈衰减振荡，这是因为电阻较小，电容放电时，电阻所消耗电场能量较少，大部分电能转变为磁能储存在电感中，当 u_C 为零时，电容储能为零，电感开始放电，电容被反向充电；当电流为零时，电感储能为零，电容又开始放电；于是电路中电流、电压形成振荡过程，不过每次振荡时，电阻要消耗一部分能量，故为衰减振荡，振荡角频率为 ω_0。

当 $\alpha = 0$，即 $R = 0$ 时

$$\omega = \omega_0 = \frac{1}{\sqrt{LC}}$$

因此

$$u_C = \frac{U_0\omega_0}{\omega}\sin\left(\omega_0 t + \arctan\frac{\omega}{\alpha}\right) \tag{10.50}$$

电路响应为等幅振荡，这种情况称为无阻尼现象。

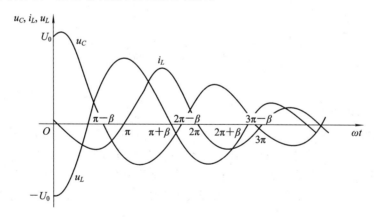

图 10.32　振荡欠阻尼 u_C、u_L、i 的变化曲线

[**例 10.11**]　如图 10.33 所示，已知 $U_s = 10$ V，$C = 1\ \mu\mathrm{F}$，$R = 4\ \mathrm{k}\Omega$，$L = 1\ \mathrm{H}$，开关 S 原来闭合在位置 1 处，在 $t = 0$ 时，开关 S 由位置 1 接至位置 2 处。求 u_C、u_R、u_L。

解　因为 $R = 4\ \mathrm{k}\Omega > 2\sqrt{\dfrac{L}{C}} = 2\ \mathrm{k}\Omega$，所以，放电过程为过阻尼情况，且 $u_C(0_+) = U_0 = U_s$，特征根为

$$p_1 = -\frac{R}{2L} + \sqrt{\left(\frac{R}{2L}\right)^2 - \frac{1}{LC}} = -268$$

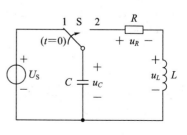

图 10.33　例 10.11 电路图

$$p_2 = -\frac{R}{2L} - \sqrt{\left(\frac{R}{2L}\right)^2 - \frac{1}{LC}} = -3732$$

根据式(10.41)、式(10.42)、式(10.43)，可得电容电压为

$$u_C = \frac{U_0}{p_2 - p_1}(p_2 e^{p_1 t} - p_1 e^{p_2 t}) = (10.77 e^{-268t} - 0.774 e^{-3732t}) \text{V}$$

$$i = -C\frac{\mathrm{d}u_C}{\mathrm{d}t} = -\frac{U_0}{L(p_2 - p_1)}(e^{p_1 t} - e^{p_2 t}) = 2.89(e^{-268t} - e^{-3732t}) \text{ mA}$$

$$u_L = L\frac{\mathrm{d}i}{\mathrm{d}t} = -\frac{U_0}{p_2 - p_1}(p_1 e^{p_1 t} - p_2 e^{p_2 t}) = (10.77 e^{-3732t} - 0.774 e^{-268t}) \text{ V}$$

$$u_R = Ri = 11.56(e^{-268t} - e^{-3732t}) \text{ V}$$

[**例 10.12**] 如图 10.34 所示电路，已知 $t \geqslant 0$ 时：$u_S = 0$，$i_L(0) = 1$ A，$u_C(0) = 0$ V，$C = 1$ F，$L = 1$ H，$R = 2$ Ω，求 $t \geqslant 0$ 时的 $u_C(t)$。

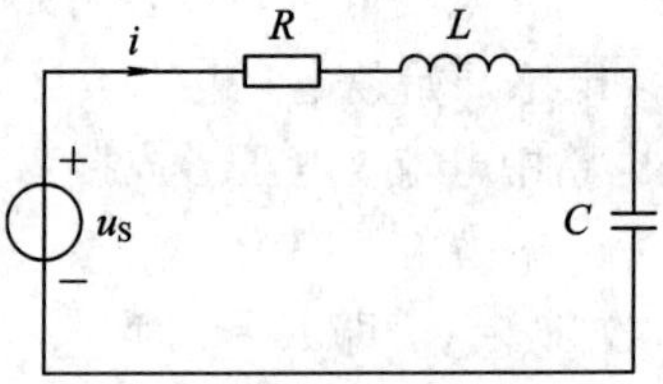

解 因为 $R = 2\sqrt{\dfrac{L}{C}}$，所以 $p_1 = p_2 = -\dfrac{R}{2L} = -1$，所以此例为临界阻尼的情况。

$$u_C = (A_1 + A_2 t)e^{-at}$$
$$u_C(0) = A_1 = 0$$
$$\left.\frac{\mathrm{d}u_C}{\mathrm{d}t}\right|_{t=0_+} = A_2 - A_1 = \frac{i_L(0)}{C} = 1, \quad A_2 = 1$$

所以 $u_C(t) = te^{-t}$。

图 10.34 例 10.12 电路图

10.8 应 用

1. 汽车自动点火电路

图 10.35 为汽车自动点火电路的原理图。汽车发动机的启动需要火花塞点火点燃气缸中的汽油混合物来完成。火花塞由一对气隙电极组成，当两个电极之间产生高压时就会形成火花。那么通过汽车电池 U_S 如何获得几千伏的高压？通常利用电感（点火线圈）上的电压与其电流变化率成正比的特性实现。当开关 S 闭合时，流过电感的电流逐渐增大，最终达到稳态值 $i = \dfrac{U_S}{R}$，这时电感两端电压 $u = 0$。当开关 S 突然打开时，电感中的电流只能通过火花塞放电。原来电流作为 $i(0_+)$ 要在 Δt 内放完，就必然在电感两端产生高压。设电路中 $U_S = 12$ V，$R = 4$ Ω，$L = 10$ mH，打火放电需要 1 μs。由于起始电流为

$$i(0_+) = i(0-) = \frac{U_S}{R} = \frac{12}{4} = 3 \text{ A}$$

在 $\Delta t = 1$ μs 内电感电流从 $i(0_+) = 3$ A 直降到零，所以电感电压为

$$u = L\frac{\Delta I}{\Delta t} = 10 \times 10^{-3} \times \frac{3}{1 \times 10^{-6}} = 30\,000 \text{ V}$$

实际中，这 30 kV 的高压足以使火花塞打火而发动汽车。

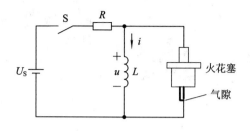

图 10.35　汽车自动点火电路

2. 高压电火花加工电路

在工业领域的许多应用中，高压电火花加工方法在工件焊接或消除锈蚀时经常应用。图 10.36 为高压电火花加工电路的原理图，图中 a 为工作中电极，b 被加工的工件。利用二阶 RLC 电路的暂态过程，可以使电容被充电至高压后迅速放电，形成电脉冲。

电路的工作原理是：当开关 S 闭合后，电源对电容充电，当电容电压达到工具电极和金属工件之间绝缘介质的击穿电压时，电容瞬间放电，产生电火花，电容电压快速降至零，然后 a、b 间的介质又恢复绝缘性，把放电电流切断。当电源再对电容充电时，则会重复上述过程，直至加工结束。

图 10.36 中，设 $R=50\ \Omega$，$L=0.06\ \mathrm{H}$，$C=1\ \mu\mathrm{F}$，分析可知，这时电路工作在欠阻尼状态。分析表明，从电源接通到 $t\approx8\ \mathrm{ms}$ 时，电容电压可达最大值（约为 518 V），此时电容立即放电，以后周期进行。

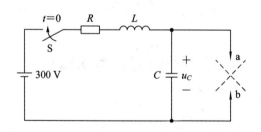

图 10.36　高压电火花加工电路原理图

第 10 章应用扩展——闪光灯

电路.ppt

10.9　计算机辅助电路分析

10.9.1　RC 电路的零输入响应

如图 10.37(a) 所示电路中的开关 J_1 原来接在左侧，电源通过电阻 R_1 对电容充电，使其初始值等于 10 V。在 $t=0$ 时开关迅速由左侧切换到右侧，已经充电的电容脱离电压源和电阻 R_2 连接，构成放电回路。

图 10.37(b) 是用示波器观察到的电容电压和电容放电电流随时间变化的曲线。首先观察电容变化的情况，当 $t=0$ 时，$u_C(0_-)=10\ \mathrm{V}$；$t=\tau$ 时，$u_C(\tau)=3.36\ \mathrm{V}$；$t=2\tau$ 时，$u_C(2\tau)=1.35\ \mathrm{V}$；$t=3\tau$ 时，$u_C(3\tau)=0.5\ \mathrm{V}$；$t=4\tau$ 时，$u_C(4\tau)=0.18\ \mathrm{V}$；$t=5\tau$ 时，

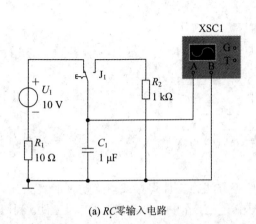
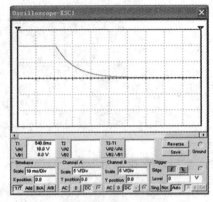

(a) RC 零输入电路 (b) RC 零输入响应曲线

图 10.37 RC 电路的零输入响应

$u_C(5\tau)=0.067$ V。经过 $5\tau(50\ \text{ms})$，u_C 接近于 0 V，放电过程基本结束。通过对 RC 放电过程的仿真实验再次证明，电容电压不能发生突变。

10.9.2 RC 电路的暂态响应

如图 10.38(a) 所示电路中的开关 J_1 原来接在左侧，电源对电容充电。在 $t=0$ 时开关迅速由左侧切换到右侧，电容通过 R_2、R_3 放电。运行仿真开关，反复按下空格键 Space，使开关 J_1 反复打开和闭合，在示波器上观察到电容充放电曲线，即电容 C_1 两端电压 u_C 的波形，如图 10.38(b) 所示。同时可以在示波器上测量放电时间常数 τ，与理论计算值 $\tau=(R_2+R_3)C_1$ 进行比较。

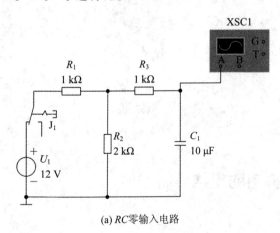
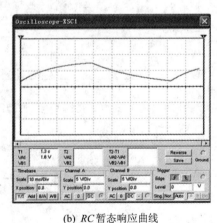

(a) RC 零输入电路 (b) RC 暂态响应曲线

图 10.38 RC 电路的暂态响应

10.10 本 章 小 结

1. 换路定律

在换路瞬间，电容电流为有限值时，其电压不能跃变；电感电压为有限值时，其电流

不能跃变，即

$$u_C(0_+) = u_C(0_-), \quad i_L(0_+) = i_L(0_-)$$

2. 初始值

（1）定义：对于一阶电路，初始值是在电路换路后的第一个瞬间，即 $t=0_+$ 时的电路中各电量的数值，初始值组成求解动态电路的初始条件。

（2）求法：电路中电压和电流的初始值分为两类。

① 对于电容电压和电感电流的初始值，在 $t=0_-$ 时刻求出 $u_C(0_-)$、$i_L(0_-)$ 之后，根据换路定律 $u_C(0_+)=u_C(0_-)$、$i_L(0_+)=i_L(0_-)$ 来确定。

② 另一类初始值是可以跃变的量，如电容电流、电感电压、电阻电流及电阻电压，即 $i_C(0_+)$、$u_L(0_+)$、$i_R(0_+)$ 及 $u_R(0_+)$ 等。在求得 $u_C(0_+)$、$i_L(0_+)$ 之后，将电路中的电容元件代以电压为 $u_C(0_+)$ 的电压源、电感元件代以电流为 $i_L(0_+)$ 的电流源，这样替代后，就建立了电路在 $t=0_+$ 的等效电路。它是一个纯电阻电路，可以按照线性电阻电路的解题方法进行求解。

3. 零输入响应和零状态响应

动态电路在没有独立源作用的情况下，由初始储能产生的响应称为零输入响应。动态电路中所有动态元件的 $u_C(0_+)$、$i_L(0_+)$ 均为零的情况，称为零状态。零状态的动态电路在外施激励作用下的响应，称为零状态响应。

4. 全响应及其分解

非零状态的电路在独立源作用下的响应称为全响应。

线性动态电路的全响应可以分解为稳态响应和暂态响应之和，可方便分析过渡过程；

线性动态电路的全响应还可以分解为零输入响应与零状态响应之和，这是线性动态电路的一个基本性质，是响应可以叠加的一种体现。

5. 全响应的三要素公式

$$f(t) = f(\infty) + [f(0_+) - f(\infty)]e^{-\frac{t}{\tau}} \quad (t>0)$$

式中，稳态响应 $f(\infty)$、全响应的初始值 $f(0_+)$ 及时间常数 τ 三者统称为一阶电路全响应的三要素。动态元件为电容时，$\tau=R_{eq}C$；动态元件为电感时，$\tau=L/R_{eq}$，其中 R_{eq} 是换路后从 C 或 L 看过去的戴维南等效电阻。

电容电压和电感电流的三要素公式：

$$u(t) = u(\infty) + [u(0_+) - u(\infty)]e^{-\frac{t}{\tau}} \quad (t>0)$$

$$i(t) = i(\infty) + [i(0_+) - i(\infty)]e^{-\frac{t}{\tau}} \quad (t>0)$$

6. 阶跃响应

（1）单位阶跃函数记为 $\varepsilon(t)$，其定义为

$$\varepsilon(t) = \begin{cases} 0 & (t<0) \\ 1 & (t>0) \end{cases}$$

（2）阶跃响应：初始状态为零状态的动态电路，在单位阶跃信号作用下产生的零状态响应称为电路的阶跃响应，记为 $s(t)$。

7. 冲激响应

(1) 单位冲激函数记为 $\delta(t)$，其定义为

$$\delta(t) = \begin{cases} \infty & (t=0) \\ 0 & (t \neq 0) \end{cases}$$

$$\int_{-\infty}^{\infty} \delta(t) \, dt = 1$$

(2) 冲激响应：初始状态为零状态的电路，在单位冲激信号作用下产生的零状态响应，称为冲激响应，记为 $h(t)$。

8. 二阶动态电路的分析

(1) 二阶电路微分方程的建立。

先根据 KVL 定律建立起二阶动态电路的回路电压方程，然后把该方程整理为一个以 u_C 为未知量的二阶、常系数、线性、齐次的微分方程。

(2) 二阶电路微分方程的解。

根据微分方程的特征根 p_1 和 p_2 可能为不同的实根、相同的实根和共轭复根等三种类型，其通解也相应有三种不同形式，分别对这三种形式进行求解微分方程。

(3) 二阶电路的零输入响应，分为三种情况进行讨论。

① 过阻尼情况。当 $R > 2\sqrt{\dfrac{L}{C}}$ 时，p_1 和 p_2 为不相等的负实根，电路的响应是非振荡的，这种情况称为过阻尼。

② 临界阻尼情况。当 $R = 2\sqrt{\dfrac{L}{C}}$ 时，p_1 和 p_2 为相等的负实根，电路的响应也是非振荡的，这种情况称为临界阻尼。

③ 欠阻尼和无阻尼情况。当 $R < 2\sqrt{\dfrac{L}{C}}$ 时，p_1 和 p_2 为一对共轭复根，电路的响应是振荡型的，这种情况称为欠阻尼。其振荡频率为 ω，衰减系数为 α，且当 $\alpha = 0$，即 $R = 0$ 时，$\omega = \omega_0 = \dfrac{1}{\sqrt{LC}}$，因此 $u_C = A_1 \sin(\omega_0 t + A_2)$，这时电路响应为等幅振荡，这种情况称为无阻尼。

习 题 10

10.1 判断题

(1) 换路定律指出：电感两端的电压是不能发生跃变的，只能连续变化。 (　)

(2) 换路定律指出：电容两端的电压是不能发生跃变的，只能连续变化。 (　)

(3) 一阶电路的全响应，等于其稳态分量和暂态分量之和。 (　)

(4) RL 一阶电路的零输入响应，u_L 按指数规律衰减，i_L 按指数规律衰减。 (　)

(5) RC 一阶电路的零输入响应，u_C 按指数规律上升，i_C 按指数规律衰减。 (　)

10.2 填空题

(1) _____ 态是指从一种 _____ 态过渡到另一种 _____ 态所经历的过程。

（2）在电路中，电源的突然接通或断开，电源瞬时值的突然跳变，某一元件的突然接入或被移去等，统称为_____。

（3）由时间常数公式可知，RC一阶电路中，C一定时，R值越大，过渡过程进行的时间就越_____；RL一阶电路中，L一定时，R值越大，过渡过程进行的时间就越_____。

（4）一阶电路全响应的三要素是指待求响应的_____、_____和_____。

（5）任何线性动态电路的全响应都适用两种分解：

① 全响应可分解为_____与_____之和；

② 全响应又可分解为_____与_____之和。

（6）全响应中，_____分量保持恒定或一定的规律长期存在，而_____分量只是暂时存在的。当电路进入新的稳态时，_____分量消失，而_____分量就是新的稳态中的响应。

（7）已知RL串联电路在非零状态下接通直流电源所产生的电流全响应为$i(t)=5+3e^{-2t}$ A，则电流的稳态响应=_____，暂态响应=_____，零输入响应=_____，零状态响应=_____。

10.3 选择题

（1）工程上认为$R=25\ \Omega$、$L=50$ mH 的串联电路中发生暂态过程时将持续（　　）。

A. 30～50 ms　　　　　B. 37.5～62.5 ms　　　　　C. 6～10 ms

（2）如题 10.3-2 图所示，电路换路前已达稳态，在$t=0$时断开开关 S，则该电路（　　）。

A. 有储能元件 L，要产生过渡过程

B. 有储能元件且发生换路，要产生过渡过程

C. 因为换路时元件 L 的电流储能不发生变化，所以该电路不产生过渡过程。

（3）如题 10.3-3 图所示，电路已达稳态，现增大 R 值，则该电路（　　）。

A. 因为发生换路，要产生过渡过程

B. 因为电容 C 的储能值没有变，所以不产生过渡过程

C. 因为有储能元件且发生换路，要产生过渡过程

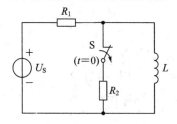

题 10.3-2 图

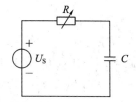

题 10.3-3 图

（4）如题 10.3-4 图所示，电路在开关 S 断开之前已达稳态，若在$t=0$时将开关 S 断开，则电路中 L 上通过的电流$i_L(0_+)$为（　　）。

A. 2 A

B. 0 A

C. 5 A

（5）如题 10.3-4 图所示，在开关 S 断开时，电容

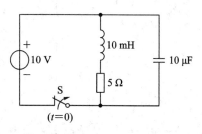

题 10.3-4 图

两端的电压为(　　)。

　　A. 10 V　　　　　　　　B. 0 V　　　　　　　　C. 按指数规律增加

　　(6) RC 串联电路的零输入响应 u_C 是按(　　)逐渐衰减到零的。

　　A. 正弦量　　　　　　B. 指数规律　　　　　　C. 线性规律　　　D. 正比

　　(7) 通常讲的：电容在直流电路中相当于断路，电感在直流电路中相当于短路。这句话是针对电路的(　　)来讲的。

　　A. 暂态　　　　　　　B. 过渡过程　　　　　　C. 稳态

　　(8) 换路定律的本质是遵循(　　)。

　　A. 电荷守恒　　　　　B. 电压守恒　　　　　　C. 电流守恒　　　D. 能量守恒

　　(9) 下列哪些电量在换路的瞬间是可以发生跃变的(　　)，哪些是不能发生跃变的(　　)。

　　A. 电感电压　　　　　B. 电阻电流　　　　　　C. 电阻电压

　　D. 电容电压　　　　　E. 电感电流　　　　　　F. 电容电流

　　10.4　如题 10.4 图所示电路中，直流电压源电压 $U_S=10$ V，$R_1=2\ \Omega$，$R_2=3\ \Omega$，电路原已稳定，在 $t=0$ 时打开开关 S，试求电容电压的初始值及电阻 R_1 上电流的初始值。

　　10.5　如题 10.5 图所示电路中，已知 $U_S=12$ V，$R_1=4\ \Omega$，$R_2=8\ \Omega$，$L=1$ mH，电路原已稳定，在 $t=0$ 时合上开关 S，试求电感电流的初始值及电阻 R_2 上电压的初始值。

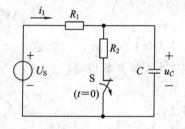　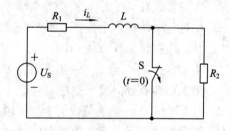

题 10.4 图　　　　　　　　　　　　　　题 10.5 图

　　10.6　题 10.6 图所示电路中，已知 $U_S=12$ V，$R_1=4\ \Omega$，$R_2=2\ \Omega$，$R_3=3\ \Omega$，$C=0.2$ F，电路原已稳定，当 $t=0$ 时打开开关 S，试求 $u_C(t)$、$i(t)$。

　　10.7　题 10.7 图中，电压源电压 $U_S=10$ V，$R_1=2\ \Omega$，$R_2=3\ \Omega$，$C=0.2$ F，电路原先已达稳定，在 $t=0$ 时开关 S 由 1 接至 2，试求换路后电容的电压和电流。

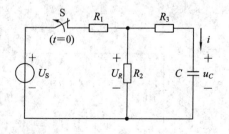　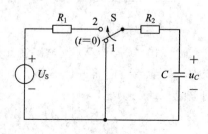

题 10.6 图　　　　　　　　　　　　　　题 10.7 图

　　10.8　题 10.8 图所示电路中，直流电压源电压 $U_S=6$ V，$R=4\ \Omega$，$L=1$ H，$i_L(0_-)=0$，电路原先已达稳定，在 $t=0$ 时开关 S 合上。试求换路后电感的电流和电压。

10.9 题 10.9 图所示电路中，已知 $U_S = 9$ V，$R_1 = 2$ Ω，$R_2 = 3$ Ω，$L = 5$ H，电路原已稳定，在 $t = 0$ 时打开开关 S，试求换路后的电压 $u(t)$。

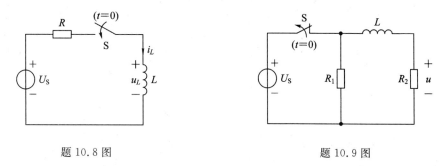

题 10.8 图   题 10.9 图

10.10 题 10.10 图中，开关接在位置"1"时已达稳态，在 $t = 0$ 时开关转到"2"的位置，试用三要素法求 $t > 0$ 时的电容电压 u_C 及 i。

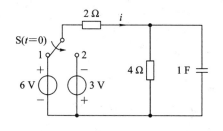

题 10.10 图

第 10 章习题 10.10 解答.mp4

10.11 如题 10.11 图所示电路中，已知直流电压源电压 $U_S = 3$ V，$R_1 = 2$ Ω，$R_2 = 1$ Ω，$L = 1$ H，电路原已稳定，当 $t = 0$ 时打开开关，试用三要素法求换路后的 $u_L(t)$、$i_L(t)$。

10.12 如题 10.12 图所示电路中，$t = 0$ 时开关 S 闭合，闭合前电路已处于稳态，求 $t > 0$ 时的电容电压 $u_C(t)$。

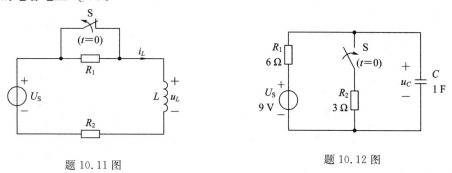

题 10.11 图   题 10.12 图

10.13 如题 10.13 图所示电路中，电路在换路前已达稳态，当 $t = 0$ 时开关打开，求开关接点间的电压 $u(t)$（$t > 0$）。

10.14 题 10.14 图中，换路前电路已经稳定，在 $t = 0$ 时合上开关 S，试求换路后电容上的电流 $i_C(t)$ 及 $i_k(t)$。

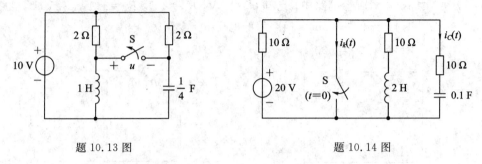

题 10.13 图   题 10.14 图

10.15　题 10.15 图所示电路已达稳态，求 S 打开后的响应 u_C。

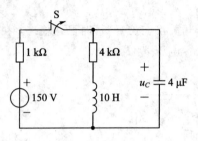

题 10.15 图

10.16　题 10.16 图所示电路中，$t<0$ 时开关 S 闭合，电路已处于稳态，$t=0$ 时开关 S 断开，确定 $t>0$ 时电路的响应是何种情况，并求 $i(t)$。

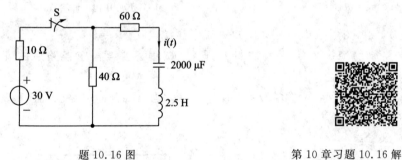

题 10.16 图

第 10 章习题 10.16 解答.mp3